职业教育“十三五”改革创新规划教材

邓集华　刘　志　主　编
戢　勇　王小羊　何荣尚　副主编



清华大学出版社
北　京

## 内容简介

本书是职业教育"十三五"改革创新规划教材，依据教育部2014年颁布的《中等职业学校数控技术应用专业教学标准》，并参照相关的国家职业技能标准编写而成。

本书主要内容包括数控车削基础、台阶类零件加工、圆锥类零件加工、圆弧类零件加工、螺纹类零件加工、孔类零件加工、槽类零件加工、综合训练。本书配套有多媒体课件、操作视频等丰富的数字化教学资源，可免费获取。

本书可作为中等职业学校数控技术应用专业及相关专业学生的教材，也可作为岗位培训用书。



**图书在版编目(CIP)数据**

数控车工工艺与技能训练/邓集华，刘志主编. —北京：清华大学出版社，2019(2024.9重印)
(职业教育"十三五"改革创新规划教材)
ISBN 978-7-302-49355-6

Ⅰ. ①数… Ⅱ. ①邓… ②刘… Ⅲ. ①数控机床—车床—车削—职业教育—教材 Ⅳ. ①TG519.1

中国版本图书馆CIP数据核字(2018)第014364号

**责任编辑**：孟毅新
**封面设计**：张京京
**责任校对**：赵琳爽
**责任印制**：刘海龙

**出版发行**：清华大学出版社
**网　　址**：https://www.tup.com.cn，https://www.wqxuetang.com
**地　　址**：北京清华大学学研大厦A座　　**邮　　编**：100084
**社 总 机**：010-83470000　　**邮　　购**：010-62786544
**投稿与读者服务**：010-62776969，c-service@tup.tsinghua.edu.cn
**质量反馈**：010-62772015，zhiliang@tup.tsinghua.edu.cn
**课件下载**：https://www.tup.com.cn，010-83470410
**印 装 者**：三河市人民印务有限公司
**经　　销**：全国新华书店
**开　　本**：185mm×260mm　　**印　　张**：16.75　　**字　　数**：386千字
**版　　次**：2019年1月第1版　　**印　　次**：2024年9月第3次印刷
**定　　价**：48.00元

---

产品编号：075741-01

FOREWORD

# 前言

本书依据教育部2014年颁布的《中等职业学校数控技术应用专业教学标准》，并参照相关的国家职业技能标准编写而成。通过本书的学习，学生可以掌握数控车床车削的基本知识及操作技能，会查阅相关技术手册和标准，能正确使用和维护数控车床，能规范化使用数控车床完成台阶类、圆锥类、圆弧类、槽类、螺纹类、孔类零件的加工任务。本书在编写过程中吸收企业技术人员参与，紧密结合工作岗位，与职业岗位对接；选取的案例贴近生活、贴近生产实际；将创新理念贯彻到内容选取、体例等方面。

本书采用二维码技术，配有实训现场操作视频、拓展知识等内容，读者可使用手机等设备扫描书中二维码进行观看、查阅。

本书在编写时努力贯彻教学改革的有关精神，严格依据教学标准的要求，并具有以下特色。

(1) 本书根据中等职业学校数控技术应用专业的特点，在内容选取上贯彻“少而精，重技能”的原则，内容更简洁、实用。应用部分加强针对性和实用性，注重“教与做”的密切结合和学生在技能训练方面的能力培养，在教材内容编排上与生产实际紧密联系，选用较为先进、典型的实例，使学生获得实用的技能知识。

(2) 本书打破原有学科体系框架，变学科本位为职业能力本位，对数控车工工艺与技能训练的相关知识和技术进行重构，力求课程教学目标与生产实践相统一，使学生对知识的掌握和理解更贴近实际，最终实现课程培养目标。

(3) 本书结构以“学”“教”“做”“评”“练”五个环节进行组织，符合中职学生的认知规律，学生更易学会与掌握相关知识和技能。

(4) 本书内容以技能为主，理论知识为辅，通过大量的图、表、文字相结合组织加工工艺与加工过程的知识与技能，强化技能操作，且充分体现了“加强针对性，注重实用性，拓宽知识面”的原则，展现出理论知识以实用为主、够用为度的特色。

(5) 本书以技能型人才培养为目标，依据学生未来就业岗位所需的基本知识和技能，精心选择实现课程目标的实例，从而在进入企业后能够较快地胜任数控加工工作岗位。

本书共8个教学项目，参考学时为108课时，各项目参考课时见下表。

| 序号 | 课 程 内 容 | 理论课时 | 实践课时 | 合计 |
|---|---|---|---|---|
| 1 | 项目1　数控车削基础 | 8 | 6 | 14 |
| 2 | 项目2　台阶类零件加工 | 4 | 8 | 12 |
| 3 | 项目3　圆锥类零件加工 | 4 | 8 | 12 |
| 4 | 项目4　圆弧类零件加工 | 4 | 8 | 12 |
| 5 | 项目5　螺纹类零件加工 | 4 | 8 | 12 |
| 6 | 项目6　孔类零件加工 | 4 | 8 | 12 |
| 7 | 项目7　槽类零件加工 | 4 | 8 | 12 |
| 8 | 项目8　综合训练 | 4 | 18 | 22 |
| 总　计 | | 36 | 72 | 108 |

本书由广州市交通运输职业学校邓集华和河北省机电工程技师学院刘志担任主编，四川省乐至县高级职业中学戢勇、镇海职业教育中心学校王小羊、广州市交通运输职业学校何荣尚担任副主编，参加编写工作的还有重庆市铜梁职业教育中学李春燕、广州市番禺区工商职业技术学校叶金凤、阜新第二中等职业技术专业学校徐秘、厦门市集美职业技术学校翁琳惠、江西省冶金技师学院邬金凤、湖北省荆州技师学院杨军、晋江安海职业中专学校黄冬梅。

本书在编写过程中参考了大量的文献资料，在此向文献资料的作者致以诚挚的谢意。由于编者水平有限，书中难免有不足之处，恳请广大读者批评、指正。了解更多教材信息，请关注微信订阅号：Coibook。

编　者

2018年11月

CONTENTS

# 目录

# 项目 1

# 数控车削基础

(1) 知道数控车工安全文明生产的相关要求。
(2) 清楚数控车床的结构组成及保养要求。
(3) 知道数控车削编程的相关标准。
(4) 知道数控车削刀具的知识。
(5) 会数控车床的基本操作技能,能进行不同刀具的对刀操作。

## 任务 1　安全文明生产

(1) 知道安全生产的重要性。
(2) 能够严格遵守数控车床操作的注意事项。
(3) 知道养成良好的安全操作习惯的重要性。

### 【学】安全文明生产知识

数控车床是严格按照从外部输入的程序来自动对被加工工件进行加工的,为使数控车床能安全、可靠、高效地工作,要求做到安全文明生产,进行正常的维护和保养。坚持安全、文明生产是保障生产工人和设备的安全,防止工伤和设备事故的根本保障,同时也是工厂、学校科学管理的一项十分重要的手段。它直接影响到人身安全、产品质量和生产效率的提高,影响设备和工、夹、量具的使用寿命和操作者技术水平的正常发挥。安全、文明生产的一些具体要求是对长期生产活动中的实践经验和血的教训的总结，要求操作者必须严格执行。

## 一、数控车床安全操作规程

(1) 数控系统的编程、操作和维修人员必须经过专门的技术培训，熟悉所用数控车床的使用环境、条件和工作参数等，严格按数控车床和系统的使用说明书要求正确、合理地操作数控车床。

(2) 操作前穿戴好防护用品(工作服、安全帽、防护眼镜、口罩等)，严禁穿拖鞋、凉鞋。操作时，操作人员必须扎紧袖口，束紧衣襟，严禁戴手套、围巾或敞开衣服，以防衣物卷入旋转卡盘和刀具之间。

(3) 操作前应检查车床各部件及安全装置是否安全可靠，检查设备电气部分安全可靠程度是否良好。

(4) 工件、夹具、工具、刀具必须装夹牢固。运转数控车床前要观察周围动态，有妨碍运转、传动的物件要先清除，确认一切正常后，才能操作。

(5) 练习或对刀一定要牢记增量方式的倍率×1、×10、×100、×1000，适时选择合理的倍率，避免数控车床发生碰撞。$X$ 轴、$Z$ 轴的正负方向不能搞错，否则按错方向按钮可能发生意外事故。

(6) 正确设定工件坐标系，编辑或复制加工程序后，应校验运行。

(7) 数控车床运转时，不得调整、测量工件和改变润滑方式，以防手触及刀具碰伤手指。一旦发生危险或紧急情况，马上按下操作面板上红色的“急停”按钮，伺服进给及主轴运转立即停止工作，数控车床一切运动停止。

(8) 在主轴旋转未完全停止前，严禁用手制动。

(9) 在加工过程中，如出现异常危急情况，可按下“急停”按钮，以确保人身和设备的安全。

(10) 夹持工件的卡盘、拨盘、鸡心夹的凸出部分最好使用防护罩，以免绞住衣服及身体的其他部位。如无防护罩，操作时要注意保持距离，不要靠近。

(11) 用顶尖夹工件时，顶尖与中心孔应完全一致，不能用破损或歪斜的顶尖，使用前应将顶尖和中心孔擦净，后尾座顶尖要顶牢。

(12) 车削细长工件时，为保证安全应采用中心架或跟刀架，长出数控车床部分应有标志。

(13) 车削不规则工件时，应装平衡块，并试转平衡后再切割。

(14) 刀具装夹要牢固，刀头伸出部分不要超出刀体高度的 1.5 倍，垫片的形状尺寸应与刀体形状尺寸相一致，垫片应尽可能少而平。

(15) 转动刀架时要把大刀退回到安全的位置，防止车刀碰撞卡盘，上落大工件，床面上要垫木板。

(16) 除数控车床上装有运转中自动测量装置外，均应停车测量工件，并将刀架移到安全位置。

(17) 对切割下来的带状切屑、螺旋状长切屑，应用钩子及时清除，严禁用手拉。

(18) 为防止崩碎切屑伤人，应在加工时关上安全门。

(19) 用砂布打磨工件表面时，应把刀具移动到安全位置，不要让衣服和手接触工件表面。

(20) 加工内孔时，不可用手指支撑砂布，应用木棍代替，同时速度不宜太快。

## 二、安全文明生产的注意事项

(1) 数控车床的使用环境要避免光的直接照射和其他热辐射，避免太潮湿或粉尘过多的场所，特别要避免有腐蚀气体的场所。

(2) 数控车床的开机、关机顺序，按照说明书的规定操作。

(3) 主轴启动开始切削之前一定关好安全门，程序正常运行中严禁开启安全门。

(4) 数控车床在正常运行时，不允许打开电气柜的门。

(5) 加工程序必须经过严格检验方可进行操作运行。

(6) 手动对刀时，应注意选择合适的进给速度；手动换刀时，刀架距工件要有足够的转位距离，以免发生碰撞。

(7) 一般情况下开机过程中必须先进行回车床参考点操作，建立车床坐标系。

(8) 数控车床发生事故，操作者注意保留现场，并向指导老师如实说明情况。

(9) 未经许可，操作者不得随意动用其他设备。不得任意更改数控系统内部制造厂设定的参数。

(10) 经常润滑数控车床导轨，做好数控车床的清洁和保养工作。

## 三、安全用电常识

(1) 经常接触和使用的配电箱、配电板、闸刀开关、按钮开关、插座、插头以及导线等，必须保持完好，不得有破损或将带电部分裸露出来。

(2) 非电工不准拆装、修理电气设备，发现破损的电线、开关、灯头及插座应及时与电工联系修理，不得带故障运行。

(3) 数控车床使用的局部照明灯的电压不得超过36V。

(4) 打扫卫生、擦拭设备时，严禁用水冲洗或用湿布擦拭，也不要用湿手和金属物去扳带电的电气开关，以免发生短路和触电事故。

(5) 车间内的电气设备不要随便乱动。

(6) 不准用电器设备和灯泡取暖。

(7) 不准擅自移动电气安全标志、围栏等安全设施。

(8) 不准使用检修中机器的电气设备。

(9) 不准使用绝缘损坏的电气设备。

(10) 发生电气火灾时，应立即切断电源，用黄沙、二氧化碳等灭火器材灭火。切不可用有导电危险的水或泡沫灭火器灭火。救火时应注意个人防护，身体的任何部分及灭火器材不得与电线、电器设备接触，以防发生危险。

## 四、应急处理

(1) 在加工过程中，一旦发生危险或出现异常情况，马上按下操作面板上红色“急停”按钮，伺服进给及主轴运转立即停止工作，数控车床一切运动停止，以确保人身和设备的安全。

(2) 操作中出现工件跳动、抖动、异常声音、夹具松动等异常情况时必须停车处理。

(3) 紧急停车后，应重新进行“回零”操作，才能再次运行程序。

(4) 接通电源的同时，不要按面板上的键。在CRT(显示器)显示以前，不要按CRT/MDI面板上的键。因为此时面板键还用于维修和特殊操作，有可能会引起意外。

## 【练】综合训练

一、填空题

1. 数控车床在运行中，要将________关闭以免铁屑、润滑油飞出伤人。

2. 操作数控车床时要戴好安全帽，工作服的袖口和衣服边应________。

3. 安装刀具时，应使________停止运转，注意________不得超过规定值。

4. 刀盘转位时要特别注意，防止________和床身、托板、防护罩、尾座等发生碰撞。

5. 在加工过程中，如出现异常危急情况，可按下________按钮，以确保人身和设备的安全。

二、判断题

1. 为了提高工作效率，装夹车刀和测量工件时可以不停车。 (  )

2. 数控车床在工作时，女同志要戴工作帽，并将长发塞入帽子。 (  )

3. 为了保证人身安全，电气设备的安全电压规定为36V以下。 (  )

4. 操作中若出现异常现象，应立即切断电源，由操作者进行维修。 (  )

5. 使用数控车床时，操作工不得随意修改数控车床的各类参数。 (  )

三、选择题

1. 下列符合着装整洁文明生产的是(  )。

A. 在工作中吸烟　　B. 随便着衣

C. 遵守安全技术操作规程　　D. 未执行规章制度

2. 下列不爱护设备的做法是(  )。

A. 正确使用设备　　B. 定期拆装设备

C. 及时保养设备　　D. 保持设备清洁

3. 下列不符合文明生产基本要求的是(  )。

A. 贯彻操作规程　　B. 自行维修设备

C. 遵守生产纪律　　D. 执行规章制度

4. 下列违反安全操作规程的是(  )。

A. 遵守安全操作规程　　B. 执行国家安全生产的法令、规定

C. 执行国家劳动保护政策　　D. 可使用不熟悉的车床和工具

四、简答题

1. 简述数控车床安全操作规程。

2. 简述遵守数控车床安全文明生产要求的重要意义。

# 任务 2 数控车床的结构与保养

(1) 知道数控车床的组成及结构。

(2) 知道数控车床的加工原理。

(3) 能对数控车床进行日常保养。

## 【学】数控车床相关知识

### 一、数控车床的结构

#### 1. 数控车床加工的原理

数控车床加工原理如图 1-1 所示。首先,将被加工零件的图样及数控车床加工工艺信息数字化,用规定的代码和程序格式编写加工程序;其次,将所编程序指令输入车床的数控装置中,然后数控装置将程序(代码)进行译码,运算后,向车床各个坐标的伺服机构和辅助控制装置发出信号,驱动车床各运动部件,控制所需要的辅助运动;最后,加工出合格零件。

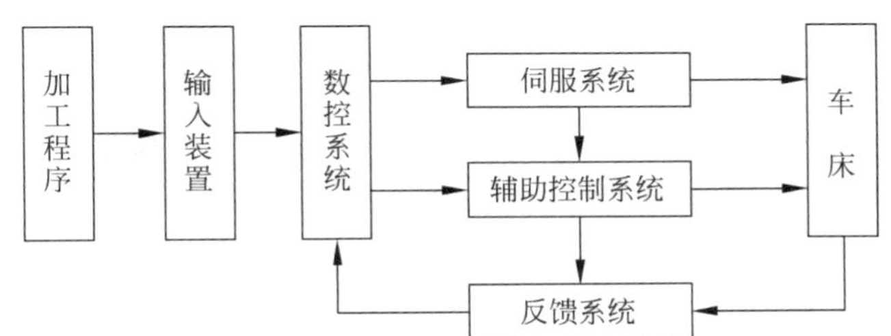


图 1-1 数控车床加工原理

#### 2. 数控车床的组成

数控车床的基本构成主要包括控制介质、数控装置、伺服系统和车床本体,如图 1-2～图 1-4 所示。

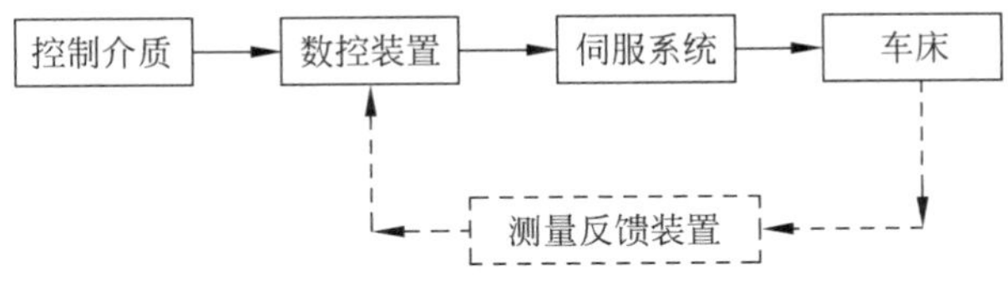


图 1-2 数控车床的组成

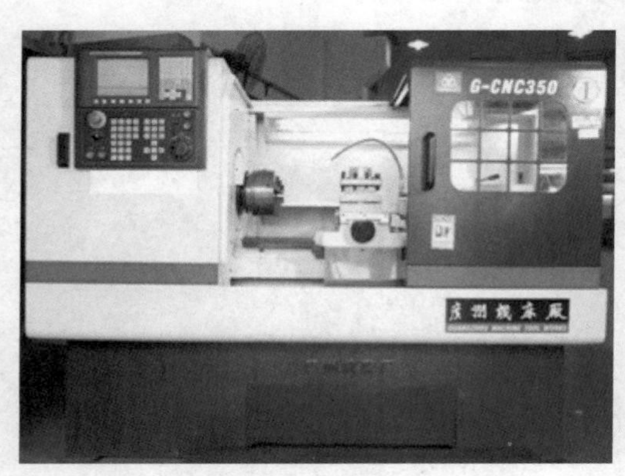


图 1-3　数控车床外观

图 1-4　FUNAC 0$i$ 系统操作面板

其中，车床本体包括床身、主轴及主轴电动机、三爪卡盘、电动刀架及刀架电动机、尾座、冷却管路及水泵、润滑油路及油泵、工作台等部件。车床本体部分部件如图 1-5～图 1-7 所示。

图 1-5　三爪卡盘

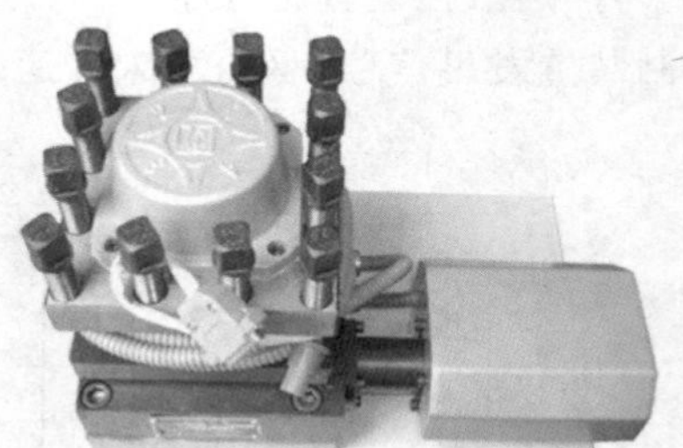

图 1-6　电动刀架

**3. 数控车床的结构布局**

数控车床的主轴、尾座等部件相对床身的布局形式与普通车床基本一致，而影响数控车床的使用性能及车床的结构和外观的床身结构和导轨的布局形式则发生了根本变化。数控车床的床身结构和导轨有多种形式，主要有水平床身、倾斜床身、水平床身斜滑板和立床身等，如图 1-8 所示。

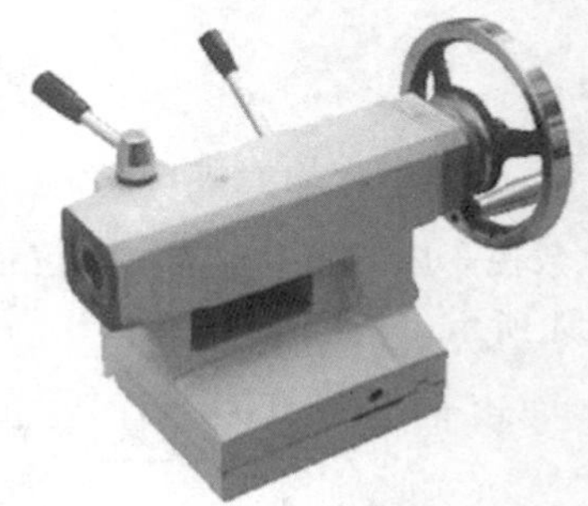

图 1-7　尾座

水平床身配上水平放置的刀架可提高刀架的运动精度。

水平床身配上倾斜放置的滑板，排屑方便，易于实现单机自动化。

倾斜床身的倾斜角多采用 45°、60°、75°。

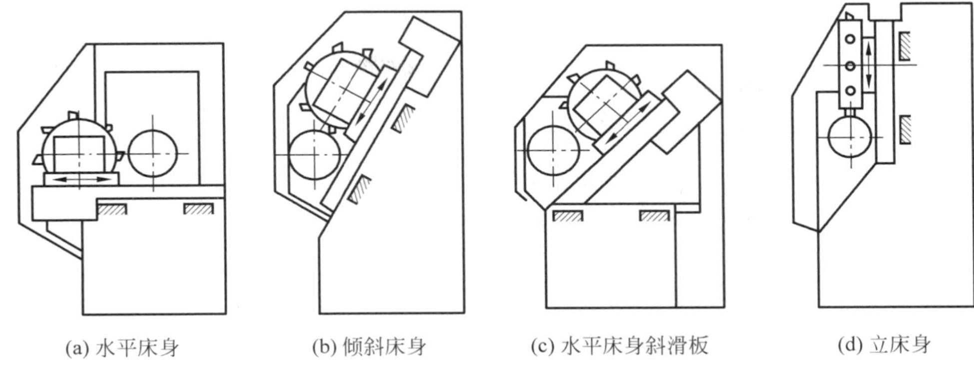

(a) 水平床身　(b) 倾斜床身　(c) 水平床身斜滑板　(d) 立床身

图 1-8 数控车床的床身结构和导轨

## 二、数控车床的分类

数控车床品种繁多，规格不一，可按如下方法进行分类。

### 1. 按车床主轴位置分类

1）立式数控车床

立式数控车床简称数控立车，其主轴垂直于水平面，一个直径很大的圆形工作台，用来装夹工件。这类数控车床主要用于加工径向尺寸大、轴向尺寸相对较小的大型复杂零件。

2）卧式数控车床

卧式数控车床又分为数控水平导轨卧式车床和数控倾斜导轨卧式车床。其倾斜导轨结构可以使车床具有更大的刚性，并易于排除切屑。

### 2. 按加工零件的基本类型分类

1）卡盘式数控车床

卡盘式数控车床没有尾座，适合车削盘类（含短轴类）零件。夹紧方式多为电动或液动控制，卡盘结构多具有可调卡爪或不淬火卡爪（软卡爪）。

2）顶尖式数控车床

顶尖式数控车床配有普通尾座或数控尾座，适合车削较长的零件及直径不太大的盘类零件。

### 3. 按刀架数量分类

1）单刀架数控车床

单刀架数控车床一般都配置有各种形式的单刀架，如四工位卧动转位刀架或多工位转塔式自动转位刀架。

2）双刀架数控车床

双刀架数控车床的双刀架配置可以平行分布，也可以是相互垂直分布。

### 4. 按功能分类

1）经济型数控车床

经济型数控车床是采用步进电动机和单片机对普通车床的进给系统进行改造后形成

的简易型数控车床，成本较低，但自动化程度和功能都比较差，车削加工精度也不高，适用于要求不高的回转类零件的车削加工。

2）普通数控车床

普通数控车床是根据车削加工要求在结构上进行专门设计并配备通用数控系统而形成的数控车床，数控系统功能强，自动化程度和加工精度也比较高，适用于一般回转类零件的车削加工。这种数控车床可同时控制两个坐标轴，即 $X$ 轴和 $Z$ 轴。

3）车削加工中心

车削加工中心是在普通数控车床的基础上，增加了 $C$ 轴和动力头，更高级的数控车床带有刀库，可控制 $X$、$Z$ 和 $C$ 三个坐标轴，联动控制轴可以是（$X$、$Z$）（$X$、$C$）或（$Z$、$C$）。由于增加了 $C$ 轴和铣削动力头，这种数控车床的加工功能大大增强，除可以进行一般车削外，还可以进行径向和轴向铣削、曲面铣削、中心线不在零件回转中心的孔和径向孔的钻削等加工。

## 三、数控车床的保养

### 1. 数控车床的日常保养要求

做好数控车床的日常维护和保养，降低数控车床的故障率，将能充分发挥数控车床的功效。一般情况下，数控车床的日常维护和保养是由操作人员来进行的。一台数控车床经过长时间使用后都会出现零部件的损坏，但是及时开展有效的预防性维护，可以延长元器件的工作寿命，延长机械部件的磨损周期，防止恶性事故的发生，延长数控车床的工件时间。数控车床日常保养的主要内容如下。

（1）保持工作场地的清洁，使数控车床周围保持干燥，保持工作区域良好。

（2）保持数控车床清洁，每天开机前在实训教师指导下对各运动副加油润滑，并空运转 3min 后，按说明调整车床。检查数控车床各部件手柄是否在正常位置。

（3）下班前按计算机关闭程序关闭计算机，切断电源。

（4）每天下班前 10min，关闭计算机，清洁数控车床，在实训教师指导下对各运动副加润滑油，打扫卫生。待实训指导教师检查后方可离岗。

### 2. 数控车床的一级保养

为了具体说明日常保养的周期，数控车床日常保养内容见表 1-1。

表 1-1 数控车床日常保养

| 序号 | 检查周期 | 检查部位 | 检查要求 |
|---|---|---|---|
| 1 | 每天 | 导轨润滑 | 检查润滑油的油面，及时添加润滑油，润滑油泵能否定时启动、打油及停止，导轨各润滑点在打油时是否有润滑油流出 |
| 2 | 每天 | $X$ 轴、$Z$ 轴 | 清除导轨面上的切屑、脏物，检查导轨润滑油是否充分，导轨面上有无划伤 |
| 3 | 每天 | 液压装置 | 压力表指示是否在要求的范围内 |
| 4 | 每天 | 各种电气装置及散热通风装置 | 数控柜、电气柜、冷却风扇是否运转，风道过滤网无堵塞，主轴电动机、伺服电动机、冷却风道正常，恒温油箱、液压油的冷却散热片通风正常 |

续表

| 序号 | 检查周期 | 检查部位 | 检查要求 |
|---|---|---|---|
| 5 | 每天 | 主轴箱润滑恒温油箱 | 恒温油箱正常工作，由主轴箱上油标确定是否有润滑油，调节油箱制冷测试能正常启动，制冷温度不要低于室温太多（相差 1～5℃） |
| 6 | 每天 | 主轴箱液压平衡系统 | 平衡油路无泄漏，平衡压力指示正常，主轴箱上下快速移动时压力波动不大，油路补油机构动作正常 |
| 7 | 每天 | 数控系统及输入/输出 | 操作面板上的指示灯是否正常，各按钮开关是否在正确位置。光电阅读机清洁，机械结构润滑良好，快速穿孔机或程序服务器正常 |
| 8 | 每天 | 各防护装置 | 防护门、电柜门是否关好，推拉是否灵敏 |
| 9 | 每天 | 主轴、滑板 | 是否有异常 |
| 10 | 每月 | 主轴 | 检查主轴的运转情况。主轴以最高转速一半左右的转速旋转 30min，用手触摸壳体部分，若感觉温和即为正常 |
| 11 | 每月 | 限位开关 | 检查 $X$、$Z$ 轴行程限位开关、各急停开关动作是否正常。可用手按压行程开关的滑动轮，若有超程报警显示，说明限位开关正常。同时清洁各接近开关 |
| 12 | 每月 | 滚珠丝杠 | 检查 $X$、$Z$ 轴的滚珠丝杠，若有污垢，应清理干净，若表面干燥，应涂润滑脂 |
| 13 | 每月 | 刀架 | 检查回转刀架的润滑状态是否良好 |
| 14 | 每月 | 润滑装置 | 检查润滑油管是否损坏，管接头是否有松动、漏油现象，润滑泵的排油量是否符合要求 |
| 15 | 半年 | 主轴 | 检查主轴孔的振摆、编码盘用同步皮带的张力及磨损情况，主轴传动皮带的张力及磨损情况 |
| 16 | 半年 | 插头 | 检查各插头、插座、电缆，各继电器的触点是否接触良好，主电源变压器、各电动机的绝缘电阻 |
| 17 | 每年 | 润滑油泵、过滤器等 | 清理润滑油箱池底，清洗更换滤油器 |
| 18 | 不定期 | 各轴导轨上镶条，压紧滚轮，丝杠 | 按数控车床说明书规定调整 |
| 19 | 不定期 | 冷却水箱 | 检查水箱液面高度，冷却液装置是否工作正常，冷却液是否变质，经常清洗过滤器，疏通安全门和床身上各回水通道，必要时更换并清理水箱底部 |
| 20 | 不定期 | 排屑 | 检查有无卡位现象，经常清理 |

## 【练】综合训练

### 一、填空题

1. 数控车床的基本构成主要包括数控装置、伺服系统和________。
2. 数控车床按车床主轴位置分________、________两种。

### 二、判断题

1. 由于数控车床的先进性，因此任何零件均适合在数控车床上加工。 （ ）

2. 数控车床既可以自动加工也可以手动加工。 ( )

三、选择题

1. 数控车床的核心是( )。

A. 伺服系统 B. 控制系统 C. 反馈系统 D. 检测系统

2. 数控车床与普通车床相比,具有的优势是( )

A. 加工精度高 B. 可实现自动加工

C. 加工效率高 D. 方便手动加工

四、简答题

1. 数控车床的日常保养有哪些要求?

2. 数控车床如何分类?

# 任务3 数控车削编程基础

(1) 知道数控车床坐标系的功用及设定标准。

(2) 能够区分数控车床常用代码。

(3) 知道程序的结构和格式。

## 【学】编程相关知识

### 一、数控车床的坐标系

**1. 数控车床坐标系的功用**

在数控车床上加工零件,数控车床的动作是由数控系统发出的指令来控制的。为了确定刀具或工件在数控车床中的位置,确定数控车床运动部件的位置及其运动范围,需要在数控车床上建立一个坐标系,这个坐标系称为数控车床坐标系。

**2. 数控车床坐标系标准**

1) 数控车床采用右手笛卡儿直角坐标系

右手笛卡儿直角坐标系即三个坐标轴 $X$、$Y$、$Z$ 轴互相垂直,右手的拇指所指的方向为 $+X$,食指所指的方向为 $+Y$,中指所指的方向为 $+Z$,绕 $X$、$Y$、$Z$ 三轴做回转运动的坐标分别为 $A$、$B$、$C$,它们的方向用右手螺旋法则判断,如图 1-9 所示。

2) 数控车床原点、参考点及坐标系

原点是数控车床上的一个固定点,一般定义在主轴前端法兰盘定位面的中心。

参考点也是数控车床上的一个固定点,该点的位置由 $Z$ 轴与 $X$ 轴机械挡块确定。当进行回参考点的操作时,安装在纵向和横向滑板上的行程开关碰到相应的挡块后,数控系统发出信号，系统控制滑板停止运动，完成回参考点的操作。

以常用的普通卧式车床为例，依据右手笛卡儿直角坐标系，以车床主轴轴线方向为 $Z$ 轴方向，刀具远离工件的方向为 $Z$ 轴的正方向。$X$ 轴位于与工件安装面相平行的水平面内，垂直于工件旋转轴线的方向，且刀具远离主轴轴线的方向为 $X$ 轴的正方向，普通卧式车床坐标系如图 1-10 所示。

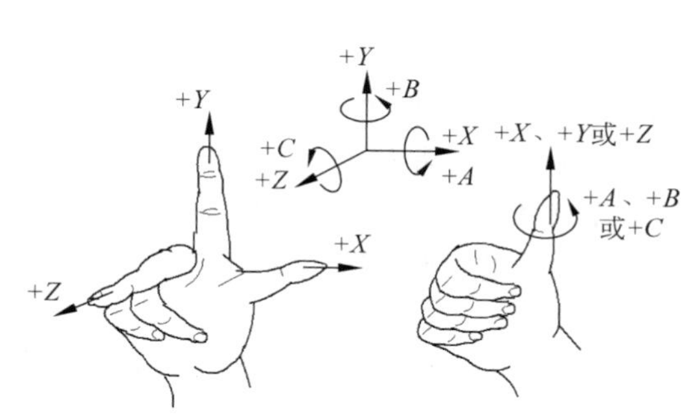


图 1-9 右手笛卡儿直角坐标系

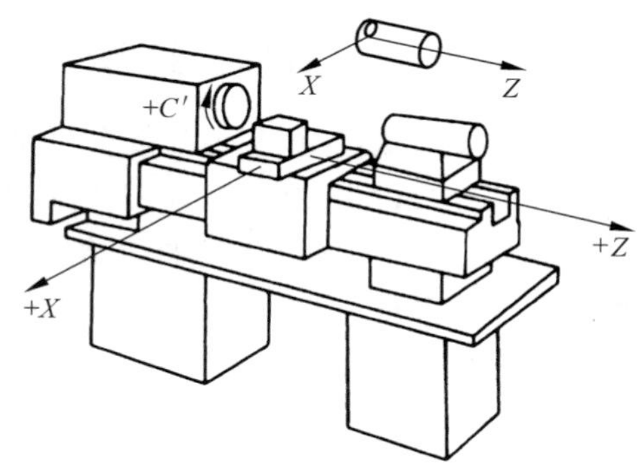


图 1-10 普通卧式车床坐标系

3）工件坐标系

在编制程序时，必须先设定工件坐标系，即确定刀具的刀位点在工件坐标系中的初始位置。工件坐标系的原点又称为程序的零点。建立了工件坐标系，同时也就确定了对刀点与工件坐标系原点的相对距离。

4）数控车床坐标系与工件坐标系的关系

数控车床坐标系的原点（也称车床零件或参考点），是车床上的一个固定点，与加工程序无关。工件坐标系是编程人员在程序编制时设定的，用来确定刀具和程序起点的相对位置。在编程中可任意改变工件坐标原点。

在操作数控车床时，启动后，要先将数控车床位置“回零”，即执行手动返回参考点，使各坐标轴都移至数控车床零点，这样在执行程序加工时，就能确定工件坐标系与数控车床坐标的位置关系。

## 二、绝对编程与增量编程

在编程时，表示刀具（或数控车床）运动位置的坐标值通常有两种方式，一种是绝对尺寸，另一种是增量（相对）尺寸。刀具（或数控车床）运动位置的坐标值是相对于固定的坐标原点给出的，即称为绝对坐标，用字母 $X$、$Z$ 表示 $X$ 轴与 $Z$ 轴的坐标值。采用绝对尺寸进行编程的方法称为绝对编程。如图 1-11 所示，起点 $A$、终点 $B$ 的坐标是以固定的坐标原点 0 计算的，其坐标值为 $A$($X30$, $Z100$)、$B$($X70$, $Z40$)。

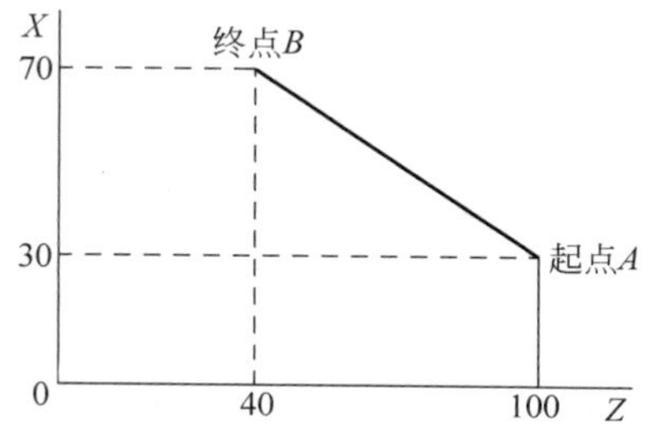


图 1-11 绝对编程与增量编程

刀具（或数控车床）运动位置的坐标值是相对前一位置（或起点），而不是相当于固定的坐标原点给出的，称为增量（或相对）坐标，用字母 $U$、$W$ 表示 $X$ 轴与 $Z$ 轴上的移动量。采用增量尺寸进行编程的方法称为增量编程，又称相对编程。如图 1-11 所示，终点 $B$ 相对于起点 $A$ 以增量值给定时，则 $B(U40,W-60)$。

绝对编程和增量编程可在同一程序中混合使用，这样可以免去编程时一些尺寸值的计算，如图 1-11 所示，使用混合编程给定 $B$ 点坐标为$(X70,W-60)$。

## 三、直径编程与半径编程

在数控车削编程中，$X$ 坐标值有两种表达方法，即直径编程和半径编程。

直径编程时，在绝对坐标系方式编程中，$X$ 值为零件的直径值；增量坐标方式编程中，$X$ 为刀具径向实际位移量的两倍。由于数控车床加工的零件一般为回转体类零件，图样的标注及测量一般为直径，所以大部分数控车削系统采用直径编程。FANUC 数控系统默认直径编程。

半径编程时，采用半径值进行程序编辑的方法，$X$ 值为零件半径值或刀具实际位移量。

## 四、数控车床常用功能

### 1. 准备功能（G 代码）

G 代码由字母 G 及后接 2 位数字组成，规定其所在的程序段的意义。其中，G 代码分为模态 G 代码与非模态 G 代码两种类型。

模态 G 代码：一组可相互注销的 G 代码，这些代码一旦被执行，则一直有效，直到被同一组的模态 G 代码注销为止。

非模态 G 代码：只在所规定的程序段中有效，程序段结束时被注销。

数控车床常用的 G 代码见表 1-2。

表 1-2 准备功能（G 代码）

| G 代码 | 功　能 | G 代码 | 功　能 |
|---|---|---|---|
| *G00 | 定位（快速移动） | G41 | 刀尖半径左补偿 |
| G01 | 直线切削 | G42 | 刀尖半径右补偿 |
| G02 | 圆弧插补（CW，顺时针） | G50 | 坐标系设定/恒线速度最高转速设定 |
| G03 | 圆弧插补（CCW，逆时针） | *G54 | 选择工件坐标系 1 |
| G04 | 暂停 | G55 | 选择工件坐标系 2 |
| G18 | $ZX$ 平面选择 | G56 | 选择工件坐标系 3 |
| G20 | 英制输入 | G57 | 选择工件坐标系 4 |
| G21 | 公制输入 | G58 | 选择工件坐标系 5 |
| G27 | 参考点返回检查 | G59 | 选择工件坐标系 6 |
| G28 | 参考点返回 | G70 | 精加工循环 |
| G30 | 回到第二参考点 | G71 | 内外圆粗车循环 |
| G32 | 螺纹切削 | G72 | 台阶粗车循环 |
| *G40 | 刀尖半径补偿取消 | G73 | 成形重复循环 |

续表

| G代码 | 功　　能 | G代码 | 功　　能 |
|---|---|---|---|
| G74 | Z向端面钻孔循环 | G94 | 端面固定切削循环 |
| G75 | X向外圆/内孔切槽循环 | G96 | 恒线速度控制 |
| G76 | 螺纹切削复合循环 | *G97 | 恒线速度控制取消 |
| G90 | 内外圆固定切削循环 | G98 | 每分钟进给 |
| G92 | 螺纹固定切削循环 | *G99 | 每转进给 |

注：带*者表示开机时会初始化的代码。

**2. 辅助功能(M代码)**

辅助功能又称为M代码，是用来指定车床辅助动作的一种功能，这类指令在运行时与车床操作的需要有关，表示主轴的旋转方向、启动、停止，切削液的开关等功能。M代码由字母“M”后接2位数字组成，常用M代码及功能见表1-3。

表1-3　常用M代码

| M代码 | 功　　能 | M代码 | 功　　能 |
|---|---|---|---|
| M00 | 程序暂停 | M08 | 冷却液开 |
| M02 | 程序结束 | M09 | 冷却液关 |
| M03 | 主轴正转 | M30 | 程序结束并返回程序开头 |
| M04 | 主轴反转 | M98 | 子程序调用 |
| M05 | 主轴停转 | M99 | 子程序结束 |

**3. F、S、T代码**

(1) F代码：用来指定进给速度，由地址F和其后面的数字组成。

当程序指定G98指令时，单位为mm/min，当程序指定G99指令时，单位为mm/r。如G98 F100表示刀具运动速度为100mm/min，G99 F0.1则表示刀具运动速度为0.1mm/r。

(2) S代码：用来指定主轴转速或速度，由地址S和其后的数字组成。

G96来设定恒线速度控制功能。当G96执行后，S后面的数值表示切削速度，单位为m/min。例如，G96 S100表示切削速度为100m/min。

G97是取消G96的指令。执行G97后，S后面的数值表示主轴每分钟转速，单位为r/min。例如，G97 S100表示主轴转速为100r/min，系统开机状态为G97指令。

恒线速度功能切削时，工件表面各加工点线速度相同，能得到较好的加工表面质量。一般圆弧、曲面加工采用此功能。

(3) T代码：用来控制数控系统进行选刀和换刀。用字母“T”后接4位数字表示。

例如，T0101表示选择01号刀具及刀具的补偿号；T0200中，02表示选择02号刀具，00表示取消02号刀具的补偿。

## 五、程序的结构与格式

### 1. 程序结构

一个完整程序由程序号、程序内容和程序结束三部分组成，见表 1-4。

表 1-4　程序结构

| 程　序 | 说　明 |
|---|---|
| O0001 | 程序号 |
| N0010 G97 G98 M03 S600 F100； | |
| N0020 T0101； | |
| N0030 M08； | |
| N0040 G00 X44.0 Z2.0； | |
| N0050 X46； | 程序内容 |
| N0060 Z－20； | |
| N0070 X60； | |
| N0080 X65 Z－35； | |
| N0090 G00 X100 Z100； | |
| N0100 M30； | 程序结束 |

1）程序号

在数控装置存储器中，通过程序号查找和调用程序。在 FANUC 数控系统中，程序号由地址码字母 O 和数字 1～9999 范围内的任意数字组成，如 O1234。

2）程序内容

程序内容主要用于控制数控车床自动完成零件的加工，是整个程序的主要部分，由若干个程序段组成。每个程序段由若干程序字组成。每个字又由地址码和若干个数字组成。

3）程序结束

程序结束一般用辅助功能代码 M02 和 M30 等来表示。

### 2. 程序段的格式

程序段格式是指一个程序段中的字、字符和数据的书写规则。一个程序段定义一个将由数控装置执行的指令行。程序段的格式定义了每个程序段中功能字的句法，如图 1-12 所示。

| N__ | G__ | X__Z__ | F__ | S__ | T__ | M__ | ; |
|---|---|---|---|---|---|---|---|
| 顺序号 | 准备功能 | 尺寸字 | 进给功能 | 主轴速度功能 | 刀具功能 | 辅助功能 | 换行符 |

图 1-12　程序段的格式

### 3. 程序字

一个程序字是由地址符（指令字符）和带符号（如定义尺寸的字）或不带符号（如准备

功能字G代码)的数字组成的。程序段中不同的指令字符及其后续数值确定了每个程序字的含义。在数控程序段中包含的主要指令字符见表1-5。

表1-5 指令字符一览表

| 功能 | 地址 | 意义 |
|---|---|---|
| 程序号 | O | 程序号 |
| 顺序号 | N | 顺序号 |
| 准备功能 | G | 指定运动方式(直线,圆弧等) |
| 尺寸字 | X,Y,Z,U,V,W,A,B,C | 坐标轴运动指令 |
| | I,J,K | 圆弧中心坐标 |
| | R | 圆弧半径 |
| 进给功能 | F | 每分钟进给速度,每转进给速度 |
| 主轴速度功能 | S | 主轴速度 |
| 刀具功能 | T | 刀具号 |
| 辅助功能 | M | 机床上的开/关控制 |
| | B | 工作台分度等 |
| 暂停 | P,X,U | 暂停时间 |
| 程序号指定 | P | 子程序号 |
| 重复次数 | P | 子程序重复次数 |
| 参数 | P,Q | 固定循环参数 |

## 【练】综合训练

### 一、填空题

1. 一个完整的程序由________、________、________三部分组成。

2. 写出程序段中常用代码的含义。G代码:________;M代码:________;T代码:________;F代码:________;S代码:________。

3. T代码T0400指令中,04表示________,00表示________。

4. 在数控车削中有直径编程和半径编程,通常情况下使用________编程。

### 二、判断题

1. 工件坐标系是编程时使用的坐标系。 ( )

2. G代码为辅助功能代码。 ( )

3. M03代码表示程序停止。 ( )

### 三、选择题

1. 数控车床采用( )坐标系。

A. 左手坐标系　　B. 右手笛卡儿直角坐标系
C. 工件坐标系　　D. 空间坐标系

2. 打开冷却液用( )代码编程。

A. M03　　B. M05　　C. M08　　D. M09

3. 由操作者或编程者在编制零件的加工程序时，以工件上某一固定点为原点建立的坐标系，称为工件坐标系，工件坐标系的原点称为(　　)。

A. 车床零点　　B. 车床参考点　　C. 程序零点　　D. 工件零点

四、简答题

1. 数控车床系统指令代码分为哪几类？

2. 简述 M02 代码与 M30 代码的区别。

3. 写出图 1-13 所示台阶轴中各节点的绝对坐标值和增量坐标值，并填写在表 1-6 中。

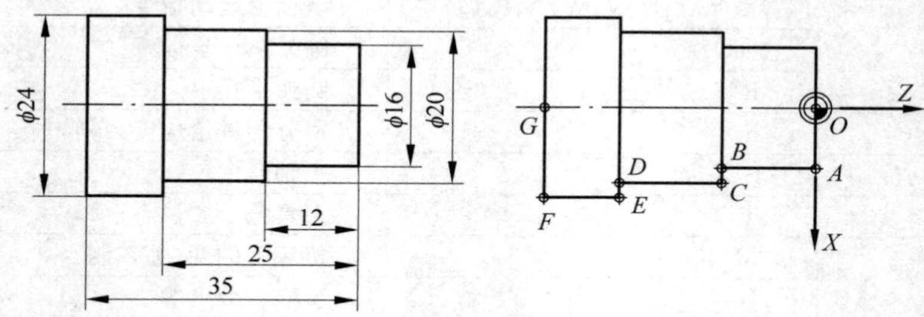


图 1-13　台阶轴

表 1-6　台阶轴的坐标值

| 坐标值 / 节点 | 绝对坐标 | | 增量坐标 | |
|---|---|---|---|---|
| | X | Z | U | W |
| O | | | | |
| A | | | | |
| B | | | | |
| C | | | | |
| D | | | | |
| E | | | | |
| F | | | | |
| G | | | | |

# 任务 4　数控车削刀具

(1) 知道数控车削刀具的材质。

(2) 认识常用的数控车刀。

# 【学】数控车削刀具

## 一、数控车削刀具的材质

刀具材料是指刀具切削部分的材料。刀具材料不仅是影响刀具切削性能的重要因素，而且它对刀具耐用度、切削用量、生产率、加工成本等有着重要的影响。在机械加工过程中，不但要熟悉刀具材料的种类、性能和用途，还必须能根据不同的工件和加工条件，对刀具材料进行合理的选择。切削时，刀具在承受较大压力的同时，还与切屑、工件产生剧烈的摩擦，由此而产生较高的切削温度；在加工余量不均匀和切削断续表面时，刀具还将受到冲击，产生振动。

### 1. 数控车削刀具材料应具备的基本性能

刀具材料的切削性能关系着刀具的耐用度和生产率；刀具材料的工艺性，影响着刀具本身的制造与刃磨质量。数控车削刀具材料应具备以下基本性能。

(1) 高硬度：刀具材料的硬度必须高于工件材料的硬度，一般应在60HRC以上。

(2) 足够的强度(主要指抗弯强度)和韧性：刀具在切削过程中要承受较大的切削力和内应力，还要承受冲击力和振动，应具备足够的强度和韧性，才能防止脆性断裂或崩刃。

(3) 良好的耐磨性：它是指刀具材料抵抗磨损的能力。它是材料硬度、强度和金相组织等因素的综合反映。一般来说，硬度较好的材料，耐磨性也较好。

(4) 良好的耐热性(红硬性)：它是指刀具材料在高温下保持较高的硬度、强度、韧性和耐磨性的性能。它是衡量刀具材料切削性能的重要指标。

(5) 良好的工艺性：为了便于制造刀具，刀具材料应具备可加工性、可刃磨性、可焊接性及可热处理性等。

### 2. 常用刀具材料的种类与选用

刀具切削部分材料主要有碳素工具钢、合金工具钢、高速钢、硬质合金、陶瓷和超硬刀具材料等。各种刀具材料的物理力学性能见表1-7，生产中使用最多的是高速钢和硬质合金。

表1-7 各种刀具材料的物理力学性能

| 材料种类 | 硬度 | 密度/($g/cm^3$) | 抗弯强度/GPa | 冲击韧度/($kJ/m^2$) | 热导率/[W/(m·K)] | 耐热性/℃ |
|---|---|---|---|---|---|---|
| 碳素工具钢 | 63～65HRC | 7.6～7.8 | 2.2 | — | 41.8 | 200～250 |
| 合金工具钢 | 63～66HRC | 7.7～7.9 | 2.4 | — | 41.8 | 300～400 |
| 高速钢 | 63～70HRC | 8.0～8.8 | 1.96～5.88 | 98～588 | 16.7～25.1 | 600～700 |
| 硬质合金 | 89～94HRA | 8.0～15 | 0.9～2.45 | 29～59 | 16.7～87.9 | 800～1000 |
| 陶瓷 | 91～95HRA | 3.6～4.7 | 0.45～0.8 | 5～12 | 19.2～38.2 | 1200 |
| 立方氮化硼 | 8000～9000HV | 3.44～3.49 | 0.45～0.8 | — | 19.2～38.2 | 1200 |
| 金刚石 | 10000HV | 3.47～3.56 | 0.21～0.48 | — | 19.2～38.2 | 1200 |

1) 高速钢

高速钢是由W、Cr、Mo等合金元素组成的合金工具钢。相对碳素工具钢，具有较高的热稳定性，较高的强度和韧度，并有一定的硬度和耐磨性，因而适合于加工有色金属和各种金属材料；又由于高速钢有很好的加工工艺性，适合制造复杂的成形刀具。但是，高速钢耐磨性差、耐热性差，已难以满足现代切削加工对刀具材料越来越高的要求。

2）硬质合金

硬质合金是数控车削刀具最常用的材料，它由难熔金属碳化物（如 WC、TiC、TaC、NbC）和金属粘结剂（Co、Mo、Ni 等）经粉末冶金的方法烧结而成，是一种混合物。它具有很高的硬度、耐热性、耐磨性和热稳定性，允许的切削速度比高速钢高 3～10 倍，切削速度可达 100m/min 以上，能加工包括淬火钢在内的多种材料，因此应用广泛。但硬质合金抗弯强度和耐冲击性较差，制造工艺性差，不易做成形状复杂的整体刀具。在实际使用中，一般将硬质合金刀片焊接或机械夹固在刀体上使用。

国际标准化组织（ISO）规定，将切削加工用硬质合金分为三大类，分别用 K、P、M 表示。K 类使用于加工短切屑的黑色金属、有色金属和非金属材料，相当于我国的 YG 类硬质合金。P 类适用于加工长屑的黑色金属，相当于我国的 YT 类硬质合金。M 类适用于加工长、短切屑的黑色金属和有色金属，相当于我国的 YW 类硬质合金。常用硬质合金牌号及用途见表 1-8。

表 1-8 硬质合金的用途

| 牌号 | | 性能比较 | 适用场合 |
|---|---|---|---|
| ISO（相近） | 国产 | | |
| K01 | YG3X | 硬度、耐磨性、切削速度 增加↑；抗弯强度、韧性、进给量 下降↓ | 铸铁、有色金属及合金的精加工，也可用于合金钢、淬火钢等的精加工，不能承受冲击载荷 |
| K10 | YG6X | | 铸铁、冷硬铸铁、合金铸铁、耐热钢、合金钢的半精加工、精加工 |
| K20 | YG6 | | 铸铁、有色金属及合金的粗加工、半精加工 |
| K30 | YG8 | | 铸铁、有色金属及合金、非金属的粗加工，能适应断续切削 |
| P01 | YT30 | | 碳钢和合金钢连续切削时的精加工 |
| P10 | YT15 | | 碳钢和合金钢连续切削时的半精加工、精加工 |
| P20 | YT14 | | 碳钢和合金钢连续切削时的粗加工、半精加工、精加工或断续切削时的精加工 |
| P30 | YT5 | | 碳钢和合金钢的粗加工，也可用于断续切削 |
| M10 | YW1 | 硬度、切削速度 增加↑；抗弯强度、韧性、进给量 下降↓ | 不锈钢、耐热钢、高锰钢及其他难加工材料及普通钢料、铸铁的半精加工和精加工 |
| M20 | YW2 | | 不锈钢、耐热钢、高锰钢及其他难加工材料及普通钢料、铸铁的粗加工和半精加工 |

3）其他刀具材料

（1）陶瓷材料。陶瓷材料是以氧化铝为主要成分，经压制成形后烧结而成的一种刀具材料。它有很高的硬度和耐磨性，化学性能稳定，故能承受较高的切削速度。陶瓷材料的最大弱点是抗弯强度低，冲击韧性差，主要用于钢、铸铁、有色金属、高硬度材料及大件和高精度零件的加工。

（2）金刚石。金刚石分天然和人造两种。天然金刚石由于价格昂贵，用得很少。金刚石是目前已知的最硬的物质，其硬度接近10000HV，是硬质合金的80～120倍，但韧性差，在一定温度下与铁族元素亲和力大，因此不宜加工黑色金属，主要用于加工有色金属以及非金属材料的高速精加工。

（3）立方氮化硼（CBN）。立方氮化硼由氮化硼在高温高压作用下转变而成。它具有仅次于金刚石的硬度和耐磨性，化学性能稳定，与铁族元素亲和力小，但强度低，焊接性差，主要用于切削淬硬钢、冷硬铸铁、高温合金和一些难加工材料。

4）刀具材料的表面涂层

刀具材料的韧性和硬度一般不能兼顾，故一般刀具的寿命主要受刀具磨损的影响，近年来，采用刀具材料表面涂层处理来解决这一问题。表面涂层是在韧性较好的硬质合金或高速钢基体上，通过化学气相沉积（CVD）法或物理气相沉积（PVD）法涂覆一薄层耐磨性很高的难熔金属化合物。通过这种方法，使刀具既具有基体材料的强度和韧性，又具有很高的耐磨性，从而较好地解决了强度、韧性与硬度、耐磨性的矛盾。

## 二、数控车削刀具的种类

数控车床所用刀具是指与数控车床相配套使用的各种刀具的总称，是数控车床不可缺少的关键配套产品，其以高效率、高精密的综合切削性能取代了传统的切削工具，如图1-14所示。

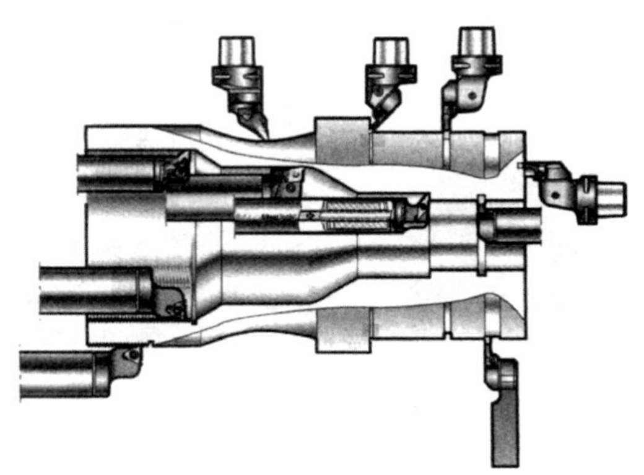

图1-14 常用数控车削刀具

**1. 按用途分**

车削刀具按用途可分为外圆车刀、端面车刀、切断刀、成形车刀、螺纹车刀等，如图1-15所示。

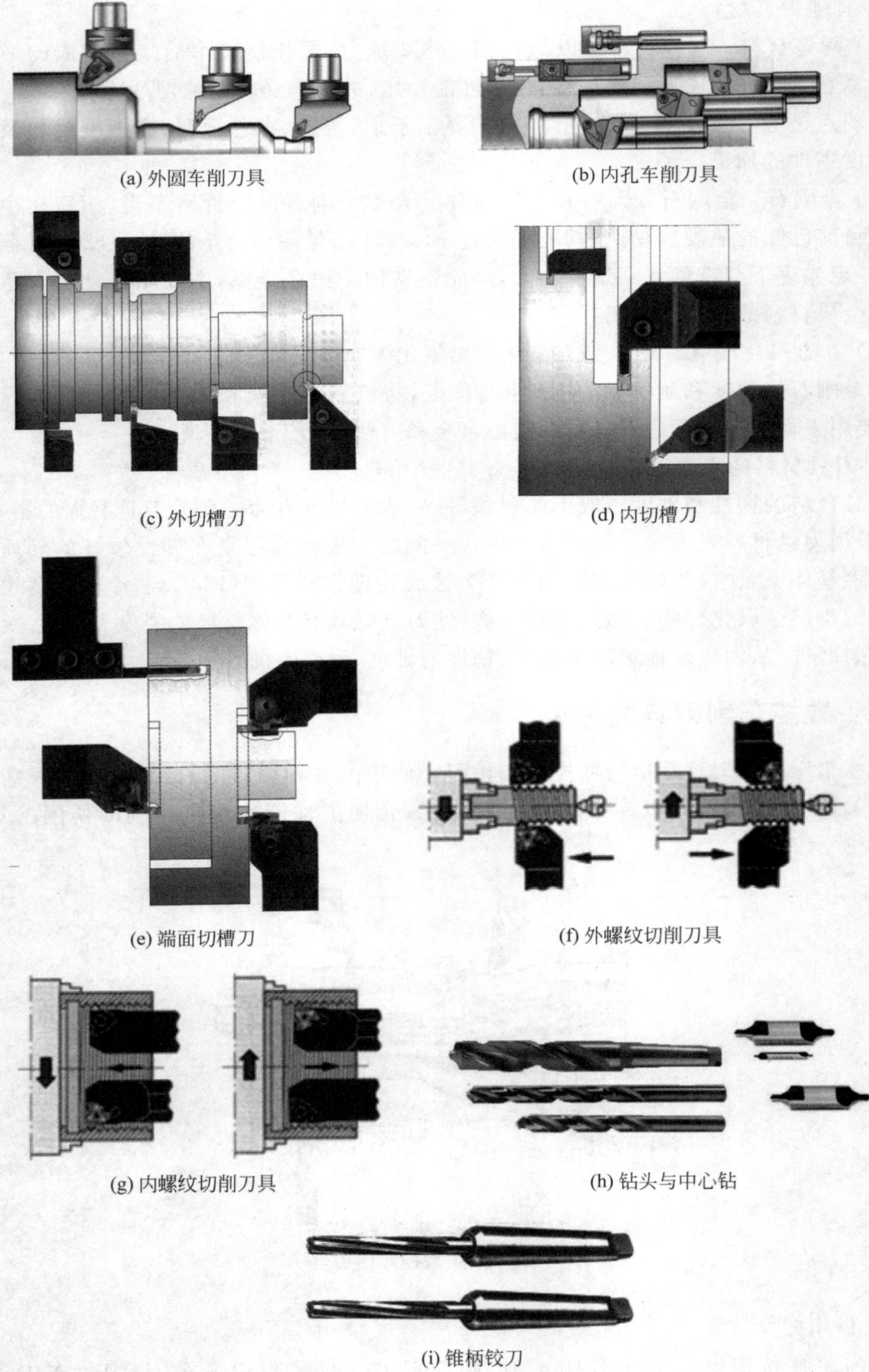
(a) 外圆车削刀具
(b) 内孔车削刀具
(c) 外切槽刀
(d) 内切槽刀
(e) 端面切槽刀
(f) 外螺纹切削刀具
(g) 内螺纹切削刀具
(h) 钻头与中心钻
(i) 锥柄铰刀

图 1-15 常见车刀类型

### 2. 按结构分

车削刀具按结构可分为整体车刀、焊接车刀、可转位车刀，如图 1-16～图 1-18 所示。

图 1-16 整体车刀(高速钢车刀)

图 1-17 焊接车刀(硬质合金车刀)

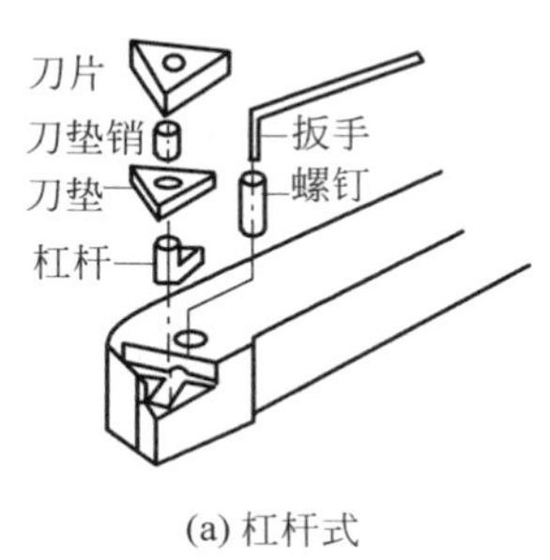


(a) 杠杆式

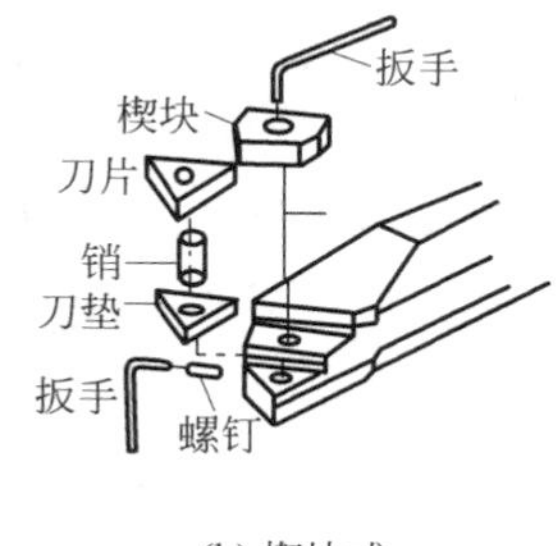


(b) 楔块式

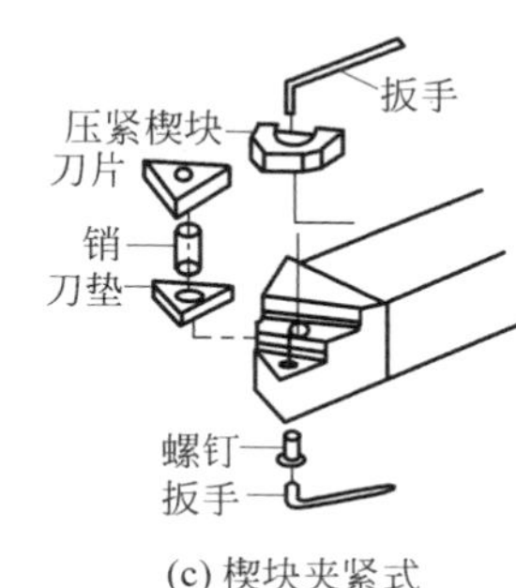


(c) 楔块夹紧式

图 1-18 可转位车刀

车刀结构特点和用途见表 1-9。

表 1-9 车刀结构特点和用途

| 名 称 | 特 点 | 适 用 场 合 |
|---|---|---|
| 焊接式 | 结构紧凑，使用灵活 | 各类车刀，特别是小刀具 |
| 整体式 | 刃口磨得比较锋利 | 小型车床，可加工非金属材料 |
| 机夹式 | 避免了焊接所产生的应力、裂纹等缺陷。刀杆利用率较高。刀片可集中刃磨获得所需参数。使用灵活方便 | 外圆、端面、镗孔、切断、螺纹车刀 |
| 可转位式 | 避免了焊接刀的缺点，刀片快速转位。生产率高，断屑稳定，可使用涂层刀片 | 大中型车床加工外圆、端面、镗孔。特别适用于数控车床 |

### 3. 按形状分

车刀按形状一般分为以下三类。

1) 尖形车刀

以直线形切削刃为特征的车刀，一般称为尖形车刀，如图 1-19 所示。这类车刀的刀尖(刀位点)由直线形的主、副切削刃构成，加工零件时，其零件的轮廓形状主要由一个独立的刀尖或一条直线形主切削刃位移后得到，与另两类车刀加工时所得到零件形状的原理是截然不同的。如 90°内外圆车刀、左右端面车刀、切断(切槽)车

图 1-19 尖形车刀

刀以及刀尖倒角很小的各种外圆和内孔车刀。

2）圆弧形车刀

圆弧形车刀是较为特殊的数控加工用车刀，如图 1-20 所示。其特点是构成主切削刃的刀刃形状为一圆度误差或线轮廓误差很小的圆弧，该圆弧刃每一点都是圆弧形车刀的刀尖，因此刀位点不在圆弧上，而在该圆弧的圆心上。当某些尖形车刀或成形车刀（如螺纹车刀）的刀尖具有一定的圆弧形状时，也可作为这类车刀使用。

圆弧形车刀可以用于车削内、外表面，特别适宜于车削各种光滑连接（凹形）的成形面。

3）成形车刀

成形车刀俗称样板车刀，如图 1-21 所示。其加工零件的轮廓形状完全由车刀刀刃的形状和尺寸决定。数控车削加工中，常见的成形车刀有小半径圆弧车刀、非矩形槽刀和螺纹车刀等。在数控加工中，应尽量少用或不用成形车刀。

图 1-20　圆弧形车刀

图 1-21　成形车刀

## 三、数控车削刀具的选用

由车床、刀具和工件组成的切削加工工艺系统中，刀具是一个活跃的因素。切削加工生产率和刀具寿命的长短、加工成本的高低、加工精度和加工表面质量的优劣等，在很大程度上取决于刀具类型、刀具材料、刀具结构及其因素的合理选择。

加工时可根据加工内容、工件材料等选用刀具，要保证刀具强度、耐用度等。应尽可能使用机夹刀和机夹刀片，以减少换刀时间和对刀时间。对于长径比较大的刀杆，应具有良好的抗振结构。

数控刀具很少直接装在数控车床刀架上，它们一般通过刀座作过渡。因此应根据刀具的形状、刀架的外形和刀架对主轴的配置形式来决定刀座的结构。现在刀座的种类繁多，标准化程度低，选型时应尽量减少种类、形式，以利于管理。

## 【练】综合训练

一、填空题

1. 高速钢刀具常用于承受冲击力的场合，特别适用于制造各种结构复杂的刀具和________,但是不能用于切削。

2. 加工一般材料时,大量使用的刀具材料有________和________,其中,________是目前应用最广泛的一种车刀材料。

二、判断题

1. 硬质合金的缺点是韧性差,承受不了大的冲击力。 ( )

2. 高速钢车刀用于承受冲击性较大的场合,也常用于高速切削。 ( )

3. 一般情况下,在数控车床上所留的精车余量比普通车床上的要小。 ( )

三、选择题

1. 高速钢刀具材料可耐( )℃左右的高温。

A. 250　　B. 300　　C. 600　　D. 100

2. 常用硬质合金刀片的耐热性可达( )℃的高温。

A. 250～300　　B. 500～600　　C. 800～1000　　D. 1400～1500

3. ( )硬质合金适用于加工钢或其他韧性较大的塑性金属,不宜用于加工脆性金属。

A. K 类　　B. P 类　　C. M 类　　D. P 类和 M 类

4. 粗车铸铁应选用( )牌号的硬质合金车刀。

A. K01　　B. K20　　C. P01　　D. K20

四、简答题

1. 切削刀具必须具备哪些基本性能?

2. 常用的刀具材质有哪些?

# 任务5 数控车床基本操作

(1) 知道数控车床操作面板各按键的名称和功能。

(2) 能对数控车床进行回零操作。

(3) 知道数控车床对刀操作的重要性,学会四种刀具的对刀操作。

## 【学】数控车床面板操作

数控车床的控制面板分成系统操作面板及车床操作面板两部分。系统操作面板由系统厂家生产制造,通常有横形和竖形两种布局,但同一系统的操作面板功能完全相同,如图 1-22 和图 1-23 所示。

数控车床操作面板则由车床生产厂家设计制造,不同厂家的数控车床操作面板在布局上差异较大,但功能基本相同,如图 1-24 和图 1-25 所示。

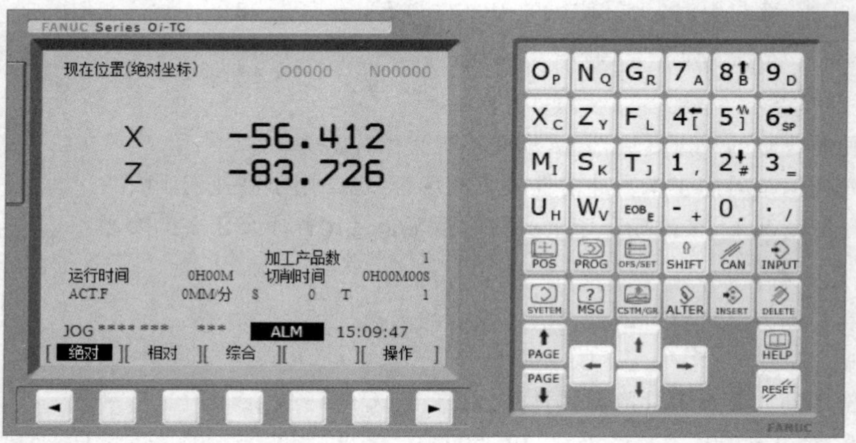


图 1-22 FANUC 0*i* mate-TC 系统操作面板(横形)

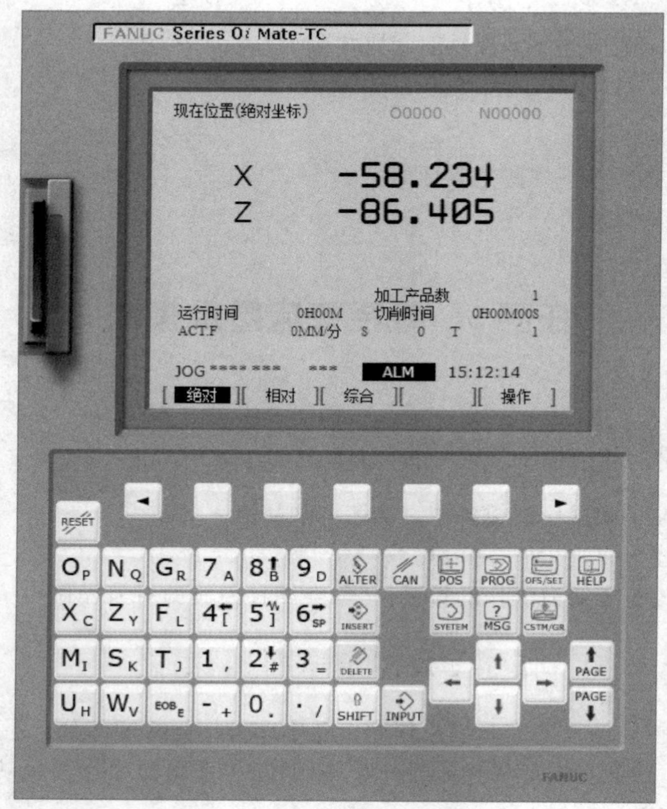


图 1-23 FANUC 0*i* mate-TC 系统操作面板(竖形)

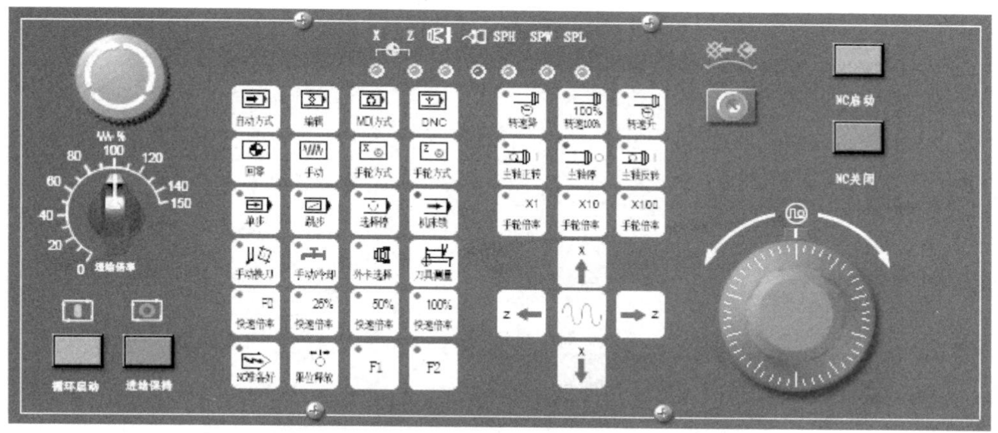


图 1-24　宝鸡车床厂数控车床操作面板

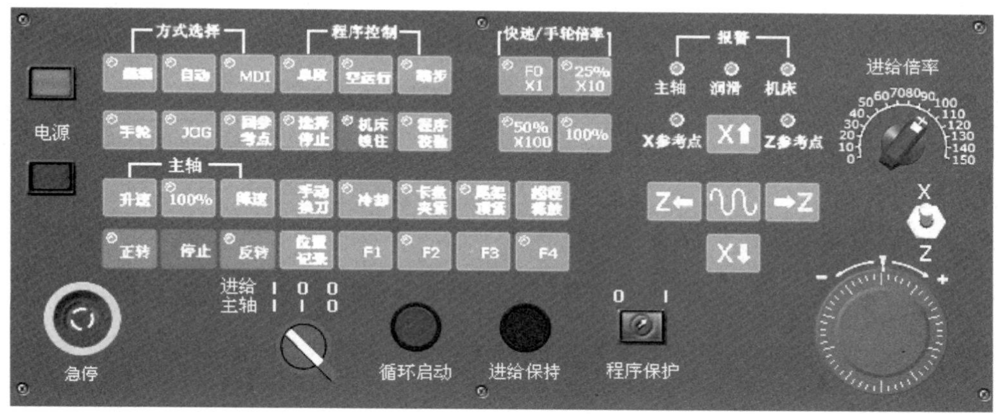


图 1-25　济南第一车床厂数控车床操作面板

## 一、系统操作面板

FANUC 0*i* mate-TC 系统操作面板布局如图 1-26 所示。

### 1. 键盘区

键盘区的按键按功能主要分成以下几种类型。

(1) 地址和数字键：用于输入字母，数字以及其他字符。

(2) 页面显示键：用于选择屏幕要显示的功能画面。

(3) 编辑键：用于输入字符的修改编辑。

(4) 翻页键：屏幕上下翻页。

(5) 光标移动键：用于将光标朝各个方向移动。

系统操作面板各个按键的详细介绍见表 1-10。

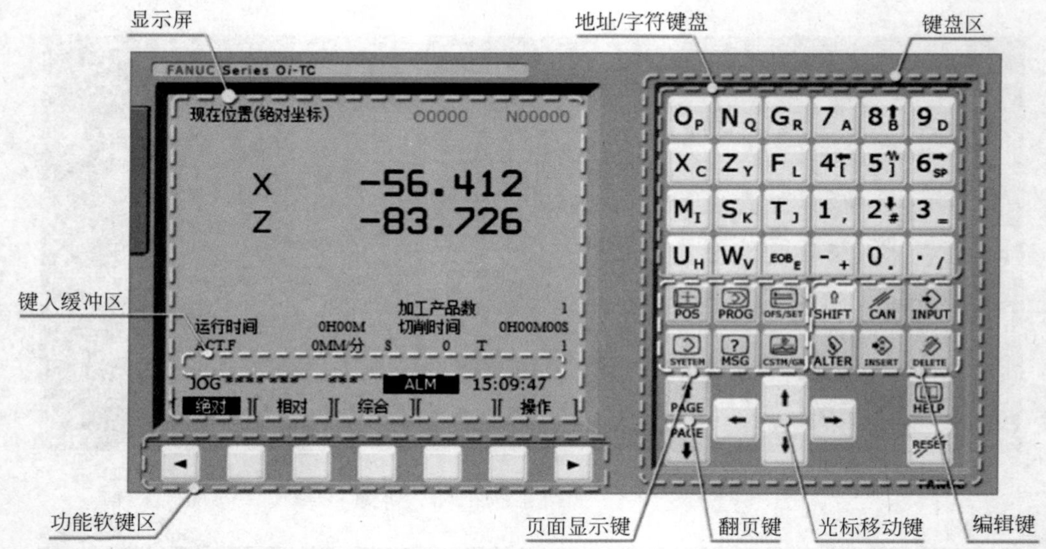


图 1-26 FANUC 0*i* mate-TC 系统操作面板布局

表 1-10 数控车床系统操作面板按键功能介绍

| 按键图标 | 名　称 | 功　能 |
|---|---|---|
| 地址和数字键 | | |
| | 地址和数字键 | 按这些键可输入字母、数字以及其他字符 |
| EOB_E | 回车换行键 | 结束一行程序的输入并且换行 |
| 页面显示键 | | |
| POS | 位置显示页面键 | 按此键显示位置页面，即不同坐标显示方式 |
| PROG | 程序显示与编辑页面键 | 按此键进入程序页面 |
| OFS/SET | 参数输入页面键 | 按此键显示刀偏/设定(SETTING)页面及其他参数设置 |
| SYETEM | 系统参数页面键 | 按此键参数画面 |
| MSG | 信息页面键 | 按此键显示信息页面 |
| CSTM/GR | 图形参数设置页面键 | 按此键显示用户宏页面(会话式宏画面)或图形显示画面 |

续表

| 按键图标 | 名　称 | 功　能 |
| --- | --- | --- |
| 编辑键 | | |
| SHIFT | 换挡键 | 地址和数字键有两个字符，先按【SHIFT】键再按地址和数字键，可输入键面右下角的字符 |
| CAN | 取消键 | 按此键可删除键入缓冲器当前输入位置的最后一个字符或符号 |
| INPUT | 输入键 | 当按了地址键或数字键后，数据被输入到键入缓冲器，并在CRT屏幕上显示出来。为了把键入缓冲器中的数据复制到寄存器，按【INPUT】键。这个键相当于软键的[输入]键，按此二键的结果是一样的 |
| ALTER | 替换键 | 把键入缓冲器的内容替代光标所在的代码 |
| INSERT | 插入键 | 把键入缓冲器的内容插入到光标所在代码后面 |
| DELETE | 删除键 | 删除光标所在的代码 |
| 翻页键 | | |
| PAGE ↑ PAGE ↓ | 翻页键 | 用于屏幕上下翻页 |
| 光标移动键 | | |
| ← ↑ ↓ → | 光标移动键 | 这些键用于将光标朝各个方向移动 |

2. 功能软键区

在不同的功能画面中，软键对应的功能菜单均不相同，如图1-27所示。按功能菜单选项下方的软键，则该选项被选中执行。

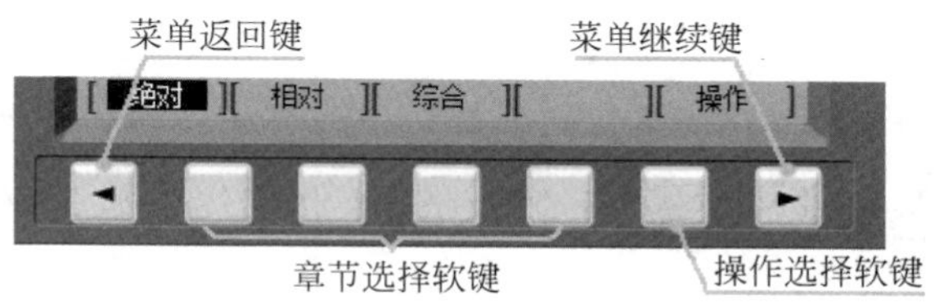


图1-27　功能软键

功能软键的一般操作如下。

(1) 在 MDI 面板上按功能键,则属于选择功能的软键出现。

(2) 按其中一个选择软键,则与之相对应的页面出现。如果目标的软键未显示,则按继续菜单键(下一个菜单键)。

(3) 为了重新显示章选择软键,按返回菜单键。

## 二、车床操作面板

车床操作面板位于窗口的下侧,主要用于控制车床运行状态,由模式选择按钮、运行控制开关等组成,见表 1-11。

表 1-11 车床操作面板功能说明

| 图　　标 | 名　　称 | 功　　能 |
| --- | --- | --- |
| | 急停按钮 | 紧急停止作业 |
| | 程序编辑锁开关 | 只有置于开的位置,才可编辑或修改程序(需使用钥匙开启) |
| 80 100 120 60 140 150 40 20 0 进给倍率 | 进给速度调节旋钮 | 调节程序运行中的进给速度,调节范围为 0～120% |
| 转速降 转速100% 转速升 | 主轴转速调节旋钮 | 调节主轴转速,调节范围为 50%～120% |
| 手动冷却 | 手动冷却液开关 | 手动方式开启、关闭冷却液 |
| 手动换刀 | 手动刀具选择按钮 | 手动方式转换刀位 |
| 主轴正转 主轴停 主轴反转 | 手动主轴控制按钮 | 分别控制主轴正转、停、反转 |

续表

| 图　　标 | 名　　称 | 功　　能 |
|---|---|---|
| 自动方式 | 自动方式(AUTO) | 自动加工模式 |
| 编辑 | 编辑方式(EDIT) | 编辑模式,用于直接通过操作面板输入数控程序和编辑程序 |
| MDI方式 | 录入方式(MDI) | 手动数据输入 |
| DNC | 在线加工方式(DNC) | 用CR-232电缆线连接PC和数控车床,选择程序传输加工 |
| 回零 | 回零方式(REF) | 回参考点 |
| 手动 | 手动方式(JOG) | 手动模式,手动连续移动台面和刀具 |
| X 手轮方式　Z 手轮方式 | 手轮方式(HND) | 手轮模式移动台面或刀具 |
| 单步 | 单步运行 | 每按一次执行一条数控指令 |
| 跳步 | 程序段跳读 | 自动方式按下此键,跳过程序段开头带有"/"程序 |
| 选择停 | 选择性停止 | 自动方式下按下此键,遇有M01程序暂停 |
| 机床锁 | 车床锁定开关 | 按下此键,数控车床各轴被锁住 |
|  | 程序运行开始 | 模式选择旋钮在AUTO和MDI位置时按下有效,其余时间按下无效 |

续表

| 图　标 | 名　称 | 功　能 |
| --- | --- | --- |
| | 程序暂停 | 在程序运行中，按下此按钮程序暂停运行 |
| X↑ Z← ∿ →Z X↓ | 手动移动车床台面 | 用于手动方式下移动工作台面，按下中间按钮为快速移动 |
| X1 手轮倍率 X10 手轮倍率 X100 手轮倍率 | 手轮倍率选择按钮 | 选择手轮移动数控车床主轴时，手轮每转一个刻度的距离：×1 为 0.001mm，×10 为 0.01mm，×100 为 0.1mm，×1000 为 1mm |
| F0 快速倍率 25% 快速倍率 50% 快速倍率 100% 快速倍率 | 快速倍率调整 | %25、%50、%100 可选择由参数设定最高快速移动速度的百分比，F0 为由参数设定的最低快速移动速度 |

# 【教】对刀操作及验证

## 一、对刀准备工作

### 1. 回零

对刀前请确认已正确回零，回零操作步骤见表 1-12。

表 1-12　车床回零操作

| 步骤 | 操作说明 | 操作图示 |
| --- | --- | --- |
| 1 | 如刀架接近零点，请选择【手动】方式，手动移动各轴向负方向离开零点 | 手动 X↑ Z← ∿ |
| 2 | 选择【POS】，选择【回零】方式 | POS 回零 |
| 3 | 按【+X】，让 $X$ 轴回零点<br>注意观察 $X$ 轴坐标值，当数值停止变化，则回零到位 | X↓ |

续表

| 步骤 | 操 作 说 明 | 操 作 图 示 |
|---|---|---|
| 4 | 按【＋Z】，让 Z 轴回零点，注意观察 Z 轴坐标值，当数值停止变化，则回零到位 | |

**2. 设定转速**

对刀前应先设定合适的主轴转速，操作步骤见表 1-13。

表 1-13　主轴转速设定操作

| 步骤 | 操 作 说 明 | 操 作 图 示 |
|---|---|---|
| 1 | 选择【MDI 方式】，选择【PROG】（程序）页面，按【MDI】软键 | MDI方式　PROG |
| 2 | 输入“M3 S500；”按【INSERT】（插入）键 | EOB E　INSERT |
| 3 | 按【循环启动】，主轴以 500n/min 转动 | |

## 二、外圆刀对刀操作

外圆刀对刀操作步骤见表 1-14。

表 1-14　外圆刀对刀操作

| 序号 | 操 作 说 明 | 操 作 图 示 |
|---|---|---|
| 1 | 选择【手动】方式，按【主轴正转】 | 手动　主轴正转 |
| 2 | 选择【手轮方式】，移动刀尖轻车端面 | |

续表

| 序号 | 操作说明 | 操作图示 |
| --- | --- | --- |
| 3 | 车平端面后，刀留在原处不动 |  |
| 4 | 按【OFS/SET】(刀补/设定)键 |  OFS/SET |
| 5 | 按【补正】软键 |  [ 补正 ][ 数据 ][ 坐标系 ][ ][ 操作 ] |
| 6 | 按【形状】软键 |  [ 磨耗 ][ 形状 ][ ][ ][ 操作 ] |
| 7 | 在刀号对应行输入"Z0"，按【测量】软键 | 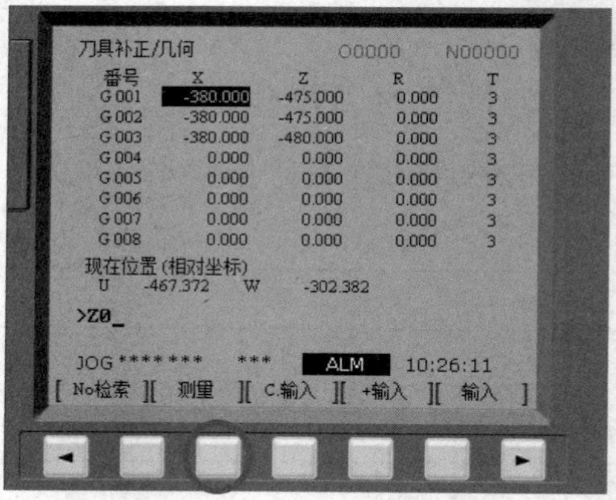 刀具补正/几何 O0000 N00000<br>番号 X Z R T<br>G001 -380.000 -475.000 0.000 3<br>G002 -380.000 -475.000 0.000 3<br>G003 -380.000 -480.000 0.000 3<br>G004 0.000 0.000 0.000 3<br>G005 0.000 0.000 0.000 3<br>G006 0.000 0.000 0.000 3<br>G007 0.000 0.000 0.000 3<br>G008 0.000 0.000 0.000 3<br>现在位置(相对坐标)<br>U -467.372 W -302.382<br>>Z0_<br>JOG ******* *** ALM 10:26:11<br>[ No检索 ][ 测量 ][ C.输入 ][ +输入 ][ 输入 ] |
| 8 | 手轮轻车外圆 | 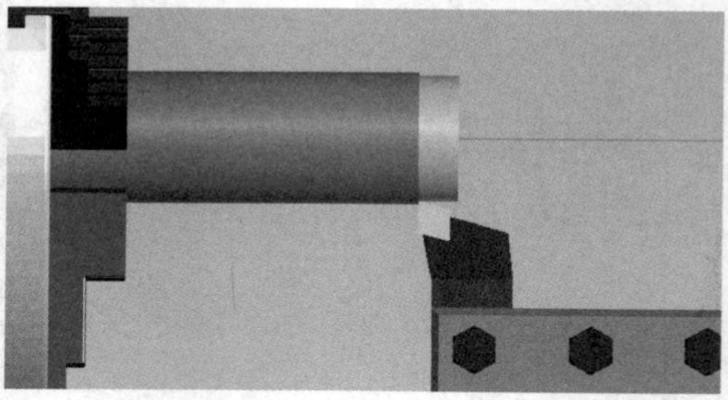 |

续表

| 序号 | 操作说明 | 操作图示 |
| --- | --- | --- |
| 9 | 向 $Z+$方向退刀，不要作 $X$ 方向移动 | 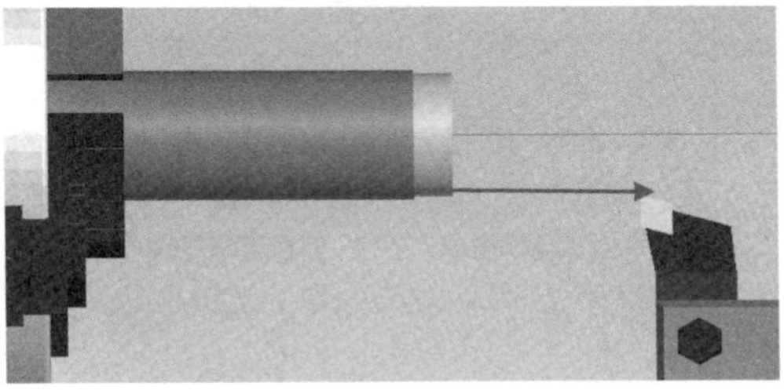 |
| 10 | 用游标卡尺或千分尺测量已车削处的外径，记住读数 | |
| 11 | 在【刀具补正/几何】页面对应行输入"X+读数"，按【测量】软键 | 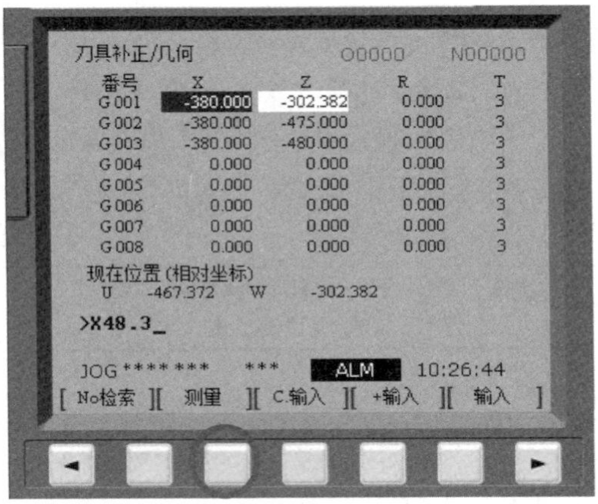 |

## 三、切槽刀对刀操作

切槽刀对刀操作步骤见表 1-15。

表 1-15　切槽刀对刀操作

| 序号 | 操作说明 | 操作图示 |
| --- | --- | --- |
| 1 | 选择【手动】方式，按【主轴正转】 |  |
| 2 | 选择【手轮方式】，以倍率【×10】移动刀尖慢接近端面，当刀尖刚碰到端面时，刀留在原处不动 | 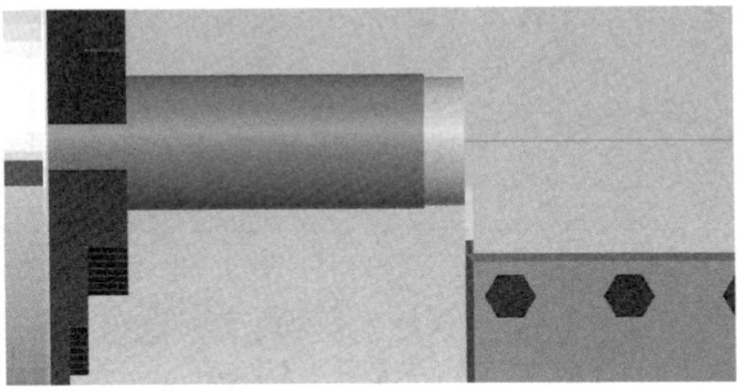 |

续表

| 序号 | 操作说明 | 操作图示 |
| --- | --- | --- |
| 3 | 按【OFS/SET】(刀补/设定)键，按【OFS】(补正)软键，按【形状】软键，在刀号对应行输入“Z0”，按【测量】软键 | 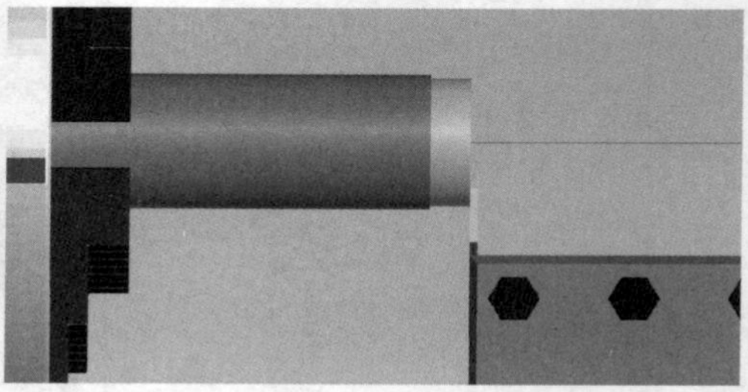 |
| 4 | 选择【手轮方式】，以倍率【×10】移动刀尖慢接近外圆已车削处，当刀尖刚碰到外圆面时，刀留在原处不动 | 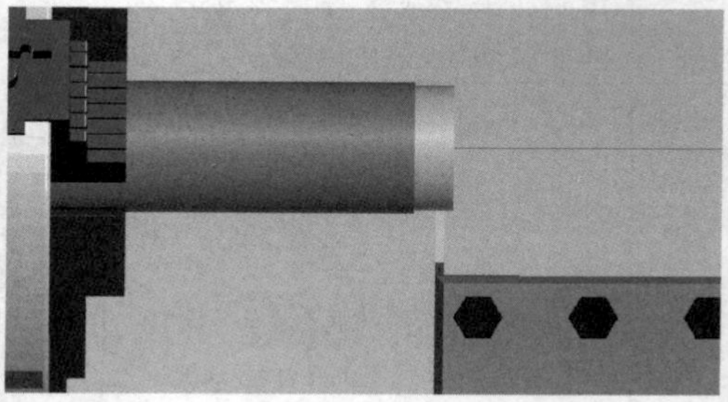 |
| 5 | 在【刀具补正/几何】页面对应行输入“X+读数”，按【测量】软键 | 同上 |

## 四、螺纹刀对刀操作

螺纹刀对刀操作步骤见表1-16。

表1-16　螺纹刀对刀操作

| 序号 | 操作说明 | 操作图示 |
| --- | --- | --- |
| 1 | 选择【手动】方式，按【主轴正转】 |  手动　主轴正转 |
| 2 | 选择【手轮方式】，以倍率【×10】移动刀尖慢对齐端面，当刀尖刚好纵向对齐端面时，刀留在原处不动 | 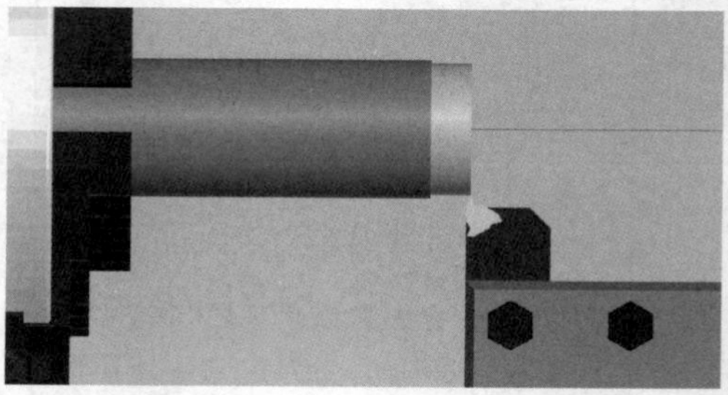 |
| 3 | 按【OFS/SET】(刀补/设定)键，按【补正】软键，按【形状】软键，在刀号对应行输入“Z0”，按【测量】软键 | 同上 |

续表

| 序号 | 操作说明 | 操作图示 |
| --- | --- | --- |
| 4 | 选择【手轮方式】，以倍率【×10】移动刀尖慢接近外圆已车削处，当刀尖刚碰到外圆面时，刀留在原处不动 | 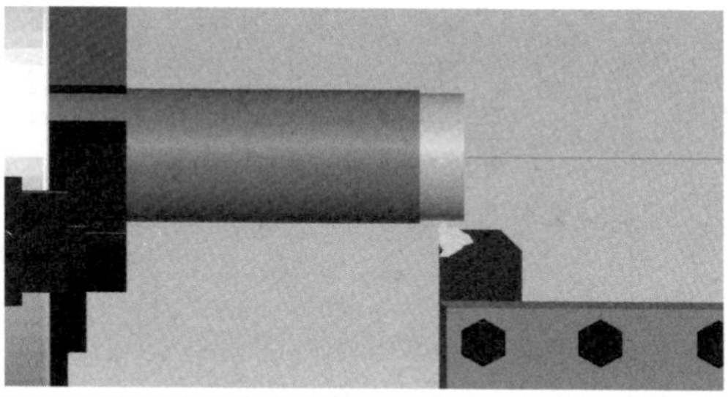 |
| 5 | 在【刀具补正/几何】页面对应行输入"X+读数"，按【测量】软键 | 同上 |

## 五、镗孔刀对刀操作

镗孔刀对刀操作步骤见表1-17。

表1-17　镗孔刀对刀操作

| 序号 | 操作说明 | 操作图示 |
| --- | --- | --- |
| 1 | 选择【手动】方式，按【主轴正转】 |  手动　主轴正转 |
| 2 | 选择【手轮方式】，以倍率【×10】移动刀尖慢接近端面，当刀尖刚碰到端面时，刀留在原处不动 | 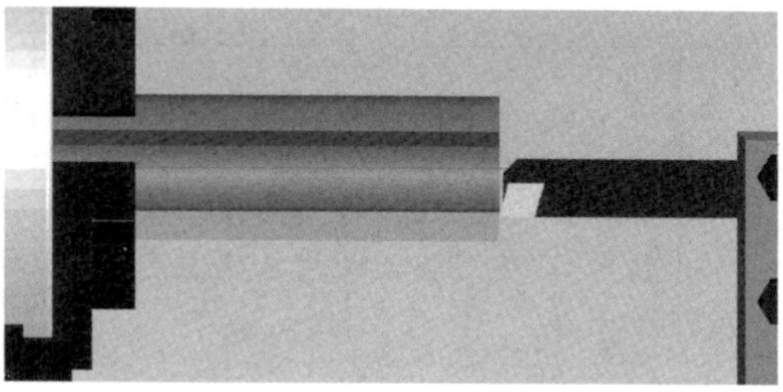 |
| 3 | 按【OFS/SET】(刀补/设定)键，按【OFS】(补正)软键，按【形状】软键，在刀号对应行输入"Z0"，按【测量】软键 | 同上 |
| 4 | 选择【手轮方式】，以倍率【×10】移动刀尖轻车内孔 | 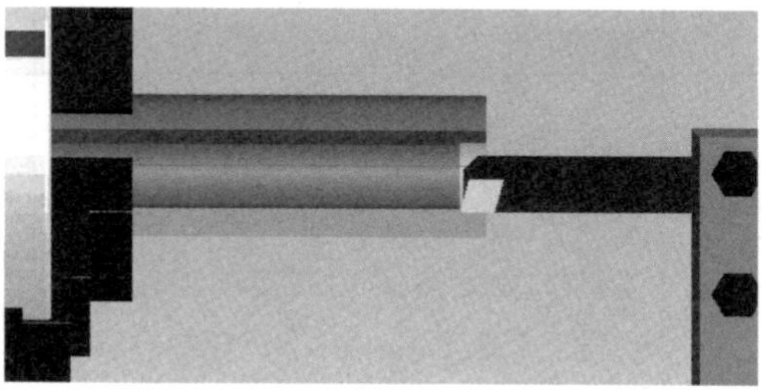 |

续表

| 序号 | 操作说明 | 操作图示 |
| --- | --- | --- |
| 5 | 向 $Z$+方向退刀，不要作 $X$ 方向移动 | 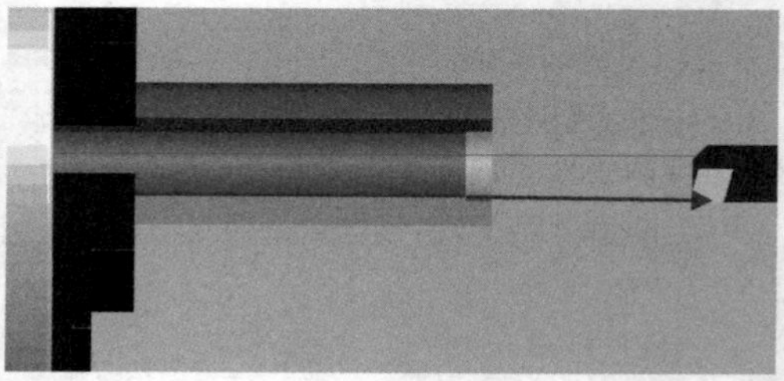 |
| 6 | 用游标卡尺或千分尺测量已车削处的外径，记住读数 | |
| 7 | 在【刀具补正/几何】页面对应行输入"X+读数"，按【测量】软键 | 同上 |

## 六、对刀结果正确性验证

对刀结果验证操作见表 1-18。

表 1-18 对刀结果验证操作

| 序号 | 操作说明 | 操作图示 |
| --- | --- | --- |
| 1 | 选择【手动】方式，将刀架移动至安全位置，以免刀架转动时与其他部件发生干涉 | 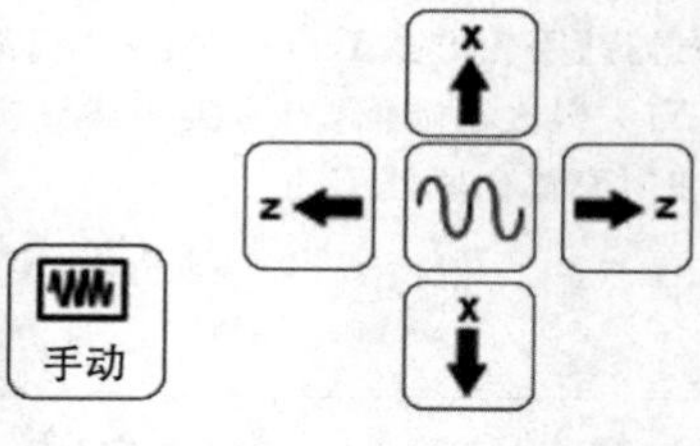 手动 |
| 2 | 选择【MDI 方式】，选择【PROG】(程序) |  MDI方式 PROG |
| 3 | 输入"T0101;"(验证 2 号刀则输入 T0202，以此类推)，按【循环启动】 |  T0101 EOB INSERT |

续表

| 序号 | 操 作 说 明 | 操 作 图 示 |
|---|---|---|
| 4 | 选择【手轮方式】，选择【位置】手轮移动刀尖到(X100，Z0)处 | 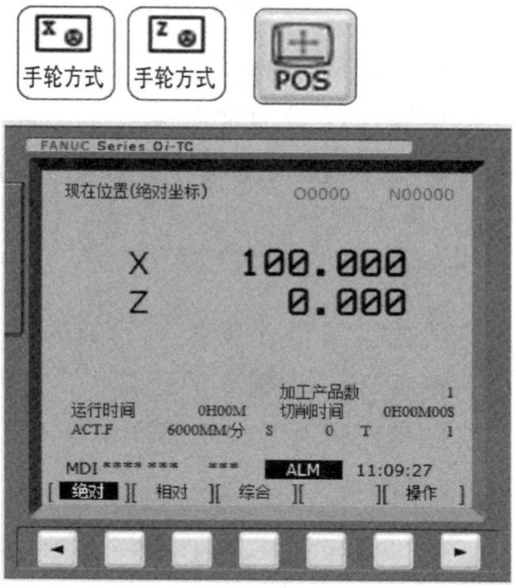 |
| 5 | 用钢直尺测量，刀尖到工件中心的距离是否为50，是则 *X* 轴对刀正确 | 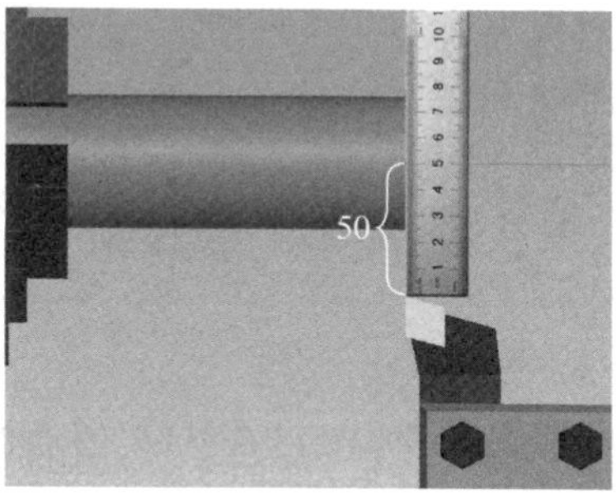 |
| 6 | 判断刀尖与端面是否在同一平面，是则 *Z* 轴对刀正确；否则请重新对刀 | 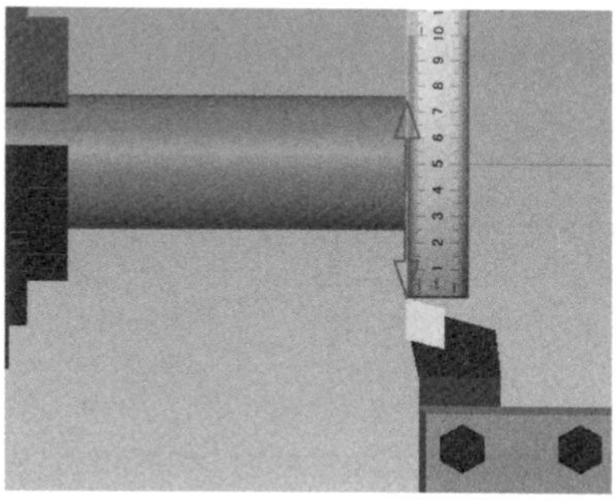 |

数控车床基本操作(1)

数控车床基本操作(2)

## 【练】综合训练

一、填空题

1. 操作面板一般有________、________。

2. 系统操作面板通常有________和________布局。

3. 键盘区的按键按功能主要可分成________、________、________、________和________几种类型。

二、判断题

1. 按数控系统操作面板上的 RESET 键后就能消除报警信息。 （ ）

2. 手轮每转一个刻度的距离：×1 为 0.01mm，×10 为 0.1mm。 （ ）

3. 数控车床面板上 AUTO 是指自动。 （ ）

三、选择题

1. （ ）是数控车床上的一个固定基准点，一般位于各轴正向极限。

A. 刀具参考点　　B. 工件零点　　C. 车床参考点

2. 对刀点应选在零件的（ ）。

A. 设计基准上　　B. 零件边缘上　　C. 任意位置

3. 在 $Z$ 轴方向对刀时，一般采用在端面车一刀，然后保持刀具 $Z$ 轴坐标不动，按（ ）按钮，即将刀具的位置确认为编程坐标系零点。

A. 回零　　B. 置零　　C. 空运转　　D. 暂停

四、简答题

1. 为什么每次启动系统后要进行“回车床参考点”操作？

2. 以切断刀为例，简述试切对刀的操作过程。

# 项目2

# 台阶类零件加工

## 教学目标

(1) 能确定轴类零件的切削参数。
(2) 学会轴类零件的数据处理及工艺安排。
(3) 学会 G00、G01、G90 指令的应用。
(4) 学会导柱零件的程序编制及车削方法。
(5) 能对导柱零件进行检测与质量分析。

## 典型任务

对某企业导柱样件进行数控车削加工。

## 任务1 导柱的加工工艺分析

### 学习目标

(1) 能知道轴类零件的作用、组成及特点。
(2) 学会轴类零件加工工艺方案的设计方法。

### 任务描述

对导柱零件进行加工工艺方案设计。零件图样如图 2-1 所示。

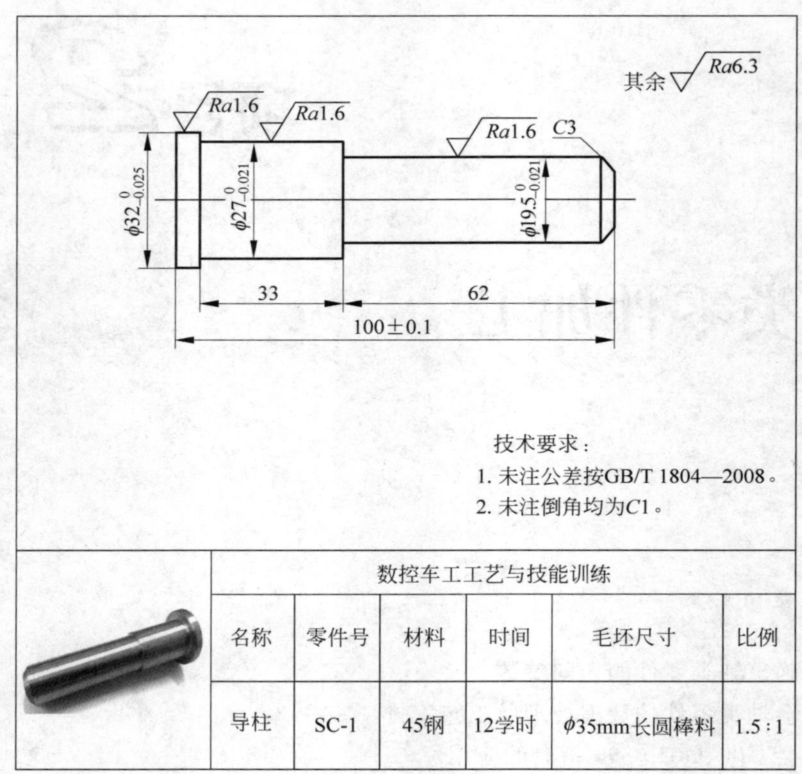


| 数控车工工艺与技能训练 | | | | | |
|---|---|---|---|---|---|
| 名称 | 零件号 | 材料 | 时间 | 毛坯尺寸 | 比例 |
| 导柱 | SC-1 | 45钢 | 12学时 | φ35mm长圆棒料 | 1.5∶1 |

图 2-1　导柱

## 【学】轴类零件加工工艺基础知识

### 一、轴

在机器中，用来支承回转零件及传递运动和转矩的零件称为轴。轴是机器中非常重要的零件之一。齿轮、带轮、链轮等零件都必须安装在轴上，才能进行确定的回转运动和传递动力。

**1. 轴的作用**

轴的主要作用有以下两方面。

(1) 传递动力和转矩。

(2) 支承回转零件。

**2. 轴类零件的组成**

如图 2-2 所示，轴类零件一般由圆柱面、台阶、端面、退刀槽、倒角和圆弧等组成。

图 2-2　轴类零件的结构

1）圆柱面

圆柱面一般用于支承传动工件（如齿轮、带轮等）和传递扭矩。

2）台阶和端面

台阶和端面一般用来确定安装在轴上工件的轴向位置。

3）退刀槽

退刀槽的作用是在磨削外圆或车螺纹退刀时方便，并可使工件在装配时有个正确的轴向位置。

4）倒角

倒角的作用一方面是防止工件边缘锋利划伤工人，另一方面是便于在轴上安装其他零件，如齿轮、轴套等。

## 二、轴类零件加工工艺

工艺分析是数控车削加工轴类零件的前期准备工作，工艺制定的合理与否，对程序编制、加工效率及加工精度等都有重要的影响。因此，制定轴类零件的数控车削加工工艺，应遵循一般的工艺原则并结合数控车床的特点。

### 1. 轴类零件车削加工工艺内容

(1) 分析被加工零件的工艺性。

(2) 拟定加工工艺路线，如划分工序、选择定位基准及安排加工顺序等。

(3) 设计加工顺序，如选择工装夹具与刀具、确定走刀路径及切削用量等。

(4) 编制工艺文件。

### 2. 轴类零件的工艺分析

对于数控车床加工的轴类零件，首要分析零件的结构工艺性、轮廓几何要素和技术要求。

1）结构工艺性分析

轴类零件的结构工艺性是指零件对加工方法的适应性。对于刀具运动空间小、刚性差的零件，安排工序时要考虑刀具路径、刀具类型、刀具角度、切削用量、装夹方式等因素，以降低刀具损耗，提高加工精度、表面质量和生产率。

2）轮廓几何要素分析

在分析轴类零件的轮廓几何要素时，运用制图知识分析零件图中给定的定形尺寸、定位尺寸，确定几何元素（直线、圆弧、曲线等）之间的相对位置关系。

3）精度和技术要求分析

对轴类零件的精度和技术要求进行分析，有助于合理选择加工方法、进给路线、切削用量、刀具类型等工艺内容。具体内容包括以下几点。

(1) 分析精度及各项技术要求是否合理。

(2) 分析本工序采用数控车削加工精度能否达到图样要求。

(3) 对于图样上有位置精度要求的表面，尽可能一次装夹下完成加工。

(4) 对于表面粗糙度要求较高的表面，应采用恒线速度功能加工。

### 3. 工序划分与工序安排

机械加工的工序划分通常采用工序集中原则和工序分散原则。

在数控车床上加工轴类零件，通常按工序集中原则进行划分，在一次装夹下尽可能完成较多的加工内容。这样不仅可以保证各个表面之间的位置精度，还可以减少装夹工件的辅助时间，从而提高生产效率。

1）工序划分

常见数控车削加工轴类零件进行工序划分的方法如下。

(1) 按安装次数划分工序。即以每次装夹作为一道工序。适用于加工内容较少的零件。

(2) 按所用刀具划分工序。即同一把刀或同一类刀具加工完成零件上所用需要加工的部位，以节省时间，提高生产效率为目的。

(3) 按加工部位划分工序。按零件的结构特点分成几个加工部位，每个部位作为一道工序。

(4) 按粗、精加工划分工序。对于精度要求较高的零件常采用此种方法。

2）工序安排

机械加工工序顺序的安排一般遵循以下原则。

(1) 上道工序的加工不能影响下道工序的定位与装夹。

(2) 按所用刀具划分工序，最好连续进行，以减少重新定位所引起的误差。

(3) 在一次装夹中，应先加工对工件刚性影响较小的工序，确保工件在足够刚性条件下逐步完成加工。

### 4. 走刀路线的确定

数控车削轴类零件的走刀路线包括刀具的运动轨迹和各种刀具的使用顺序，是预先编制在加工程序中的。合理的刀具轨迹和加工顺序对于提高生产率、保证加工质量是十分重要的。

车削轴类零件时，一般要经过粗加工和精加工两道工序，应根据毛坯类型确定切除余量的方式，以达到减少走刀次数，提高生产效率的目的。轴类零件走刀路线的原则是径向进刀，轴向走刀循环切除余量。循环终点在粗加工起点附近，这样可以减少走刀次数，避免不必要的空走刀，从而节省加工时间。

为了提高加工效率，刀具从起始点运动到接近工件部位及加工后退回起始点都是以G00的速度运动的。

(1) 设计退刀路线时遵循的原则如下。

① 确保安全性，即在退刀过程中不与工件发生碰撞。

② 退刀路线最短，即缩短空行程，提高生产效率。

(2) 根据刀具加工零件部位的不同，数控车削常见的退刀路线如下。

① 斜向退刀路线。斜向退刀路线行程最短，适用于加工外圆表面的退刀，如图 2-3(a)所示。

② 径、轴向退刀路线。径、轴向退刀路线是指刀具先沿径向垂直退刀，到达指定位置时再轴向退刀，如图 2-3(b)所示。

③ 轴、径向退刀路线。轴、径向退刀路线是指刀具先沿轴向退刀，到达指定位置时再径向退刀，如图 2-3(c)所示。

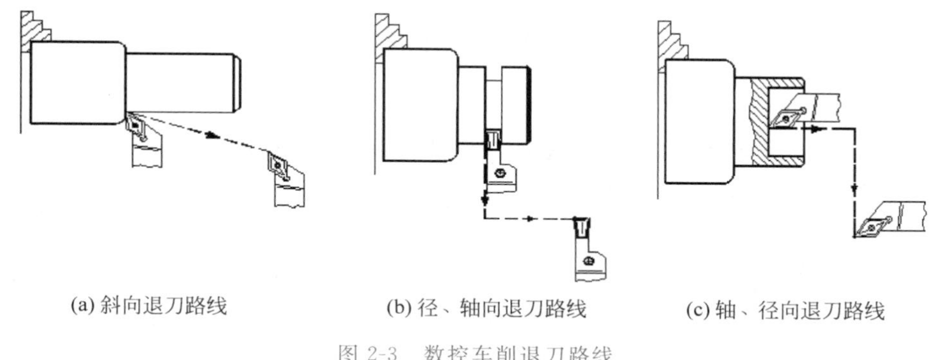

(a) 斜向退刀路线　(b) 径、轴向退刀路线　(c) 轴、径向退刀路线

图 2-3　数控车削退刀路线

**5. 设置换刀点**

换刀点是数控加工过程中必须考虑的首要问题。在编制数控加工程序时应遵循以下两个原则。

(1) 确保换刀时刀具不与工件发生碰撞。

(2) 力求最短的换刀路线，即"跟随式换刀"。

# 【教】导柱加工工艺方案设计

## 一、任务分析

设计如图 2-1 所示导柱零件的数控车削加工工艺方案。

**1. 图样分析**

导柱零件需要加工左右两个端面和车削 $\phi$19.5mm、$\phi$27mm 和 $\phi$32mm 的外圆柱面及 $C1$ 倒角 3 处、$C3$ 倒角 1 处，其外圆柱表面粗糙度均为 $Ra1.6\mu m$，同时还需要保证长度尺寸 62mm、33mm 和(100±0.1)mm。总之，导柱零件结构简单，但尺寸精度和表面粗糙度要求较高。

**2. 确定工件毛坯**

工件各台阶之间直径相差较小，毛坯可采用棒料，下料后便可加工，工件毛坯为 45 钢，规格为 $\phi$35mm 长圆棒料。

## 二、工艺流程方案设计

根据导柱零件图样要求，确定工艺流程方案如下。

(1) 配料。

(2) 用卡盘夹持 $\phi$35mm 毛坯外圆，使工件伸出卡盘长度大于 105mm。

(3) 一次装夹完成右端面、$\phi$19.5mm、$\phi$27mm、$\phi$32mm 外圆、$C3$ 倒角 1 处、$C1$ 倒角 2 处的车削。

(4) 切断工件，掉头装夹 $\phi27$mm 外圆，车削左端面及 $C1$ 倒角 1 处，并保证总长 (100±0.1)mm。

## 【练】综合训练

一、填空题

1. 在机器中，用来支承回转零件及传递运动和转矩的零件称为________。
2. 工序划分的原则一般包括________和________两种。

二、判断题

1. 齿轮必须安装在轴上，才能进行确定的回转运动和传递动力。 ( )
2. 数控车床加工零件，首先要分析零件结构工艺性、几何要素和技术要求。 ( )
3. 数控车削的走刀路线包括刀具的运动轨迹和各种刀具的使用顺序。 ( )

三、选择题

1. 轴类零件一般由( )、倒角和圆弧等部分组成。
   A. 圆柱面　　B. 台阶　　C. 退刀槽　　D. 端面
2. 常见数控车削加工工序划分的方法有( )。
   A. 按安装次数划分　　B. 按所用刀具划分
   C. 按加工部位划分　　D. 按粗、精加工划分
3. 数控车床加工零件时，常见的退刀路线有( )。
   A. 斜向退刀路线　　B. 径、轴向退刀路线
   C. 轴、径向退刀路线　　D. 直向退刀路线

四、简答题

1. 叙述轴的主要作用是什么。
2. 数控车削加工工艺内容有哪些?

# 任务 2　导柱的加工程序编制

(1) 学会 G00、G01、G90 指令的编程格式。
(2) 能合理选择切削用量参数。
(3) 能制定导柱零件的加工工艺。
(4) 学会编写导柱零件的加工程序。

对导柱零件进行加工工艺卡片的制定及程序的编写，零件图样如图 2-1 所示。

# 【学】轴类零件加工程序编制的基础知识

## 一、切削用量的确定

程序编制时，为了保证加工精度和表面质量，必须确定每道工序的切削用量，并以指令的形式写入程序中。

### 1. 切削用量的定义

切削用量是表示主运动及进给运动大小的参数，包括背吃刀量、进给速度和切削速度。

1）背吃刀量 $a_p$

工件上已加工表面与待加工表面间的垂直距离称为背吃刀量，用符号 $a_p$ 表示，如图 2-4 所示。

背吃刀量是每次进给时车刀切入工件的深度，故又称为切削深度。车外圆时，背吃刀量可用下式计算。

$$a_p = \frac{d_w - d_m}{2}$$

式中，$a_p$——背吃刀量，mm；

$d_w$——工件待加工表面的直径，mm；

$d_m$——工件已加工表面的直径，mm。

2）主轴转速 $n$

主轴转速就是数控车床主轴带动工件旋转时设定的运转速度，如图 2-5 所示。

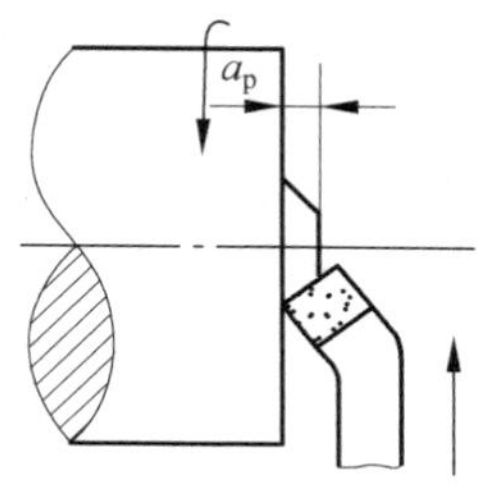


图 2-4 背吃刀量

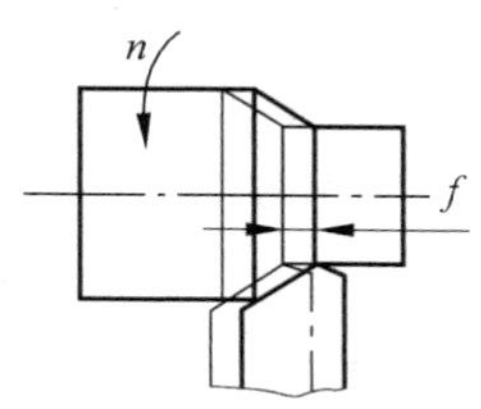


图 2-5 主轴转速

车削加工主轴转速应根据允许的切削速度和工件直径来选择，主轴转速可用下列公式计算。

$$v_c = \frac{\pi dn}{1000} \approx \frac{dn}{318}$$

式中，$v_c$——切削速度，m/min；

$d$——工件(或刀具)的直径，mm；

$n$——车床主轴的转速，r/min。

切削速度是指刀具切削刃上某一选定点相对于待加工表面在主运动方向的瞬时速度，称为切削速度。切削速度也可以理解为车刀在 1min 内车削工件表面的理论展开直线长度(假定切屑没有变形或收缩)，如图 2-6 所示。

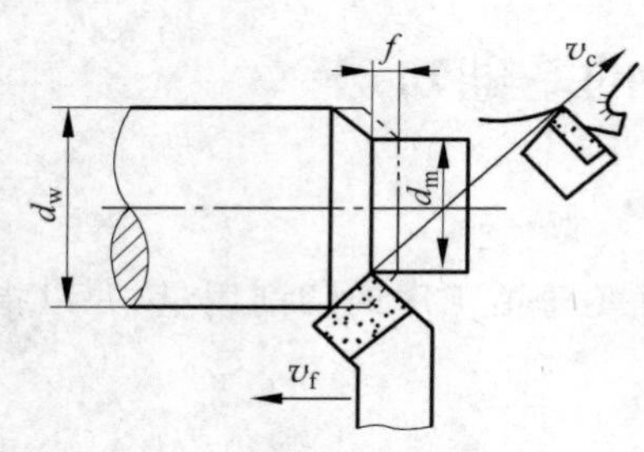

图 2-6 进给速度示意图

3）进给速度 $v_f$

单位时间内车刀沿进给方向移动的距离称为进给速度，用 $v_f$ 表示，如图 2-6 所示，单位为 mm/min。

根据进给方向的不同，进给速度又分为纵向进给速度和横向进给速度，纵向进给速度是指沿车床床身导轨方向的进给速度，横向进给速度是指垂直于车床床身导轨方向的进给速度。

进给速度是数控车床切削用量中最重要的参数。计算进给速度时，可参考切削用量手册选取每转进给量，然后按下列公式进行计算。

$$v_f = nf$$

式中，$v_f$——进给速度，mm/min；

$f$——工件（或刀具）的进给量，mm/r；

$n$——车床主轴的转速，r/min。

**2. 切削用量的选择原则**

粗车时，应考虑提高生产率，并保证合理的刀具耐用度，首先要选用较大的背吃刀量（$a_p$），然后再选择较大的进给速度（$v_f$），最后根据刀具耐用度，选用合理的转速（$n$）。半精车和精车时，必须保证加工精度和表面质量，同时还必须兼顾必要的刀具耐用度和生产效率。具体选择原则如下。

1）背吃刀量的选择

（1）粗车时应根据工件的加工余量和工艺系统的刚性来选择。在保留半精车余量 1～3mm 和精车余量 0.1～0.5mm 后，其余量应尽量一次车去，减少走刀次数，提高生产率。

（2）半精车和精车时的背吃刀量是根据加工精度和表面粗糙度要求，由粗加工后留下的余量确定的。用硬质合金车刀车削时，由于车刀刃口在砂轮上不易磨得很锋利，最后一刀的背吃刀量不宜太小，以 $a_p$=0.1mm 为宜。否则很难达到工件表面粗糙度的要求。

2）进给速度的选择

进给速度根据零件的加工精度和表面粗糙度要求以及刀具、工件的材料性质来选取。最大进给速度受车床刚性和进给系统的性能限制。确定进给速度的原则如下。

（1）当工件的质量要求能够得到保证时，为提高效率，可选取较高的进给速度。一般在 100～200mm/min 范围内选取。

（2）在切断、加工深孔或用高速钢刀具加工时，宜选用较低的切削速度，一般在 20～50mm/min 范围内选取。

（3）当加工精度、表面粗糙度要求较高时，进给速度应该小一些，一般在 20～50mm/min 范围内选取。

（4）刀具空行程时，特别是远距离回零时，可设定该车床数控系统的最高进给速度。

3）主轴转速的选择

在保证合理的刀具使用寿命的前提下，可根据生产经验和有关切削手册确定切削速度，计算时可参考切削手册选取。对于有级变速经济型数控车床，须按车床说明书选择与所计算转速接近的转速。

## 二、常用指令介绍

### 1. 快速定位指令 G00

G00 指令是以点单位控制方式从刀具所在点快速移动到下一个目标位置的指令。

1）指令格式：G00 X(U)__ Z(W)__；

格式中，X、Z 为刀具目标点绝对坐标值；U、W 为刀具坐标点相对于起始点的增量坐标值，不运动的坐标可以不写。

2）指令说明

（1）G00 只是快速定位，无运动轨迹要求，且无切削加工过程，一般用于加工前的快速定位或加工后的快速退刀。

（2）G00 为模态指令，可由 G01、G02、G03 或 G33 功能注销。

（3）G00 速度由车床系统参数预先设置，速度大小可用车床控制面板上的快速进给倍率开关调节。

（4）G00 的执行过程是刀具由程序起始点加速到最大速度，然后快速移动，最后减速到终点，实现快速定位。

（5）G00 的实际运动轨迹不一定是直线，使用时应该注意刀具不能与工件发生干涉。

（6）在同一程序段中，绝对坐标指令和相对坐标指令可以混用。

3）编程实例

如图 2-7 所示，刀具快速从点 $A$ 移动到点 $B$ 的编程方式如下。

（1）绝对坐标编程方式：G00 X18.0　Z2.0；

（2）相对坐标编程方式：G00 U−62.0　W−58.0；

（3）混合坐标编程方式：G00 U−62.0　Z2.0；（或 G00 X18.0　W−58.0；）

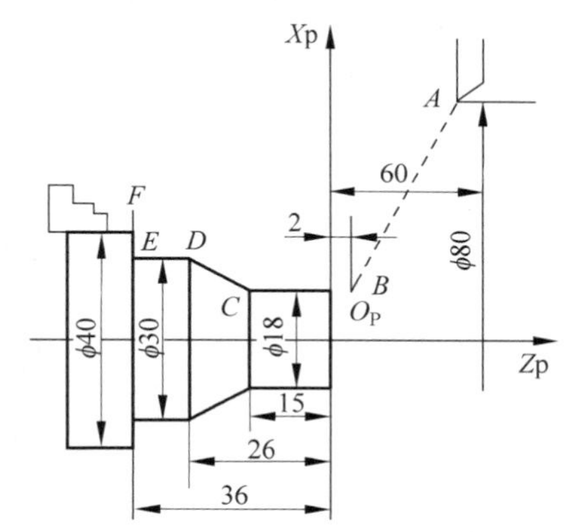

图 2-7　刀具移动轨迹示意图

### 2. 直线插补指令 G01

G01 指令是直线运动命令，规定刀具在两坐标或三坐标可以插补联动方式按指定的进给速度做任意的直线运动。车削中常见的零件直线轮廓有外圆、内孔、锥面、切槽和端面等。

1）指令格式：G01 X(U)__ Z(W)__ F __；

格式中，X、Z 为刀具目标点绝对坐标值；U、W 为刀具坐标点相对于起始点的增量坐标值，不运动的坐标可以不写；F 为进给切削速度。

2）指令说明

（1）G01 程序中必须有 F 指令，进给速度由 F 指令决定。F 指令是模态指令，可由 G00 指令取消。

（2）G01 为模态指令，可由 G01、G02、G03 或 G33 功能注销。

(3) 如果在G01程序段之前的程序中没有F指令,且现在的G01程序段中也没有F指令,则车床不运动。

(4) 程序段中的F指令进给速度在没有新的F指令以前一直有效,不必在每个程序段中都编入F指令。

3) 编程实例

如图2-7所示,用G01编写A→B→C→D→E→F的刀具运动轨迹。

(1) 绝对坐标值编程方式:

```
G01 X18.0  Z2.0  F50;        //A→B
G01 X18.0  Z-15.0  ;         //B→C
G01 X30.0  Z-26.0;           //C→D
G01 X30.0  Z-36.0;           //D→E
G01 X42.0  Z-36.0;           //E→F
```

(2) 相对坐标值编程方式:

```
G01 U-62.0  W-58.0  F50;     //A→B
G01 W-17.0;                  //B→C
G01 U12.0  W-11.0;           //C→D
G01 W-10.0;                  //D→E
G01 U12.0;                   //E→F
```

4) G01指令倒角、倒圆功能介绍

倒角控制机能可以在两相邻轨迹之间插入直线倒角或圆弧倒角。

(1) 直线倒角。

格式:G01 X __ Z __ C;

功能:直线倒角G01,指令刀具从A点到B点,然后到C点,如图2-8(a)所示。

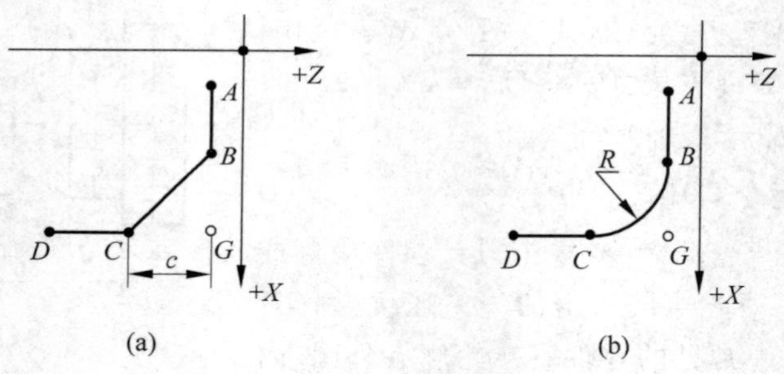


图2-8 G01倒圆、倒角

指令说明:X、Z在G90时,是两相邻直线的交点,即G点的坐标值;在G91时,是G点相对于起始直线轨迹的始点A点的移动距离。c是相邻两直线的交点G相对于倒角始点A的距离。

(2) 圆弧倒角。

格式:G01 X __ Z __ R __;

功能:圆弧倒角G01,指令刀具从A点到B点,然后到C点,如图2-8(b)所示。

指令说明:X、Z在G90时,是两相邻直线的交点,即G点的坐标值;在G91时,是G

点相对于起始直线轨迹的始点 A 点的移动距离。R 是倒角圆弧的半径值。

（3）编程实例。用 G01 倒角功能对零件进行倒角和倒圆程序的编写。

直线倒角的编程如图 2-9 所示。

绝度坐标值编程方式：

```
G01 X30.0 F0.4;
G01 Z-20.0 C4.0;
G01 X50.0 C-2.0;
G01 Z-40.0;
```

相对坐标值编程方式：

```
G01 U30.0 F0.4;
G01 W-20.0 C4.0;
G01 U20.0 C-2.0;
G01 W-20.0;
```

圆弧倒角的编程实例如图 2-10 所示。

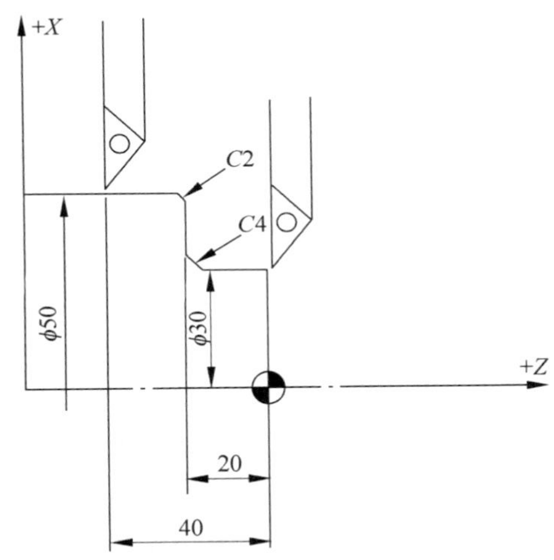


图 2-9　直线倒角编程实例

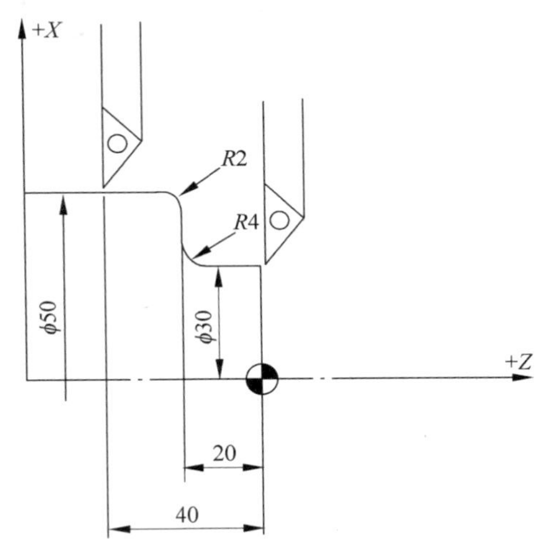


图 2-10　圆弧倒角编程实例

绝度坐标值编程方式：

```
G01 X30.0 F0.4;
G01 Z-20.0 R4.0;
G01 X50.0 R-2.0;
G01 Z-40.0;
```

相对坐标值编程方式：

```
G01 U30.0 F0.4;
G01 W-20.0 R4.0;
G01 U20.0 R-2.0;
G01 W-20.0;
```

**3. 轴向切削单一固定循环指令 G90**

对于切削量较大的轴套类零件，粗车加工时，同一加工路线要反复切削多次，此时要利用轴向切削单一固定循环指令 G90。用同一个程序段，只需改变数值，就可以完成多个程序段指令才能完成的加工路线。对于简化程序非常重要。

1）指令格式：G90 X(U)__ Z(W)__ F __;

格式中，X、Z 为刀具目标点绝对坐标值；U、W 为刀具坐标点相对于起始点的增量坐标值；F 为循环切削过程中的切削速度。

2）指令说明

(1) G90 可用来车削外径，也可用来车削内径。

(2) G90 是模态代码，可以被同组的其他代码(G00、G01 等)取代。

(3) G90 常用于长轴类零件切削(*X* 方向切削半径小于 *Z* 方向切削长度)。

(4) 圆柱面切削循环的执行过程，如图 2-11 所示。刀具从循环点开始以 G00 方式径向移动至指令中的切削终点 *X* 坐标点处(线段 1(R))，再以 G01 的方式沿轴向切削进给至切削终点坐标点处(线段 2(F))，然后退至循环点 *X* 坐标点处(线段 3(F))，最后以 G00 方式返回循环点处(线段 4(R))，准备下一个动作。

(5) G90 指令与简单的编程指令(如 G00/G01)相比，即将 1(R)、2(F)、3(F)、4(R)四条线的指令组合成一条指令进行编程，从而达到简化程序的目的。

3）编程实例

编写零件的加工程序如图 2-12 所示，毛坯棒料为 $\phi$45mm×80mm。

```
O0001
M03 S800;
T0101;
G00 X46.0 Z2.0;
G90 X43.0 Z-64.0 F50;
    X40.0;
    X37.0;
    X36.0;
G00 X100.0 Z50.0 M05;
M30;
```

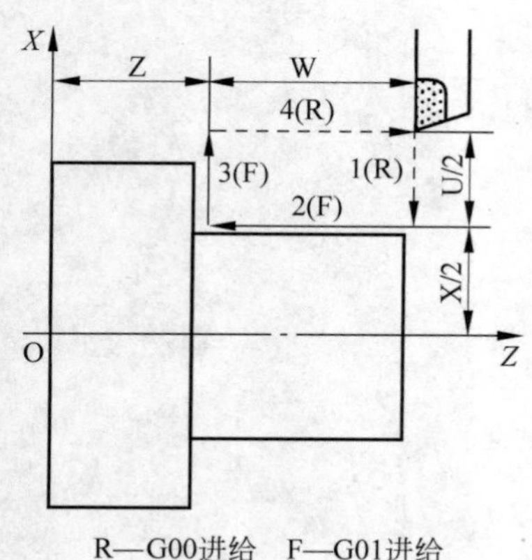


图 2-11　圆柱面循环切削

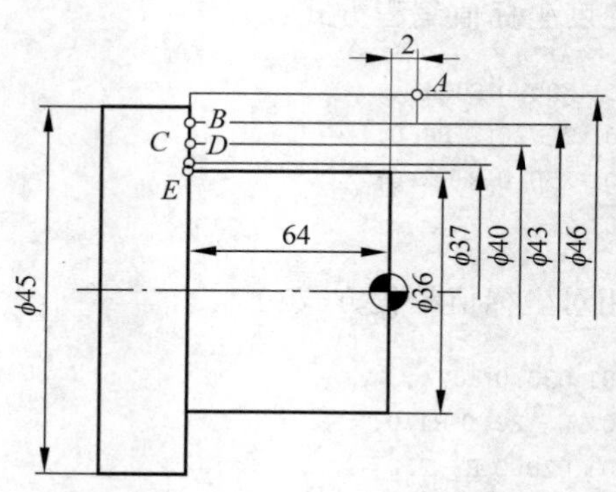


图 2-12　圆柱面循环切削

4）G90 指令车削圆锥功能介绍

（1）格式：G90 X __ Z __ R __ F；

格式中，R 表示圆锥体大小端的差，即切削起点与切削终点在 X 轴上的绝对坐标的差值（半径值）。

（2）指令说明：圆锥面切削循环的执行过程如图 2-13 所示。刀具从循环点开始以 G00 方式径向移动至指令中的切削终点 X 坐标点处（线段 1（R）），再以 G01 的方式沿轴向切削进给至切削终点坐标点处（线段 2（F）），然后退至循环点 X 坐标点处（线段 3（F）），最后以 G00 方式返回循环点处（线段 4（R）），准备下一个动作。

（3）编程实例：编写零件的加工程序如图 2-14 所示。

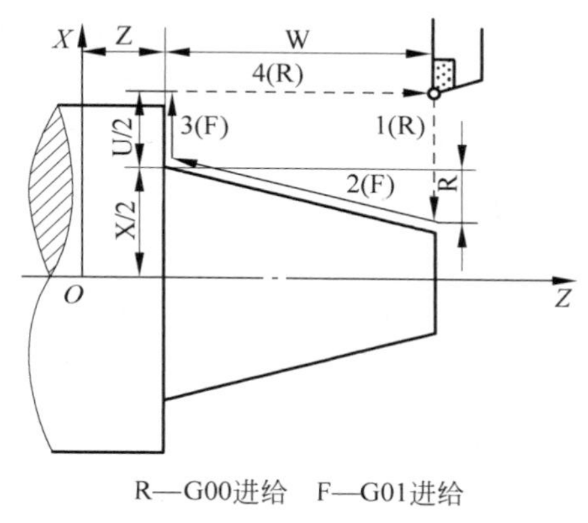


图 2-13 圆锥面循环切削

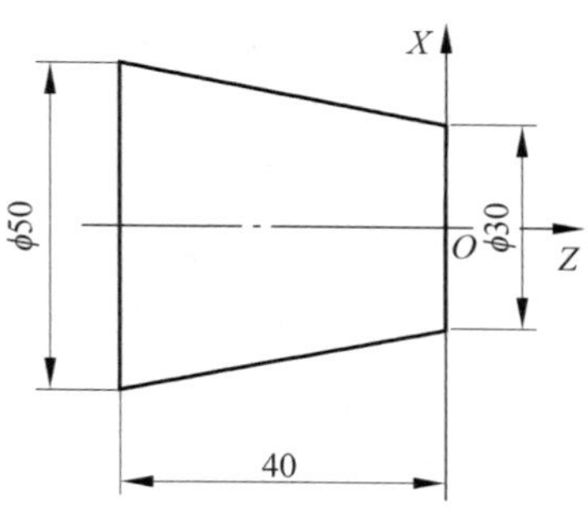


图 2-14 圆锥面循环切削实例

毛坯棒料为 ϕ50mm×40mm。

```
O0002
T0101;
G98 M03 S800;
G00 X70.0 Z0;
G90 X66.0 Z-40.0 R-10.0 F50;
    X62.0;
    X58.0;
    X54.0;
    X50.0;
G00 X100.0 Z100.0;
M05;
M30;
```

## 三、工艺卡的制定

工艺卡是按产品或部件的某一工艺阶段编制的一种工艺文件，它以工序为单元，详细说明产品在某一工艺阶段中的工序号、工序名称、工序内容、切削参数、操作要求以及采用的设备和工艺装备等。它是编制数控加工程序的主要依据，是操作人员编写数控加工工程序及加工零件的指导性文件。在制定工艺规程,编制工艺卡片时,则必须保证加工质量、生产效率和经济性三方面的基本要求,并尽可能技术上的先进性、经济上的合理性以及改善工人的劳动条件等要求。

工艺卡片的编制步骤如下。

(1) 分析零件图样。零件图样是制定工艺的基本依据,通过图样可以了解零件的功用、结构特征、技术要求以及零件对材料、热处理等要求,以便制定合理的工艺规程。

(2) 确定毛坯。根据零件所要求的形状、工艺尺寸等,制成供加工用的生产对象,称为毛坯。不同种类的毛坯制造方法是不一样的,它们对零件加工的经济性有很大影响。

(3) 选择定位基准。在零件加工过程中,合理选择定位基准对保证工件的尺寸精度,尤其是位置精度起着决定性作用。

(4) 拟定零件加工工艺路线。在机械行业现代化生产中,必须严格按照工艺规程来组织、实施作业。而工艺路线的拟定是制定工艺规程的关键。

工艺路线是指零件在生产过程中,由毛坯准备到成品包装入库,经过企业各有关部门或工序的先后顺序。拟定零件加工工艺路线时,应着重考虑零件经过哪几个加工阶段,采用什么加工方法,热处理工序如何穿插,是采取工序集中还是工序分散的方法才适合等方面问题,以便拟定最佳方案。

拟定零件加工工艺路线时必须满足以下要求。

① 确保满足零件的全部技术要求。

② 生产效率高。

③ 生产成本低。

④ 劳动生产条件好。

# 【教】导柱的加工程序编制

## 一、任务分析

编制如图 2-1 所示导柱零件的数控车削加工程序。

**1. 设备选用**

根据零件图要求,结合设备实际情况,可选用 CAK6150Di(FANUC Series 0*i* Mate-TC)、CAK5085Di(FANUC Series 0*i* Mate-TD)卧式经济型数控车床。

**2. 确定切削参数**

(1) 车削端面时,$n$=800r/min,用手轮控制进给速度。

(2) 粗车外圆时,$a_p$=1mm(单边),$n$=800r/min,$v_f$=100mm/min。

(3) 精车外圆时,$a_p$=0.5mm,$n$=1200r/min,$v_f$=80mm/min。

## 二、程序编制

### 1. 填写工艺卡片

综合上面分析的各项内容，填写表 2-1 的数控加工工艺卡。

表 2-1　导柱零件的数控加工工艺卡

| 单位名称 | | | | 产品型号 | | | | |
|---|---|---|---|---|---|---|---|---|
| | | | | 产品名称 | 导柱 | | | |
| 零件号 | SC-1 | 材料型号 | 45 钢 | 毛坯规格 | 棒料<br>$\phi$35mm 圆棒料 | | 设备型号 | |
| 工序号 | 工序名称 | 工步号 | 工序工步内容 | 切削参数 | | 刀具准备 | | |
| | | | | $n$/(r/min) | $a_p$/(mm) | $f$/(mm/r) | 刀具类型 | 刀位号 |
| 1 | 备料 | | $\phi$35mm 长圆棒料 | | | | | |
| 2 | 车 | 1 | 车工件右端面 | 800 | | 手轮控制 | 45°端面车刀 | T03 |
| | | 2 | 粗车 $\phi$19.5mm、$\phi$27mm 和 $\phi$32mm 外圆 | 800 | 1～1.5（单边） | 0.25 | 90° 外圆粗车刀 | T02 |
| | | 3 | 粗车 $C3$ 倒角 | 800 | 1.5 | 0.25 | 90°圆粗车刀 | T02 |
| | | 4 | 精车 $\phi$19.5mm、$\phi$27mm 和 $\phi$32mm 外圆 | 1200 | 0.5 | 0.1 | 90°圆精车刀 | T01 |
| | | 5 | 切断 | 400 | | 手轮控制 | 切断刀 | T04 |
| 3 | 车 | | 掉头车工件左端面并保证总长 | 800 | | 手轮控制 | 45°端面车刀 | T03 |

### 2. 导柱零件的程序编制

以沈阳数控车 CAK6150Di(FANUC Series 0*i* Mate-TC 系统)为例，编写加工程序。导柱零件加工程序卡，见表 2-2。

表 2-2　导柱零件程序卡

| 序号 | 程　　序 | 说　　明 |
|---|---|---|
| | O0001 | 程序名 |
| N10 | G00 X100.0 Z100.0 T0202; | 调用 2 号车刀及 2 号刀补，快速定位至安全点 |
| N20 | M03 S800; | 主轴正转启动 |
| N30 | G00 X35.0 Z3.0; | 快速接近循环点 |
| N40 | G90 X32.5 Z−105.0 F100; | 粗车 $\phi$32mm 外圆，长度为 105mm，留 0.5mm 精车余量 |
| N50 | G90 X29.5 Z−95.0; | 粗车 $\phi$27mm 外圆，长度为 95mm，留 0.5mm 精车余量 |
| N60 | X27.5; | |

续表

| 序号 | 程　　序 | 说　　明 |
|---|---|---|
| N70 | G90 X26.0 Z−62.0； | 粗车 $\phi$19.5mm 外圆，长度为 62mm，留 0.5mm 精车余量 |
| N80 | X24.0； | |
| N90 | X22.0； | |
| N100 | X20.0； | |
| N110 | G00 X21.0； | 粗车 C3 倒角，留 0.5mm 精车余量 |
| N120 | Z0； | |
| N130 | G90 X23.5 Z−3.0 R−3.0； | |
| N140 | X20.5； | |
| N150 | G00 X100.0 Z100.0 M05； | 快速退刀至安全点，主轴停止，程序暂停，测量工件，确定余量 |
| N160 | M00； | |
| N170 | T0101； | 调用 1 号车刀具及 1 号刀补 |
| N180 | M03 S1200； | 主轴正转，精车转速 1200r/min |
| N190 | G00 X35.0 Z3.0； | 快速接近工件 |
| N200 | X13.5； | |
| N210 | G01 Z0 F80； | 靠近工件端面 |
| N220 | X19.5 C3.0； | 精车 $\phi$19.5mm 外圆，长度为 62mm，C3 倒角 |
| N230 | Z−62.0； | |
| N240 | X27.0 C0.3； | 精车 $\phi$27mm 外圆，长度为 95mm，C1 倒角 |
| N250 | Z−95.0； | |
| N260 | X32.0　C0.3； | 精车 $\phi$32mm 外圆，长度为 105mm，C1 倒角 |
| N270 | Z−105.0； | |
| N280 | X35.0； | X 轴退刀至 X35 处 |
| N290 | G00 X100.0 Z100.0 M05； | 快速退刀至安全点，主轴停止 |
| N300 | M30； | 程序结束 |

## 【练】综合训练

一、填空题

1. 切削用量是表示主运动及进给运动大小的参数，包括________、________和切削速度。

2. G00 只是快速定位，且无切削加工过程，一般用于加工前的________或加工后的________。

3. G01 程序中必须有________指令，进给速度由________指令决定。

二、判断题

1. 工件上已加工表面与待加工表面间的垂直距离称为背吃刀量。（　　）

2. 单位时间内车刀沿进给方向移动的距离称为进给速度。（　　）

3. 有级变速数控车床,在选择转速时,须选择与计算转速接近的转速。　(　　)

4. F 指令是模态指令,可由 G01 指令取消。　(　　)

5. G01 为模态指令,可由 G01、G02、G03 或 G33 功能注销。　(　　)

三、选择题

1. G01 指令编程格式正确的是(　　)。

A. G01 X __ Z __ F __;　　B. G01 U __ Z __ F __;

C. G01 U __ W __ F __;　　D. G01 X __ W __ F __;

2. 对 G90 X(U)__ Z(W)__ F __;程序说明(　　)。

A. X、Z 为刀具目标点绝对坐标值

B. U、W 为刀具坐标点相对于起始点的增量坐标值

C. F 为循环切削过程中的切削速度

D. 只能车削外圆柱表面

四、简答题

1. 简单叙述背吃刀量的选择原则。

2. 简单叙述进给速度的选择原则。

3. 制定工艺卡的具体步骤有哪些?

## 任务 3　导柱的车削

(1) 知道轴类零件的车削方法。

(2) 能车削出合格的导柱零件。

对导柱进行车削加工工艺路线拟定并完成零件加工,零件图样如图 2-1 所示。

### 【学】轴类零件车削的基础知识

#### 一、轴类零件的定位及装夹

定位包括定位面基准的选择和装夹方式的确定。

定位基准有粗基准和精基准两种。用毛坯表面作为定位基准的称为粗基准,用已加工表面作为定位基准的称为精基准。

数控车床在车削轴类零件时,常用的装夹方法有三爪自定心卡盘装夹,四爪单动卡盘装夹,两顶尖间装夹,一夹一顶装夹,卡盘、顶尖配合中心架以及跟刀架装夹等。其中最常

用的装夹方法是三爪自定心卡盘装夹、两顶尖间装夹和一夹一顶装夹。

**1. 三爪卡盘**

1）结构组成

三爪卡盘是数控车床上最常见的附件之一，也是应用最为广泛的通用夹具之一，如图 2-15 所示。

图 2-15　三爪卡盘

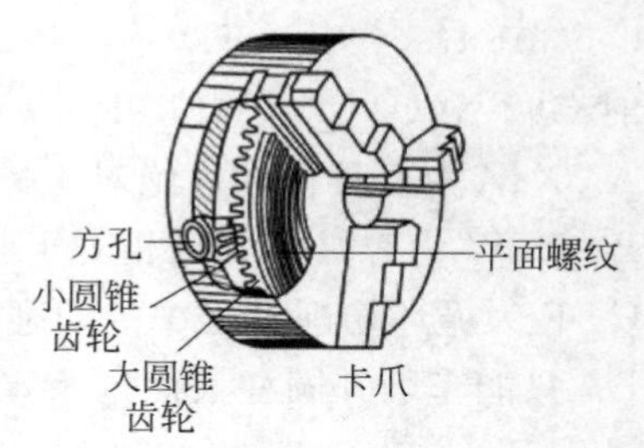


图 2-16　三爪卡盘结构

三爪卡盘是自定心夹紧装置，用锥齿轮传动，主要由外壳体、3 个卡爪、3 个小锥齿轮、1 个大锥齿轮等零件组成，如图 2-16 所示。

当卡盘的专用扳手方榫插入小锥齿轮的方孔中，转动方榫，小锥齿轮就带动大锥齿轮转动，大锥齿轮的背面是平面螺纹，卡爪背面的螺纹与平面螺纹啮合，从而驱动 3 个卡爪同时沿径向运动，以实现夹紧或松开零件的作用。

常用的三爪卡盘的规格有 150mm、200mm 和 250mm。

2）特点

三爪卡盘用来装夹工件，带动工件随主轴一起旋转，实现主运动。

三爪卡盘适用于装夹大批量生产的中小型零件，具有安装工件快捷、方便，其重复定位精度高、夹持范围大、夹紧力大、调整方便等特点，应用比较广泛。但三爪自定心卡盘的夹紧力没有四爪单动卡盘大，一般用于精度要求不太高，形状规则（如圆柱形、正三菱形、正六菱形等）的中小型工件的装夹。

在装夹较长的工件时，远离卡盘的一端中心可能和车床轴心不重合，需要用划线盘来校正工件的位置。

**2. 四爪单动卡盘**

1）结构特点

四爪单动卡盘有 4 个各自独立的卡爪，每个卡爪的背面有一内螺纹与夹紧螺杆相啮合，每个夹紧螺杆的外端都有方孔，用来安装插卡盘扳手。当用扳手转动其中一个夹紧螺杆时，与其啮合的卡爪，就能单独做径向移动，以满足不同大小的工件。四爪单动卡盘如图 2-17 所示。

由于四爪单动卡盘的 4 个卡爪能各自单独运动。装夹工件时，不能自动定心，因此找正比较费时，但其夹紧力比三爪卡盘大，因此适合装夹大型或形状不规则的工件。四爪卡盘结构如图 2-18 所示。

图 2-17 四爪卡盘

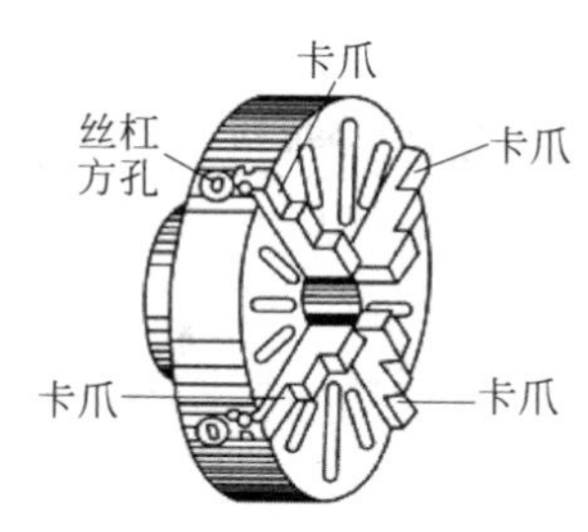

图 2-18 四爪卡盘结构

三爪卡盘和四爪单动卡盘统称为卡盘，卡盘都可安装正爪和反爪，反爪用来装夹直径较大的工件。

2）工件装夹

四爪单动卡盘的 4 个卡爪是各自独立运动的，因此工件在装夹时，必须将工件的旋转中心找正到与车床主轴旋转中心重合后，才可车削，其方法如下。

（1）划线盘找正。把工件夹持在卡盘上，手动旋转工件一周，划针就在工件的端面划了一个圆，观察这个圆是否在端面的正中，从而调整工件的旋转中心，如图 2-19 所示。

（2）百分表找正。当工件旋转一周时，根据百分表指针的偏移情况，调整旋转中心，如图 2-20 所示。

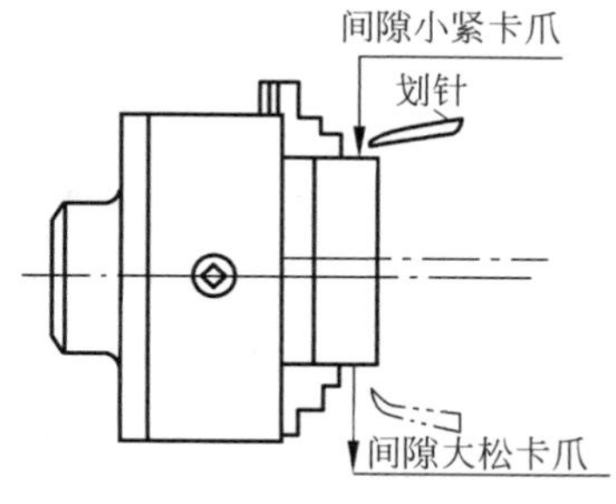

图 2-19 划线盘找正

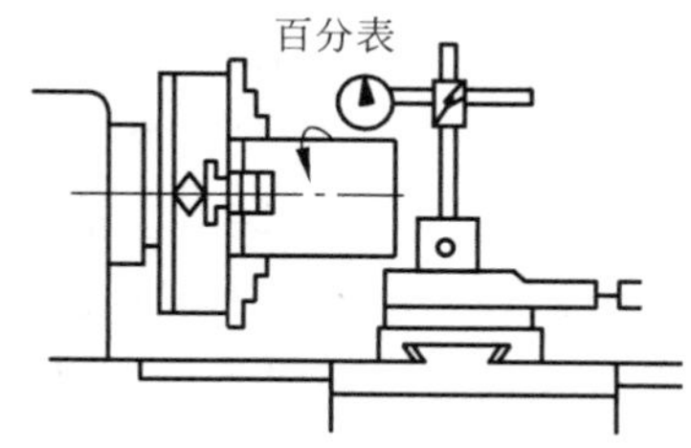

图 2-20 百分表找正

### 3. 用两顶尖装夹

对于长度尺寸较大或加工工序较多的轴类工件，为保证每次装夹时的装夹精度，可用两顶尖装夹。两顶尖装夹工件方便，不需找正，装夹精度高，但两顶尖装夹工件需使用一些专用工具，如中心钻、顶尖等。

用两顶尖装夹工件时，必须先在工件的两端面钻出中心孔。

1）中心孔的形状和作用

国家标准 GB/T 145—2001 中规定：中心孔有 A 型、B 型、C 型和 R 型 4 种，如图 2-21 所示，常见的有 A 型和 B 型。

（1）A 型。A 型中心孔由圆锥孔和圆柱孔组成，锥角为 60°，与顶尖锥面配合，起定心作用并承受工件的重力和切削力；圆柱孔用来储存润滑油，并可防止顶尖头触及工件，适用于加工精度要求不高的工件，如图 2-21(a)所示。

(2) B 型。B 型中心孔是在 A 型中心孔的端部再加工出 12°的保护圆锥面。用于防止 60°锥面碰伤而影响中心孔的精度，并且便于加工端面，适用于加工精度要求较高，工序较多的工件，如图 2-21(b)所示。

(3) C 型。C 型中心孔是在 B 型中心孔的 60°锥孔后加一短圆柱孔，为防止攻螺纹时不碰毛 60°锥面，在圆柱孔后面有一内螺纹。当需要把其他工件固定在轴上时，可用 C 型中心孔，如图 2-21(c)所示。

(4) R 型。R 型中心孔是把 A 型的圆锥面改成 60°圆弧面。这样顶尖与锥面的配合变为线接触，在轴类工件装夹时能自动纠正少量的位置偏差，如图 2-21(d)所示。

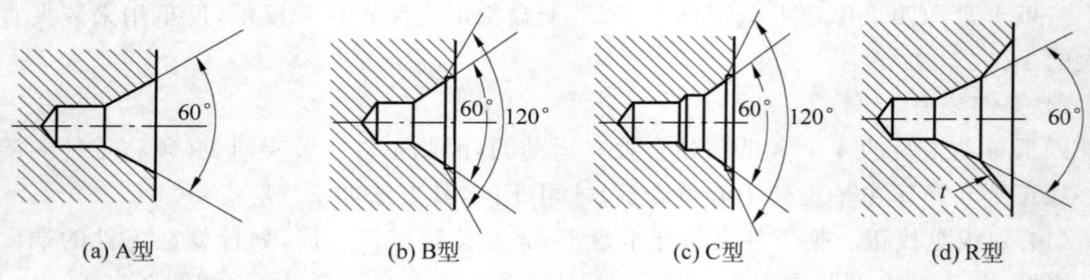


(a) A型　(b) B型　(c) C型　(d) R型

图 2-21　中心孔的形状

中心孔的质量直接影响到工件的加工精度，因此要求中心孔锥面应圆整光滑，两端中心孔轴线应同轴。对精度要求较高或热处理后仍需继续加工的工件，中心孔还应进行研磨。

2) 顶尖类型

顶尖用来确定中心，承受工件重力和切削力。根据顶尖在车床上装夹位置的不同分为前顶尖、后顶尖。前顶尖装在主轴锥孔内随工件一起转动，与中心孔无相对运动，不发生摩擦，故不需淬火。后顶尖装在尾座套筒内，分回转式顶尖和固定式顶尖两种。

(1) 回转式顶尖。如图 2-22(a)所示，回转式顶尖与工件一起转动，减少了摩擦，因此其转动灵活，适用于高速切削。由于活顶尖把死顶尖与中心孔的滑动摩擦改为轴承的滚动摩擦，克服了死顶尖的缺点。但活顶尖有一定装配积累误差，滚动轴承磨损后，会使顶尖产生径向摆动，从而降低了加工精度。

(2) 固定式顶尖。如图 2-22(b)所示，固定式顶尖装夹工件刚度高，定心准确，但是车削时固定式顶尖与工件中心孔产生滑动摩擦而发热，引起中心孔或顶尖“烧坏”现象，高速车削还会使顶尖退火，目前多用镶硬质合金的顶尖。

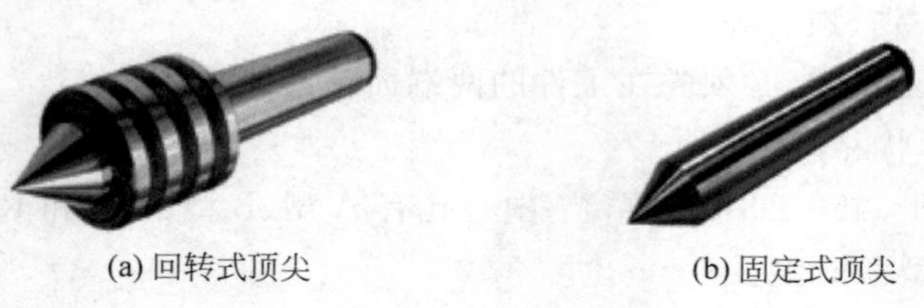

(a) 回转式顶尖　(b) 固定式顶尖

图 2-22　顶尖类型

3）装夹方法

前顶尖直接安装在车床主轴锥孔中，后顶尖插入车床尾座套筒的锥孔内，零件夹持在两顶尖之间，如图 2-23 所示。具体方法如下。

(1) 移动尾座，调整尾架伸出长度 $L$。

(2) 将尾座推近工件，固定尾架。

(3) 装上工件，调整顶尖与工件的松紧。

(4) 锁紧套筒。

(5) 刀架移到行程最左端，用手转动主轴，检查有无干涉。

(6) 拧紧鸡心夹头上的螺钉。

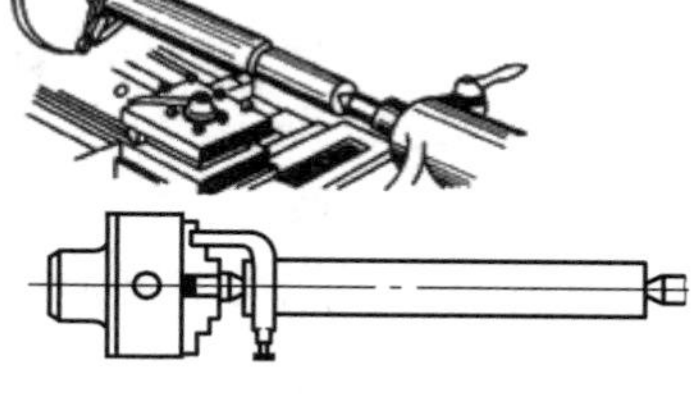

图 2-23 两顶尖装夹工件

4）装夹特点

(1) 固定顶尖刚性好、定心准确，但中心孔与顶尖之间是滑动摩擦，易磨损和烧坏顶尖。因此只适用于低速、精度要求较高的工件。

(2) 活顶尖内部装有滚动轴承，顶尖和工件一起转动，能在高转速下正常工作，但刚性较差，精度低。活顶尖只适用于精度要求不太高的车削加工。

(3) 工件两端用顶尖装夹好，车床的动力需经拨盘和鸡心夹头才能传到工件上。拨盘可用三爪卡盘代替。

5）注意事项

(1) 前后顶尖的连线应与车床主轴轴线一致，尾座套筒尽量缩短。

(2) 中心孔形状要正确，表面粗糙度要小。

(3) 使用固定顶尖时要用黄油润滑，松紧合适。

**4. 用一夹一顶装夹**

车削较重工件时一端夹住，另一端用顶尖顶住的装夹方法称为一夹一顶装夹，如图 2-24 所示。一夹一顶的装夹方法比较安全，能承受较大的轴向切削力，安装刚性好，轴向定位准确，应用广泛。

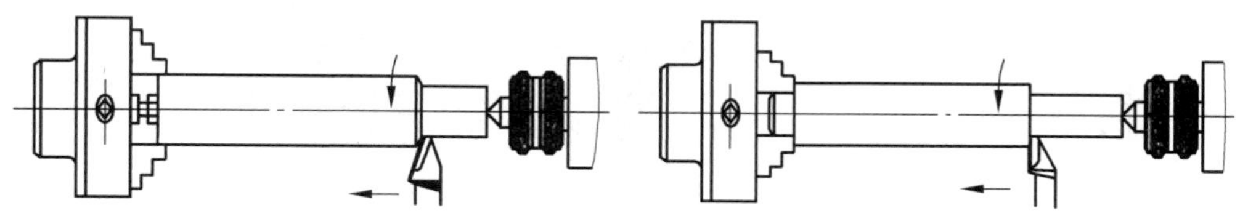

(a) 卡盘内装一限位支承　　(b) 利用工件台阶限位

图 2-24 一夹一顶装夹工件

在使用一夹一顶装夹零件时，注意事项如下。

(1) 装夹工件时，为了防止工件由于切削力的作用而产生轴向位移，卡盘内装一限位支承，或利用工件的台阶限位。

(2) 后顶尖的中心线应在车床主轴轴线上。

(3) 在不影响车削的前提下，尾座套筒伸出部分尽量短些。

(4) 顶尖与中心孔配合的松紧程度必须合适。

## 二、轴类零件车削常用刀具及选用

### 1. 刀具介绍

车削轴类零件常用车刀的主偏角有 90°、45°、75°等几种，并有左右之分，刀刃向右的称为右车刀，刀刃向左的称为左车刀。

1）90°车刀

90°车刀又称偏刀，可分为右偏刀和左偏刀两种。90°车刀的主偏角较大，作用于工件的径向切削力较小，车外圆时，不易将工件顶弯，适合用于细长工件和台阶轴的外圆粗加工，如图 2-25 所示。

90°右偏刀用来车端面时，一般由中心向外缘进给。

左偏刀是车刀从车床主轴箱向尾座方向进给的车刀，一般用来车削左向台阶外圆。

当外圆表面粗糙度要求较高时，可采用 90°精车刀。用此车刀时，背吃刀量要小，最大不能超过 0.5mm。

2）45°车刀

45°车刀又称弯头车刀，有左右两种，如图 2-26 所示。45°车刀主要用于倒角及端面的车削，也可用来车削不带台阶的光轴。

45°车刀的刀头强度好，较耐用，因此也适用于粗车轴类工件的外圆以及强力切削铸件、锻件等余量较大的工件。

45°车刀的主要特点是后角的刃磨，加工内倒角时，后刀面不能与内孔相碰。

3）75°车刀

75°车刀刀尖强度好，是强度最好的车刀，如图 2-27 所示。该车刀用于粗车轴类工件的外圆或强力车削余量较大的铸件、锻件和大端面。

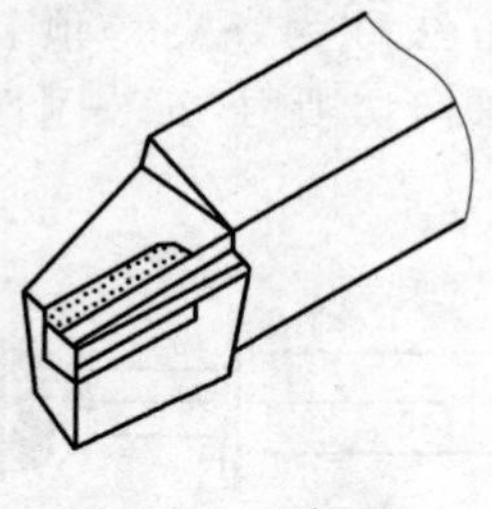

图 2-25　90°车刀

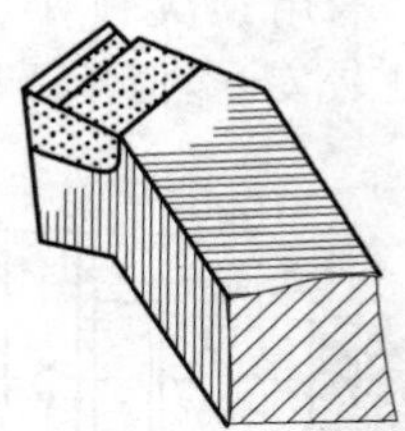

图 2-26　45°车刀

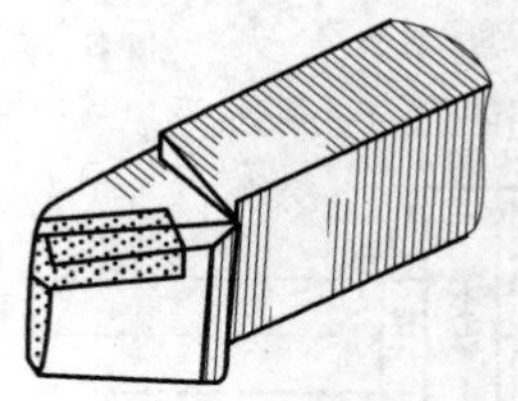

图 2-27　75°车刀

4）切槽、切断刀

轴类零件加工时，需要加工槽或切断，这时就需要切槽刀或切断刀，如图 2-28 所示。切槽刀以横向进给为主，主偏角取 90°，两个副偏角相等，一般认为，切断刀形状与切槽刀相似，不同之处是刀头窄而长。

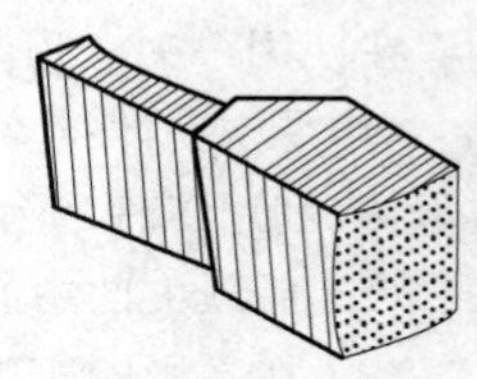

图 2-28　切断刀

### 2. 车刀安装及注意事项

（1）车刀安装在刀架上，伸出部分不宜太长，伸出量一般为刀杆高度的 1～1.5 倍。伸出过长会使刀杆刚性变差，切削时易产生振动，影响工件的表面粗糙度。

（2）车刀垫铁要平整，数量要少，垫铁应与刀架对齐。车刀至少要用两个螺栓在刀架上压紧，并逐个轮流拧紧，如图 2-29 所示。

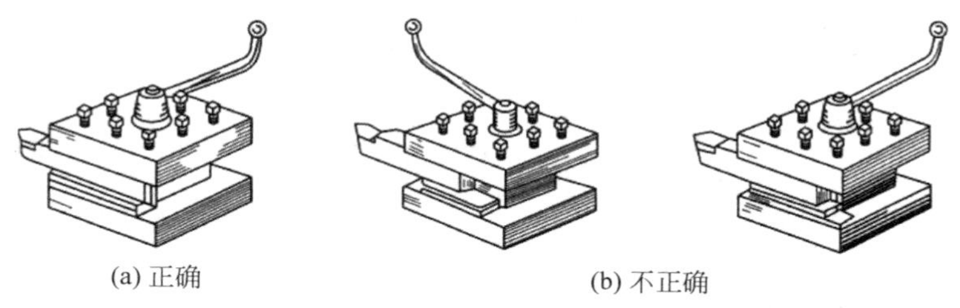

图 2-29　车刀的安装

（3）车刀刀尖一般应与工件轴线等高，否则会因基面和切削平面的位置发生变化，而改变车刀工作时的前角和后角的数值。当车刀刀尖高于工件轴线时，会使后角减小，增大车刀后刀面与工件间的摩擦；当车刀刀尖低于工件轴线时，会使前角减小，切削不顺利，如图 2-30 所示。

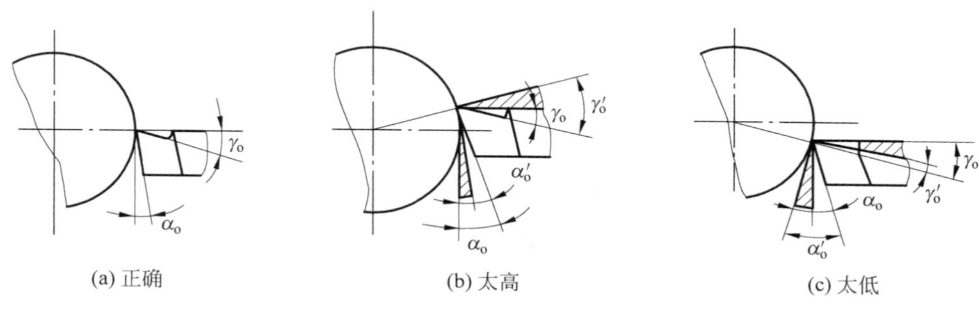

图 2-30　车刀刀尖的位置

## 【教】导柱的车削加工

### 一、任务分析

车削图 2-1 所示导柱零件。

**1. 确定装夹方案**

根据零件图 2-1 所示，导柱零件上有 2 个端面、3 个外圆柱面和 4 处倒角，无形位公差要求，但尺寸精度和表面粗糙度要求较高，因此，该零件采用三爪自定心卡盘装夹。

**2. 确定定位基准**

（1）一次装夹，用 $\phi$35mm 毛坯外圆作为定位基准。

（2）二次装夹（掉头），用 $\phi$27mm 外圆作为定位基准。

**3. 确定刀具**

综合表 2-1 所分析内容，填写表 2-3 的刀具卡。

表 2-3 刀具卡

| 实训课题 | | | 项目 2/任务 3 | 零件名称 | 导柱 | 零件图号 | SC-1 |
|---|---|---|---|---|---|---|---|
| 刀号 | 刀位号 | 偏置号 | 刀具名称及规格 | 材质 | 数量 | 刀尖半径 | 假想刀尖 |
| T0303 | 03 | 03 | 45°端面车刀 | 硬质合金 | 1 | | |
| T0202 | 02 | 02 | 90°右偏外圆车刀 | 硬质合金 | 1 | | |
| T0101 | 01 | 01 | 90°右偏外圆车刀 | 硬质合金 | 1 | | |
| T0404 | 04 | 04 | 切断车刀(宽 4mm) | 硬质合金 | 1 | | |

## 二、加工路线拟定

根据零件图样要求,确定导柱加工路线方案如下。

**1. 检查阶段**

(1) 检查毛坯的材料、直径和长度是否符合要求。

(2) 检查数控车床的开关按钮有无异常。

(3) 开启电源开关。

**2. 准备阶段**

(1) 程序录入。

(2) 程序校验。

(3) 夹持 $\phi$35mm 毛坯外圆,留在卡盘外的长度大于 105mm。

(4) 安装 90°硬质合金右偏刀(粗、精各 1 把)、45°硬质合金车刀、硬质合金切断刀。

(5) 用 45°端面车刀手动车削右端面(车平即可)。

(6) 对刀,建立工件坐标系。

**3. 加工阶段**

(1) 用 90°外圆粗车刀粗车 $\phi$32mm、$\phi$27mm、$\phi$19.5mm 外圆,留 0.5mm 精车余量。

(2) 用 90°外圆粗车刀粗车倒角 $C3$。

(3) 用 90°外圆精车刀精车 $\phi$19.5mm、$\phi$27mm、$\phi$32mm 外圆,倒角 $C3$、$C1$,并控制到公差尺寸范围内。

(4) 手动切断,保证工件总长 100.5mm,长度留 0.5mm 余量。

(5) 掉头,以 $\phi$27mm 外圆为定位基准面进行夹持工件。

(6) 手动车削左端面,并保证工件总长(100±0.1)mm。

(7) 手动倒角 $C1$。

(8) 停车。

**4. 检测阶段**

(1) 按照零件图样尺寸要求,对工件进行检测。

(2) 上油。

(3) 入库。

## 【做】导柱的车削

按照表 2-4 的相关要求，进行导柱零件的加工。

表 2-4 导柱零件车削过程记录卡

<table>
<tr><td colspan="2">一、车削过程<br>导柱零件的车削过程为____________________。<br>① 检查阶段 ②准备阶段 ③加工阶段 ④检测阶段</td></tr>
<tr><td>二、所需设备、工具和卡具</td><td>三、加工步骤</td></tr>
<tr><td colspan="2">四、注意事项<br>① 车削轴类零件时，毛坯余量较大又不均匀或精度要求较高，应粗、精加工分开进行。<br>② 粗车台阶轴时，应先车削直径较大的一端，以避免过早降低工件的刚性。</td></tr>
<tr><td colspan="2">五、检测过程分析</td></tr>
<tr><td>出现的问题：</td><td>原因与解决方案：</td></tr>
</table>

导柱的车削(1)

导柱的车削(2)

## 【评】导柱车削方案评价

根据表 2-4 中记录的内容，对导柱车削过程进行评价。导柱车削过程评价见表 2-5。

表 2-5 导柱车削过程评价表

<table>
<tr><td rowspan="2">项目</td><td rowspan="2">内　　容</td><td rowspan="2">分值</td><td colspan="3">评价方式</td><td rowspan="2">备　　注</td></tr>
<tr><td>自评</td><td>互评</td><td>师评</td></tr>
<tr><td rowspan="5">车削项目</td><td>$\phi 32_{-0.025}^{0}$ mm 外圆，长度 62mm</td><td>10</td><td></td><td></td><td></td><td rowspan="5">按照操作规程完成零件的数控车削</td></tr>
<tr><td>$\phi 27_{-0.021}^{0}$ mm 外圆，长度 33mm</td><td>10</td><td></td><td></td><td></td></tr>
<tr><td>$\phi 19.5_{-0.021}^{0}$ mm 外圆，长度 5mm</td><td>10</td><td></td><td></td><td></td></tr>
<tr><td>$C3$ 倒角 1 处、$C1$ 倒角 3 处</td><td>4</td><td></td><td></td><td></td></tr>
<tr><td>总长 100mm±0.1 mm</td><td>6</td><td></td><td></td><td></td></tr>
</table>

续表

| 项目 | 内　容 | 分值 | 评价方式 | | | 备　注 |
|---|---|---|---|---|---|---|
| | | | 自评 | 互评 | 师评 | |
| 车削步骤 | 刀具选择是否正确 | 10 | | | | 按要求进行规范操作 |
| | 车削过程是否正确 | 20 | | | | |
| 职业素养 | 卡具维护和保养 | 10 | | | | 按照7S管理要求规范现场 |
| | 工具定置管理 | 10 | | | | |
| | 安全文明操作 | 10 | | | | |
| 合　计 | | 100 | | | | |
| 综合评价 | | | | | | |

## 【练】综合训练

一、填空题

1. 三爪自定心卡盘主要由________、________、________、和________等组成。

2. 90°车刀可分为________和________两种。

3. 定位基准的选择包括________选择和________选择两部分。

二、判断题

1. 三爪自定心卡盘的夹紧力没有四爪单动卡盘大，一般用于加工精度要求不太高，形状规则的中小型工件。（　）

2. 四爪单动卡盘必须将工件的旋转中心找正到与车床主轴旋转中心重合后才可车削。（　）

3. 75°车刀又称偏刀，可分为右偏刀和左偏刀两种。（　）

4. 安装时，切断刀不宜伸出过长，刀头长度应稍大于槽深。（　）

三、选择题

1. 数控车床在车削轴类零件时，常见的装夹方法有（　）。

A. 三爪自定心卡盘装夹　　B. 四爪单动卡盘装夹

C. 一夹一定装夹　　D. 两顶尖装夹

2. 国家标准GB/T 145—2001中规定中心孔有（　）4种，常见的有（　）和（　）。

A. A型　　B. B型　　C. C型　　D. R型

四、简答题

1. 叙述两顶尖装夹零件时的具体步骤。

2. 叙述安装车刀时的注意事项。

# 任务4 导柱的质量检测与分析

(1) 知道轴类零件的检测方法。

(2) 学会导柱的检测方法及注意事项。

对导柱进行质量检测与分析,零件图样如图 2-1 所示。

## 【学】轴类零件检测的基础知识

### 一、检测轴类零件常用量具

1. 游标卡尺

1) 结构特点

游标卡尺是一种常用量具,能直接测量零件的外径、内径、长度、宽度和孔距等,应用极为广泛,如图 2-31 所示。目前机械加工中常用游标卡尺测量范围有 0～150mm、0～200mm、0～300mm 等几种规格。

2) 分度原理

游标卡尺的结构如图 2-32 所示,按精度一般分 0.01mm、0.02mm、0.05mm 三种规格,其中规格为 0.02mm 的较为常用。下面以 0.02mm 的游标卡尺为例说明游标卡尺的分度原理。

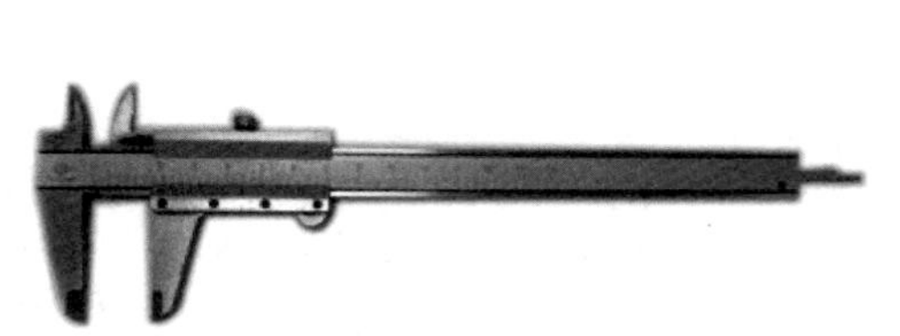

图 2-31 游标卡尺

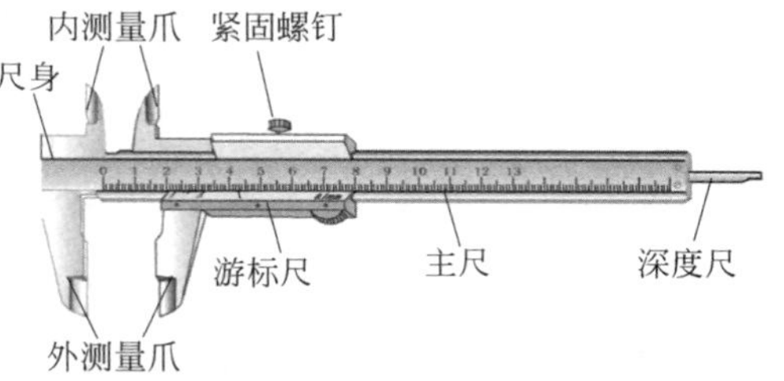


图 2-32 游标卡尺的结构

游标卡尺尺身刻线间距为 1mm,当两测量爪合并时,游标卡尺上 50 格刚好与尺身上 49mm 对正,尺身与游标每格之差为(1－49÷50)mm＝0.02mm,此差值即为游标卡尺的测量精度。

3) 读数方法

(1) 读整数,在尺身上读出位于游标零线左边最接近的整数值。

(2) 读小数，看游标上哪条刻线与主尺刻线对齐，按每格 0.02mm 读出小数值。

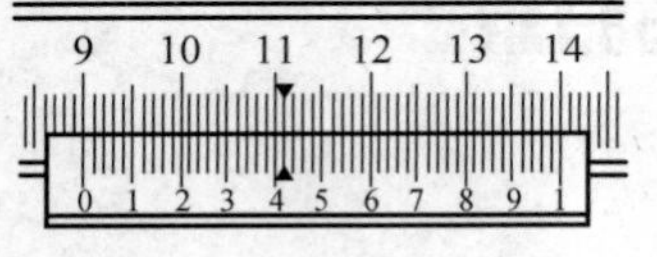
9 10 11 12 13 14
0 1 2 3 4 5 6 7 8 9 1

图 2-33 游标卡尺读数方法

(3) 求和，将以上整数和小数相加，即为被测尺寸。

**例**：图 2-33 所示为精度 0.02mm 的游标卡尺。

(1) 游标零线在 90mm 后面，即整数为 90mm。

(2) 游标刻线 4 后面第一条刻线与主尺刻线对齐，即小数为 0.02×21mm＝0.42mm。

(3) 求和(90＋0.42)mm＝90.42mm，即为检测结果。

4) 使用方法

游标卡尺使用方法如图 2-34 所示。

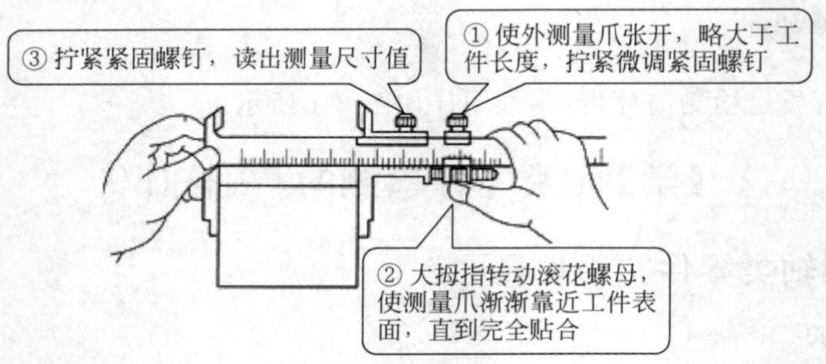
③ 拧紧紧固螺钉，读出测量尺寸值
① 使外测量爪张开，略大于工件长度，拧紧微调紧固螺钉
② 大拇指转动滚花螺母，使测量爪渐渐靠近工件表面，直到完全贴合

图 2-34 游标卡尺的使用方法

(1) 检测外部尺寸。首先使外测量爪开口略大于被测尺寸，自由进入工件，以固定量爪贴住工件，然后移动副尺，使活动量爪与工件另一表面相接触，拧紧紧固螺钉，读出读数，如图 2-35 所示。

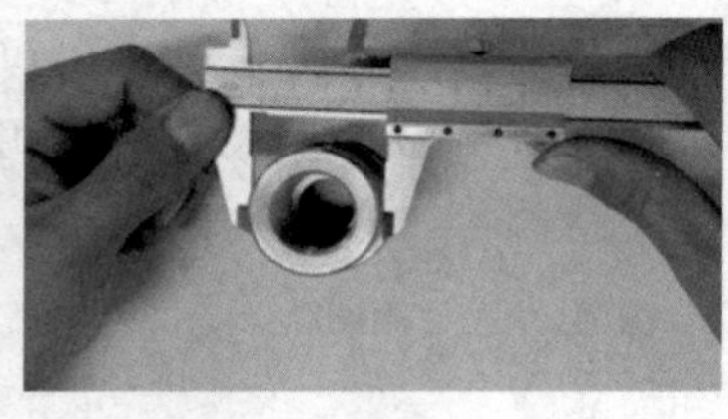

(a) 正确

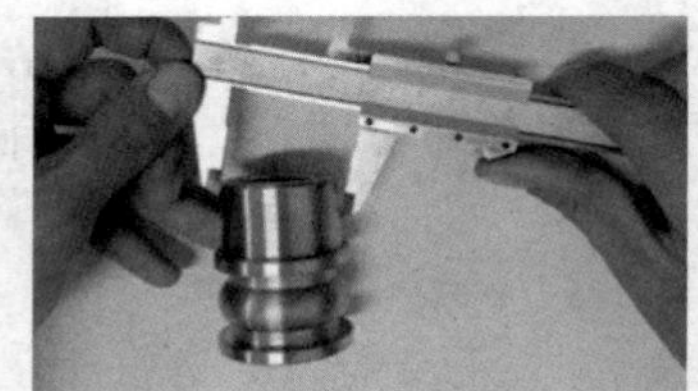

(b) 错误

图 2-35 检测外尺寸时量爪的位置

(2) 检测内部尺寸。使游标卡尺的量爪间距略小于被测工件的尺寸，将量爪沿孔的中心线放入，使用固定量爪与孔边接触，然后将量爪在被测工件孔内表面稍微移动一下，找出最大尺寸，其位置如图 2-36 所示。

对于平面形沟槽尺寸应用量爪的平面测量刃进行检测，尽量避免用端部测量刃进行检测；而对于圆弧形沟槽尺寸，则应用刀口形量爪进行测量，不应用平面形测量刃进行检测，如图 2-37 所示。

(3) 检测沟槽宽度。检测沟槽宽度时，要放正游标卡尺的位置，应使卡尺两测量刃的连线垂直于沟槽，不能歪斜，量爪若在错误的位置上，测量结果会不准确，如图 2-38 所示。

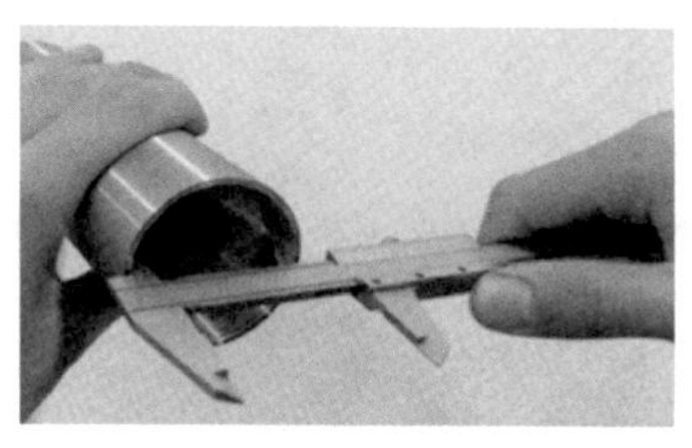
(a) 正确

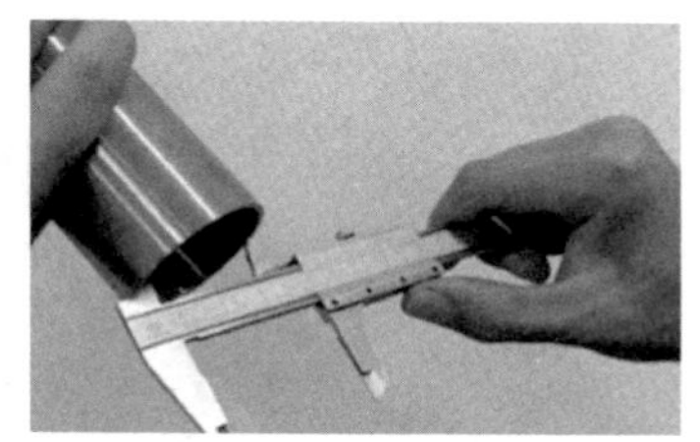
(b) 错误

图 2-36　检测内部尺寸时量爪的位置

(4) 检测深度。检测深度尺寸时，要使卡尺端面与被测工件的顶端平面贴合，同时保持深度尺与该平面垂直，如图 2-39 所示。

(5) 检测工件厚度。检测工件厚度尺寸时，应使游标卡尺量爪间距略大于被测工件的尺寸，再使工件与固定量爪贴合，然后使活动量爪与被测工件另一表面接触，找出最小尺寸，如图 2-40 所示。

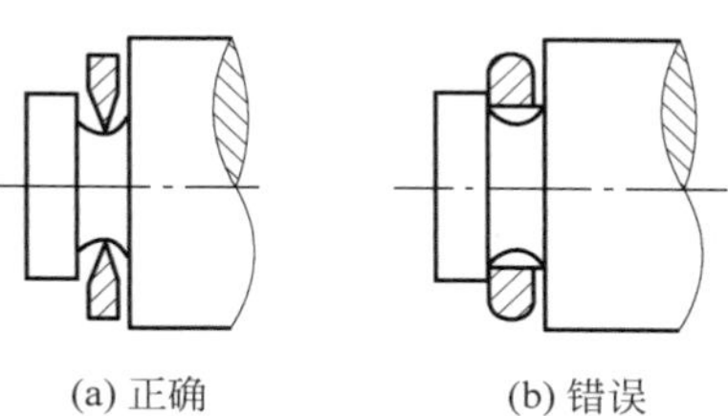
(a) 正确　　(b) 错误

图 2-37　测量沟槽时量爪的选择

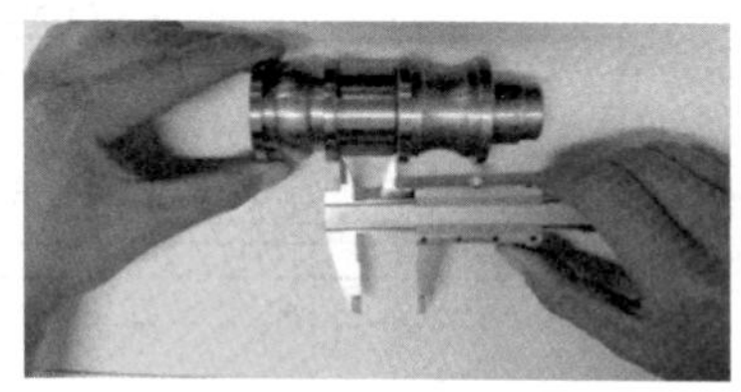
(a) 正确

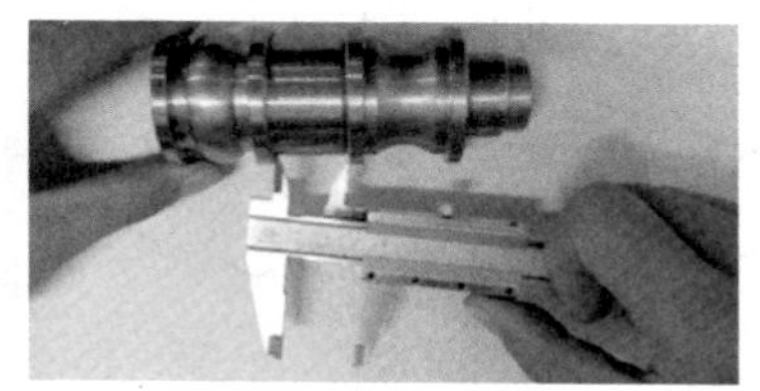
(b) 错误

图 2-38　检测沟槽宽度时量爪的位置

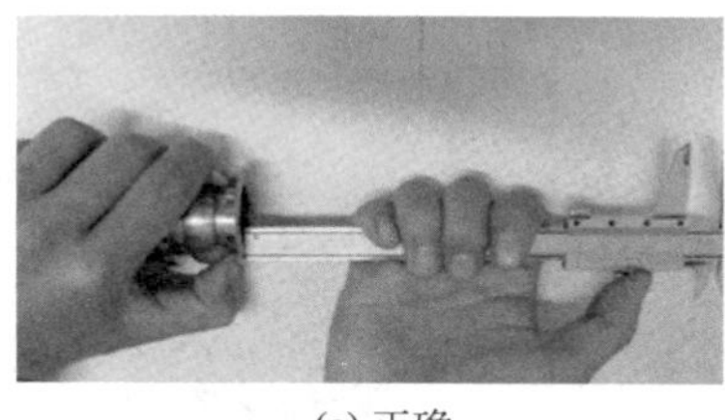
(a) 正确

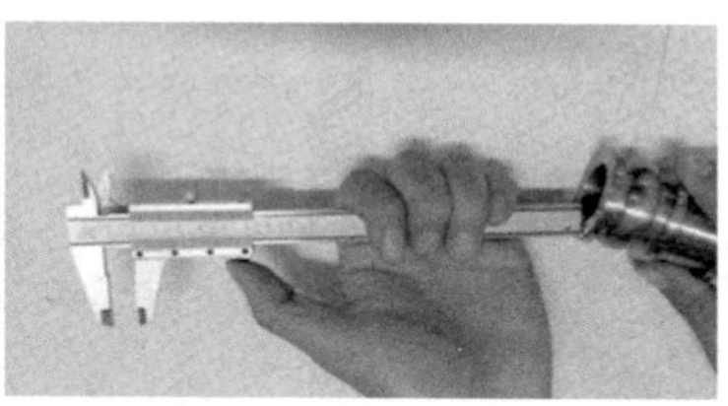
(b) 错误

图 2-39　检测深度尺寸时卡尺的位置

(6) 检测孔中心线与侧平面之间的距离。用游标卡尺检测孔中心线与侧平面之间的距离 $L$ 时，先用游标卡尺测量出孔的直径 $D$，再用刀口形量爪测量孔的壁面与零件侧面间最短距离，如图 2-41 所示。

此时，卡尺应垂直于侧平面，且要找到它的最小尺寸，读出卡尺的读数 $A$，则孔中心线与侧平面之间的距离为

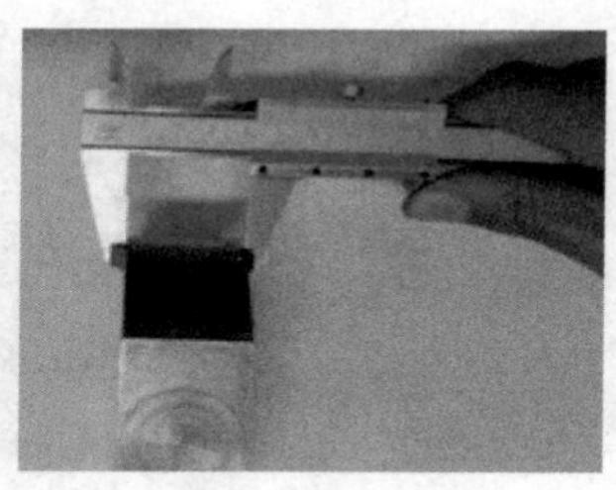
(a) 正确

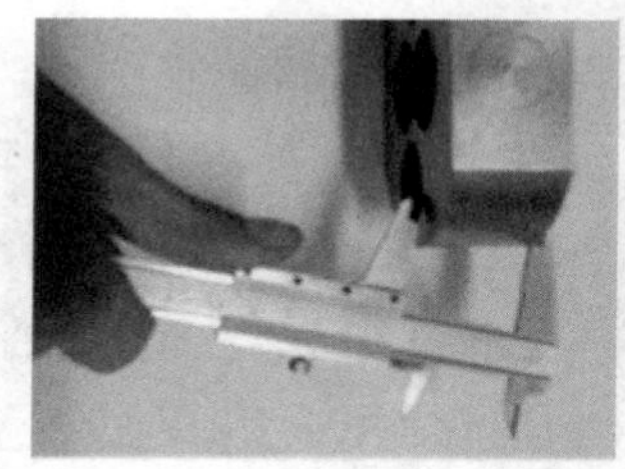
(b) 错误

图 2-40 检测厚度尺寸时卡尺的位置

$$L = A + \frac{D}{2}$$

另一种检测方法也是先分别量出两孔的内径 $D_1$ 和 $D_2$，如图 2-42 所示，然后用刀口形量爪量出两孔内表面之间的最小距离 $B$，则两孔的中心距为

$$L = A - \frac{1}{2}(D_1 + D_2)$$

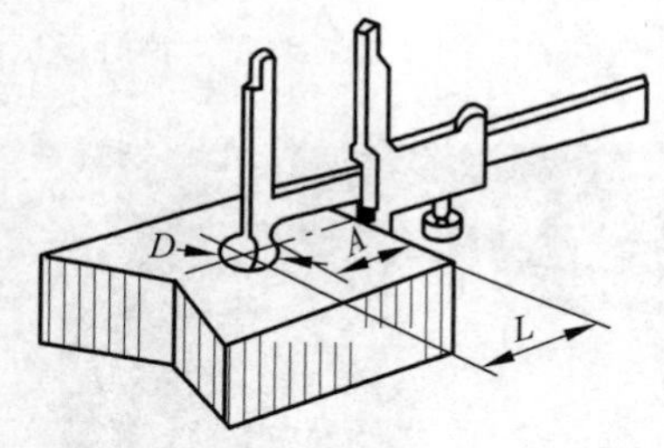

图 2-41 检测孔中心线与侧平面之间的距离

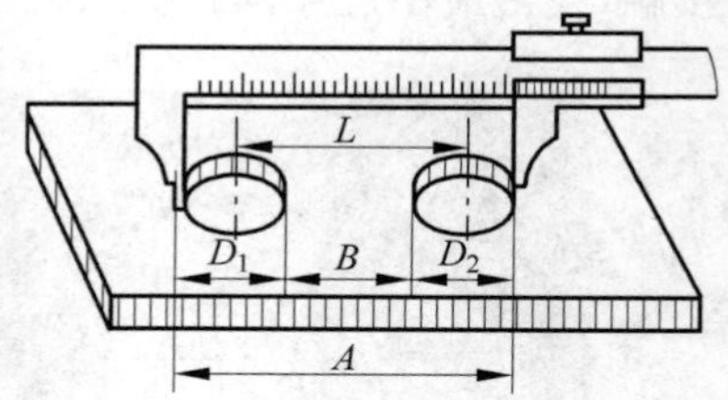

图 2-42 检测两孔的中心距

5）其他游标卡尺

由于用途的不同，还有游标深度尺和齿厚游标卡尺，如图 2-43 所示。

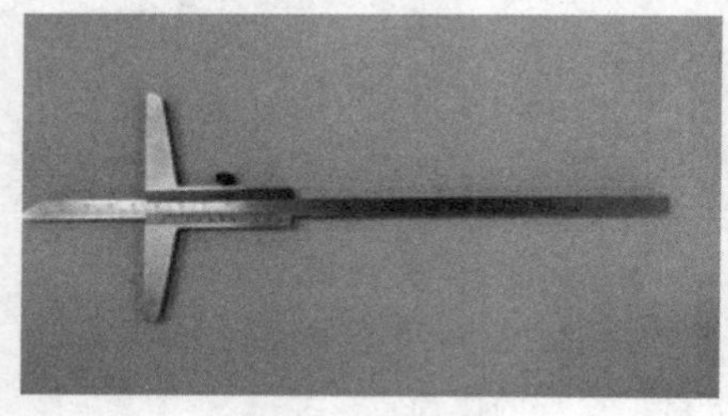
(a) 游标深度尺

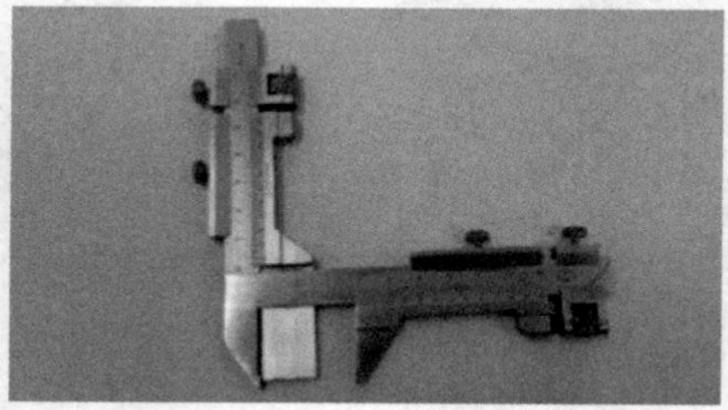
(b) 齿厚游标卡尺

图 2-43 其他游标卡尺

（1）游标深度尺。游标深度尺主要用于测量工件的沟槽、台阶的深度尺寸等，其读数方法、注意事项与游标卡尺相同。

（2）齿厚游标卡尺。齿厚游标卡尺结构好像是两把游标卡尺垂直组装而成，两把卡尺的游标刻度值是 0.02mm，用来测量齿轮或蜗杆的弦齿后或弦齿高。

6）注意事项

（1）按游标卡尺操作规程使用。

（2）不允许把游标卡尺当扳手、划线工具、卡钳、卡规使用。

（3）不能使用游标卡尺测量毛坯件。

（4）游标卡尺损坏后，应送有关部门修理，并经检验合格后才能使用。

（5）不能在游标卡尺尺身处做记号或打钢印。

（6）游标卡尺不能放在磁场附近。

（7）不用的游标卡尺应涂上防锈油，放入量具盒中。

（8）游标卡尺及量具盒应平放。

**2. 千分尺**

1）结构特点

千分尺是一种精密量具，其测量精度比游标卡尺高，应用广泛，如图 2-44 所示。常见的千分尺由尺架、测微头、测力装置和锁紧装置等组成，如图 2-45 所示。

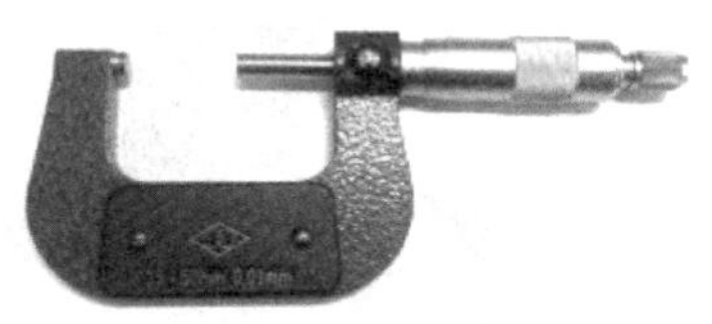

图 2-44 千分尺

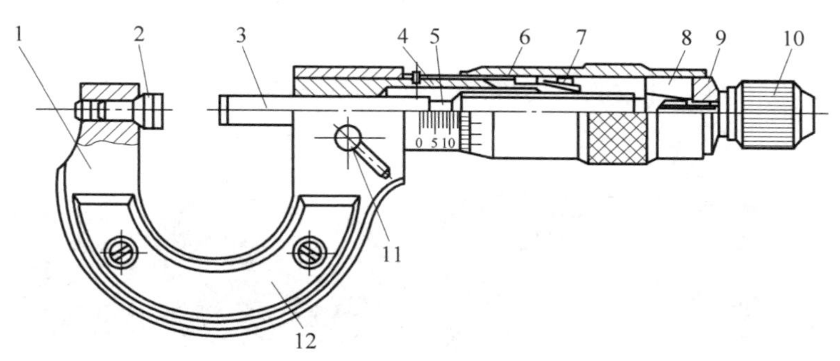


图 2-45 千分尺的结构

1—尺架；2—固定测砧；3—测微螺杆；4—螺纹轴套；5—固定刻度套筒；6—微分筒
7—调节螺母；8—接头；9—垫片；10—测量装置；11—锁紧螺钉；12—绝热板

2）分度原理

固定套筒刻线间距为 1mm，基线上下刻线间距为 0.5mm，微分筒圆周上分布有 50 个小格，微分筒旋转一周，固定套筒轴线移动为 0.5mm，螺杆螺距为 0.5mm。因此，每格刻度值＝0.5mm÷50＝0.01mm，也就是说微分筒上每格刻度值为 0.01mm。

3）读数原理

（1）读出微分筒孔边缘在固定套筒的多少毫米刻度线后面。

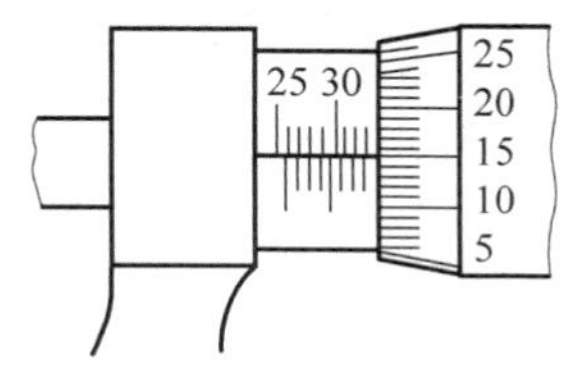


图 2-46 千分尺读数原理

（2）读出微分筒上哪一格与固定套筒上的基准线对齐。

（3）把两个尺寸相加，即最后读数值。

**例**：如图 2-46 所示，先读出 33mm，再读出 0.15mm，则最后读数为(33＋0.15)mm＝33.15mm。

4）使用方法

使用千分尺测量时，有单手测量和双手测量两种方式。

（1）单手测量。单手测量时，以右手手掌和小拇指托住千分尺的绝热板部分，将千分尺调得大于待测尺寸备用。测量时，以千分尺固定测杆靠住工件，右手拇指和食指旋转棘轮，至发出 2～3 声声响时，即可读出数值，如图 2-47 所示。

（2）双手测量。双手测量时，左手持千分尺的绝热板部分，右手将千分尺调得大于待测尺寸。测量时，以千分尺固定测杆靠住工件，右手旋转棘轮，至发出 2～3 声声响时，即可读出数值，如图 2-48 所示。此方法测量工件时需注意以下几点。

图 2-47　单手测量

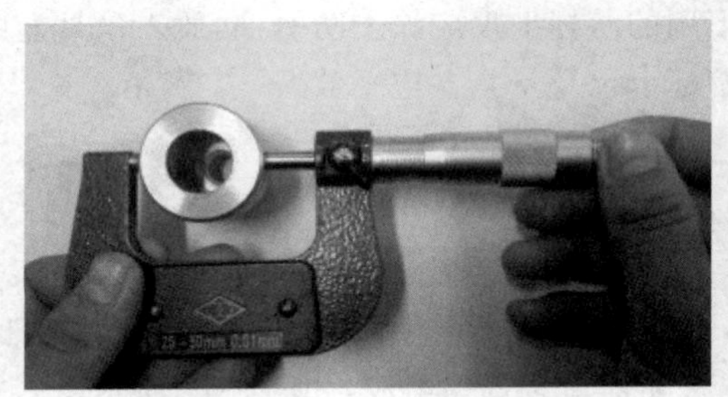

图 2-48　双手测量

（1）测量轴线要与工件被测长度方向一致，不要歪斜，如图 2-49 所示。

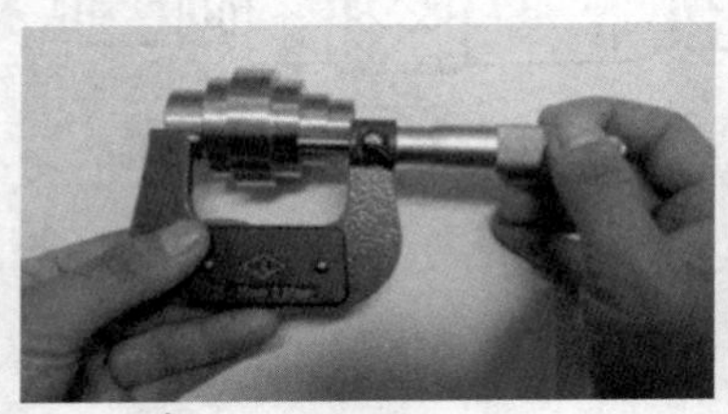

(a) 正确

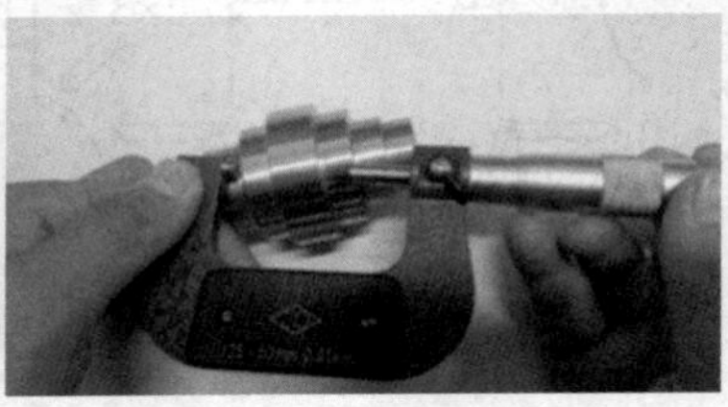

(b) 错误

图 2-49　千分尺测量轴线与工件测量长度方向一致

（2）调节千分尺时，要慢慢转动微分筒或测力装置，不要握住微分筒摇动或摇转尺架，以致精密测微螺杆变形，如图 2-50 所示。

（3）测量被加工的工件时，工件要在静态下测量，否则易使测量面磨损，测杆弯曲，甚至折断。不要在工件转动时测量，如图 2-51 所示。

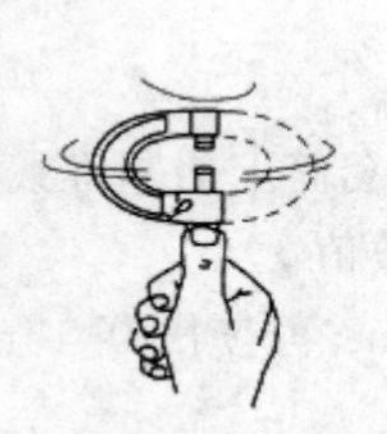

图 2-50　错误调节千分尺

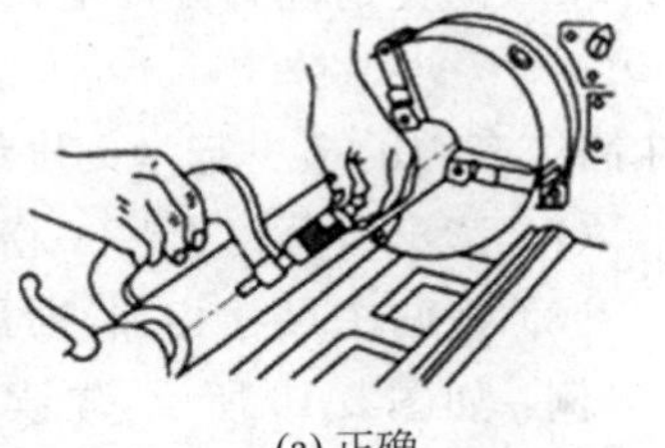

(a) 正确

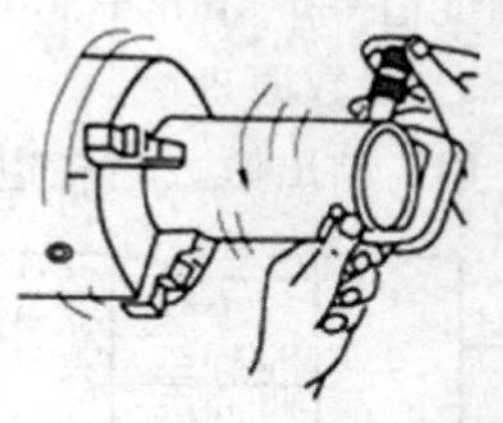

(b) 错误

图 2-51　车床上使用千分尺测量工件

5）其他千分尺

按照用途不同，还有深度千尺、壁厚千分尺、尖头千分尺和公法线千分尺。

（1）深度千分尺。深度千分尺用来测量工件台阶、槽和孔的深度，它的结构与千分尺基本相同，如图2-52示，但它的测微螺杆长度可根据工件尺寸进行调换。

（2）壁厚千分尺。壁厚千分尺用来测量精密管形工件壁厚，为了提高寿命，测量面上镶有硬质合金，如图2-53所示。

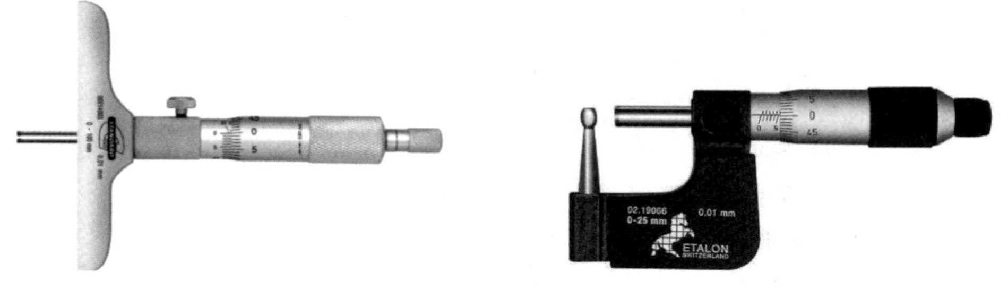


图2-52　深度千分尺　　图2-53　壁厚千分尺

（3）尖头千分尺。尖头千分尺用来测量普通千分尺不能测量的小沟槽，测量范围为0～25mm，如图2-54所示。

（4）公法线千分尺。公法线千分尺用来测量齿轮公法线长度，如图2-55所示，它的结构与普通千分尺相似，只是用两个精确平面的圆盘代替原来的测量面。

图2-54　尖头千分尺　　图2-55　公法线千分尺

6）注意事项

（1）严格按照千分尺的测量步骤进行操作。

（2）不允许测量运动的工件和粗糙的工件。

（3）最好不取下千分尺，而直接读数，如果需要取下读数，应先锁紧，并顺着工件滑出。

（4）轻拿轻放，防止掉落摔坏。

（5）用毕放回盒中，不要接触两测量面，长期不用时，要涂油防锈。

## 二、轴类零件的质量分析

### 1. 圆度不合格的原因与解决的措施

（1）车床主轴的间隙太大。进行车削前，检查主轴的间隙，并调整到合适位置。如因轴承磨损严重，则需要更换轴承。

(2) 毛坯余量不均匀，切削过程中背吃刀量发生变化。车削毛坯余量不均的零件时，先将毛坯余量车削均匀后，再进行正常车削加工。

(3) 用双顶尖装夹时，中心孔接触不良，或后顶尖顶得不紧，或前后顶尖产生径向圆跳动。用双顶尖装夹时，必须松紧适当。若回转顶尖产生径向圆跳动，须及时修理或更换。

**2. 圆柱度不合格的原因与解决的措施**

(1) 用一夹一顶或双顶尖装夹工件时，后顶尖轴线与主轴轴线不同轴。车削前应找正后顶尖，使之与主轴轴线同轴。

(2) 用卡盘装夹工件纵向进给车削时，产生锥度是由于车床床身导轨与主轴轴线不平行，应调整车床主轴与床身导轨的平行度。

(3) 工件装夹时悬伸较长，车削时因切削力影响使前端让开，造成圆柱度超差。应尽量减少工件的伸出长度或另一端用顶尖支承，增加装夹刚性。

(4) 车刀中途逐渐磨损，应选择合适的刀具材料或适当降低切削速度。

**3. 尺寸精度不合格的原因与解决的措施**

(1) 看错图样。应认真看清图样中尺寸要求，正确编制数控加工程序。

(2) 对刀时没有输入磨耗值。应在对刀时及时输入磨耗值，从而修正尺寸数值。

(3) 由于切削热的影响，会使工件尺寸发生变化。不能在工件温度较高时测量，如必须测量，应掌握工件的收缩情况，或浇注切削液降低工件温度。

(4) 测量不正确或量具有误差。使用量具前，必须检查和调整零位。

**4. 表面粗糙度不合格的原因与解决的措施**

(1) 车床刚性不足，如传动零件不平衡或主轴太松引起振动。应消除或防止由于车床刚性不足而引起的振动。

(2) 车刀刚性不足或伸出太长而引起振动。应增加车刀刚性和正确装夹车刀。

(3) 工件刚性不足引起振动。应增加工件的装夹刚性。

(4) 切削用量选用不当。进给量不宜太大，精车余量和切削速度应选择恰当。

## 【教】导柱零件的检测过程

### 一、检测原理

**1. 确定方法**

根据零件图 2-1 所示，对导柱零件上的每一项尺寸进行三次检测，然后求取平均值，将最终检测结果填入表 2-6 中。

**2. 确定量具**

0～150mm 游标卡尺 1 把，0～25mm 千分尺 1 把，25～50mm 千分尺 1 把。

### 二、检测流程

量取尺寸→记录数值→求平均值→结果填入表 2-6。

表 2-6　导柱的检测结果

| 尺寸代号 | 实际检测值 | | | 平均值 | 是否合格 |
|---|---|---|---|---|---|
| | 1 | 2 | 3 | | |
| $\phi32_{-0.025}^{0}$ mm | | | | | |
| $\phi27_{-0.021}^{0}$ mm | | | | | |
| $\phi19.5_{-0.021}^{0}$ mm | | | | | |
| $C3$ 倒角 1 处 | | | | | |
| $C1$ 倒角 3 处 | | | | | |
| 62mm | | | | | |
| 33mm | | | | | |
| 5mm | | | | | |
| (100±0.1)mm | | | | | |
| $Ra1.6\mu m$ | | | | | |
| $Ra6.3\mu m$ | | | | | |
| 不合格的原因及解决措施 | | | | | |

## 【做】进行导柱零件的检测

按照表 2-7 的相关要求，进行导柱零件的检测。

表 2-7　导柱零件检测过程记录卡

<table>
<tr><td colspan="2">一、检测过程<br>1. 导柱零件的检测过程为____________________。<br>① 量取尺寸　②记录数值　③求平均值　④结果填表<br>2. 导柱零件检测所需量具有________________。（千分尺、百分表、游标卡尺、钢直尺）</td></tr>
<tr><td>二、所需设备、量具和卡具</td><td>三、检测步骤</td></tr>
<tr><td colspan="2">四、注意事项<br>(1) 不能在游标卡尺尺身处做记号或打钢印。<br>(2) 使用千分尺时，要慢慢转动微分筒，不要握住微分筒摇动。<br>(3) 不允许测量运动的工件。</td></tr>
<tr><td colspan="2">五、检测过程分析</td></tr>
<tr><td>出现的问题：</td><td>原因与解决方案：</td></tr>
</table>

导柱的质量检测与分析(1)

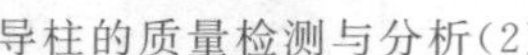
导柱的质量检测与分析(2)

导柱的质量检测与分析(3)

## 【评】导柱零件检测方案评价

根据表 2-7 中记录的内容,对导柱零件的检测过程进行评价。导柱零件的检测过程评价见表 2-8。

表 2-8 导柱零件的检测过程评价表

| 项目 | 内容 | | 分值 | 评价方式 | | | 备注 |
|---|---|---|---|---|---|---|---|
| | | | | 自评 | 互评 | 师评 | |
| 检测方法 | 外圆尺寸 | $\phi 32_{-0.025}^{0}$ mm | 8 | | | | 严格按照所需量具的操作规程完成导柱的检测 |
| | | $\phi 27_{-0.021}^{0}$ mm | 8 | | | | |
| | | $\phi 19.5_{-0.021}^{0}$ mm | 8 | | | | |
| | 长度尺寸 | 62mm | 6 | | | | |
| | | 33mm | 6 | | | | |
| | | 5mm | 6 | | | | |
| | | (100±0.1)mm | 6 | | | | |
| | 倒角 | C3 倒角 1 处 | 2 | | | | |
| | | C1 倒角 3 处 | 6 | | | | |
| | 粗糙度 | $Ra1.6\mu m$ | 3 | | | | |
| | | $Ra6.3\mu m$ | 1 | | | | |
| 检测步骤 | 量具选择是否正确 | | 10 | | | | 按要求进行规范操作 |
| | 检测过程是否正确 | | 10 | | | | |
| 职业素养 | 量具维护和保养 | | 5 | | | | 按照 7S 管理要求规范现场 |
| | 工具定置管理 | | 5 | | | | |
| | 安全文明操作 | | 10 | | | | |
| 合计 | | | 100 | | | | |
| 综合评价 | | | | | | | |

# 【练】综合训练

## 一、填空题

1. 常用的游标卡尺测量范围有________、________、________等几种。
2. 千分尺检测时有________和________两种方式。

## 二、判断题

1. 检测前,应该擦拭干净工件的接触表面。 (　　)
2. 使用千分尺,当接近被测尺寸时,不要拧微分筒,应当拧棘轮。 (　　)
3. 游标卡尺读整数时,在尺身上读出位于游标零线左边最接近的整数值。 (　　)

## 三、选择题

1. 读数时,视线必须与游标卡尺的刻度面(　　),保证读数的正确性。

   A. 平行　　B. 垂直　　C. 倾斜　　D. 以上都可以

2. 千分尺按照用途进行分类,能够测量孔深的千分尺是(　　)。

   A. 深度千尺　　B. 壁厚千分尺

   C. 尖头千分尺　　D. 法线千分尺

## 四、简答题

1. 车削轴类零件时,尺寸精度不合格的原因是什么？如何预防？
2. 车削轴类零件时,圆柱度超差的原因是什么？如何预防？
3. 车削轴类零件时,表面粗糙度差的原因是什么？如何预防？

# 项目3

# 圆锥类零件加工

教学目标

(1) 知道圆锥类零件切削参数的确定方法。
(2) 学会圆锥类零件的数据处理及工艺安排。
(3) 学会G71粗车复合指令的应用,以及精加工循环指令G70的应用。
(4) 学会前置顶尖零件的程序编制及车削方法。
(5) 能对前置顶尖零件进行检测与质量分析。

典型任务

对某企业前置顶尖样件进行数控车削加工。

## 任务1 前置顶尖的加工工艺分析

学习目标

(1) 认识圆锥类零件的作用、分类及特点。
(2) 学会车削外圆和锥面时车刀的选取。
(3) 学会制定前置顶尖的加工工艺。
(4) 能计算圆锥各节点的尺寸坐标。
(5) 能区分并合理选择粗、精加工的切削用量。

对前置顶尖零件进行加工工艺方案设计，零件图样如图 3-1 所示。

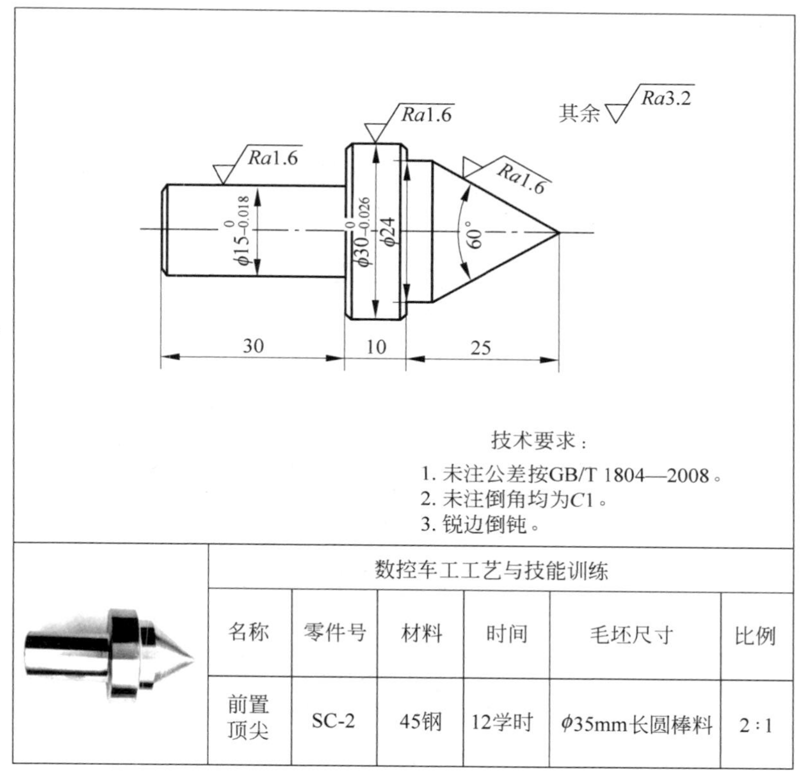


| 数控车工工艺与技能训练 | | | | | |
|---|---|---|---|---|---|
| 名称 | 零件号 | 材料 | 时间 | 毛坯尺寸 | 比例 |
| 前置顶尖 | SC-2 | 45钢 | 12学时 | φ35mm长圆棒料 | 2∶1 |

图 3-1　前置顶尖

## 【学】圆锥类零件的基础知识

### 一、圆锥概述

#### 1. 圆锥面的配合

圆锥面的配合不仅在车床上应用广泛，在整个机械加工行业都被广泛采用，如图 3-2 所示，其优点如下。

(1) 当圆锥角较小(在 3°以下)时，可以传递很大的扭矩。

(2) 装卸方便，虽经多次装卸，仍能做到无间隙配合。

(3) 圆锥配合，同轴度较高。

#### 2. 标准圆锥

1) 莫氏圆锥

莫氏圆锥在机器制造业中应用广泛。如钻头、绞刀、顶尖的柄部、主轴锥孔和尾座锥

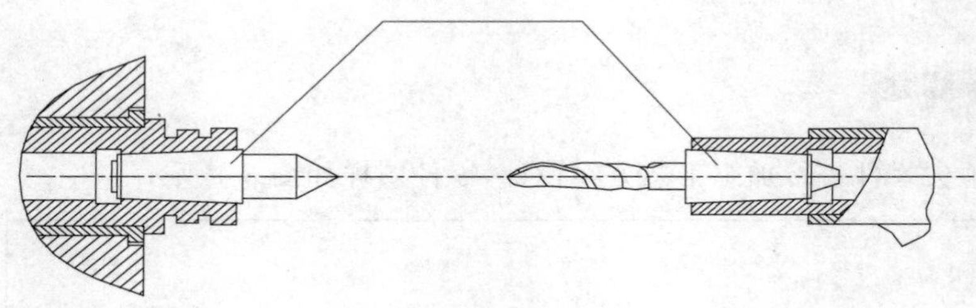

图 3-2 圆锥面配合

孔都采用莫氏圆锥。莫氏圆锥按尺寸由大到小有 0、1、2、3、4、5、6 七个号码。例如，CA6140 车床主轴锥孔是莫氏 6 号，尾座锥孔是莫氏 5 号。莫氏圆锥锥度见表 3-1。

表 3-1 莫氏圆锥锥度

| 圆锥符号 | | 大端直径/mm | 小端直径/mm |
|---|---|---|---|
| 莫氏圆锥 | 0 | 9.045 | 6.115 |
| | 1 | 12.065 | 8.972 |
| | 2 | 17.780 | 14.059 |
| | 3 | 23.825 | 19.131 |
| | 4 | 31.267 | 25.154 |
| | 5 | 44.399 | 36.547 |
| | 6 | 63.348 | 52.419 |

2）米制圆锥

米制圆锥有 4、6、80、100、120、160、200 七个号码。它的号码是指大端直径，锥度固定不变，为 1∶20，这也是米制圆锥跟莫氏圆锥的一个区别。

**3. 锥面各部分的名称**

1）圆锥面的形成

如图 3-3 所示，当直角三角形 $ABC$ 绕直角边 $AC$ 旋转一周，斜边 $AB$ 形成的空间轨迹所包围的几何体就是一个圆锥体，$AB$ 形成的表面叫圆锥面，$AB$ 为圆锥的素线（或母线）。若圆锥体的顶端被截去一部分，就成为圆锥台（或圆锥体）。圆锥面有外圆锥面和内圆锥面两种，具有外圆锥面的称为圆锥体，具有内圆锥面的称为圆锥孔。

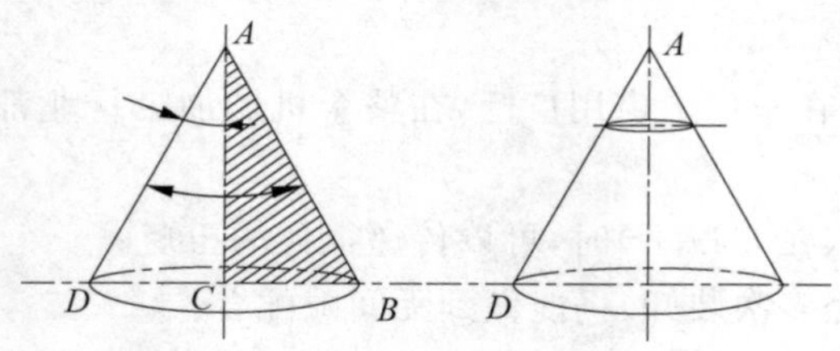


图 3-3 圆锥面

2）圆锥各部分的名称

圆锥各部分的名称见表 3-2。

表 3-2 圆锥名称

| 术 语 | 代号 | 定 义 |
|---|---|---|
| 圆锥半角 | $\alpha/2$ | 圆锥半角的一半 |
| 大端直径 | $D$ | 圆锥中最长的直径 |
| 小端直径 | $d$ | 圆锥中最短的直径 |
| 圆锥长度 | $L$ | 圆锥大端直径和小端直径之间的垂直距离 |
| 锥度 | $C$ | 圆锥大端直径与小端直径之差和圆锥长度之比 |

## 二、数控车削加工工艺的制定

零件的工艺分析是数控车削加工工艺制定的首要工作，主要包括以下几项内容。

### 1. 零件结构工艺性分析

零件的结构工艺性是指零件对加工方法的适应性，即所设计的零件结构应便于加工成形，也就是根据数控车削加工的特点来审视零件结构的合理性。图 3-4 所示为零件结构工艺性示例。

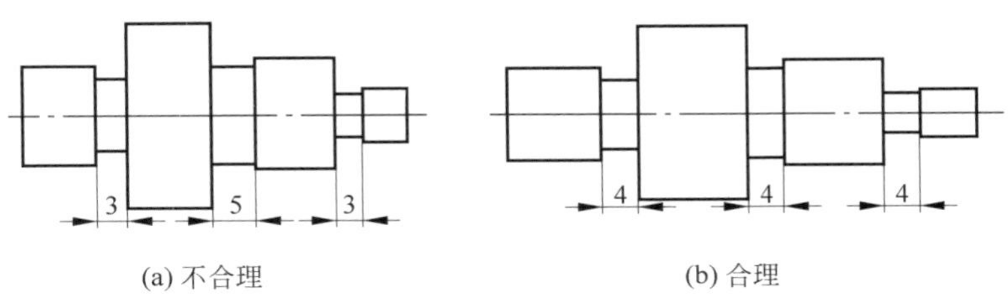


图 3-4 零件结构工艺性示例

### 2. 确定刀具的进给路线

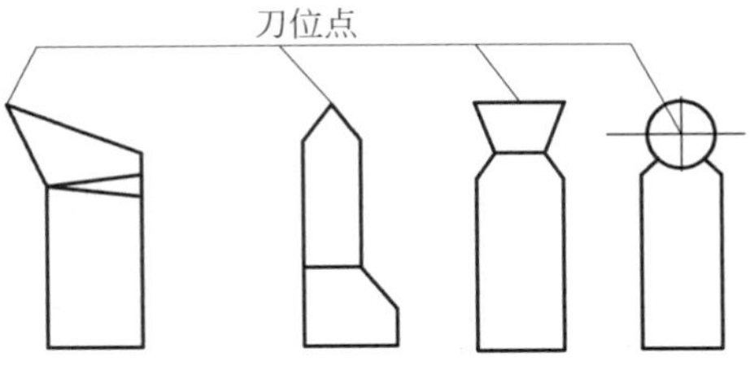

1）进给路线的确定原则

在数控加工中刀具的刀位点（如图 3-5 所示）相对零件运动的轨迹称为进给路线。

编程时加工进给路线的确定原则如下。

（1）进给路线应该保证被加工零件的精度和表面粗糙度，且效率较高。

（2）数字便于计算，以减少编程工作量。

（3）应使加工路线最短，这样既可减少程序段，又可减少空刀时间。

图 3-5 车刀的刀位点

2）最短空行程的切削进给路线

在安排粗加工或半精加工的切削加工路线时，应同时考虑被加工零件的刚性与加工工艺性要求，另外，在确定加工路线时，还要考虑工件的加工余量和车床、刀具的刚度等情况，以确定是一次进给还是分多次进给来完成零件的加工。

### 3. 加工阶段的划分

划分加工阶段的目的是为了保证加工质量、合理使用设备、便于及时发现毛坯缺陷及便于安排热处理工序。

当零件的加工质量要求较高时，往往不可能用一道工序来满足其加工要求，而要用几道工序逐步达到所要求的加工质量。为保证加工质量，且合理地使用设备、人力，零件的加工过程按照工序性质不同，可分为粗加工、半精加工、精加工和光整加工四个阶段。

（1）粗加工阶段。大量切除多余的金属，提高生产效率。

（2）半精加工阶段。使表面达到一定的精度，留有一定的精加工余量。

（3）精加工阶段。保证零件的尺寸精度和表面粗糙度。

（4）光整阶段。对零件上要求很高的表面，需要进行光整加工，以提高尺寸精度和减小表面粗糙度。此法不宜用来提高位置精度。

**4．工序划分原则**

在数控车床上加工零件，应按照工序集中原则划分工序，在一次安装下尽可能完成大部分甚至全部表面加工。根据零件结构不同，通常选择外圆＋端面或内孔＋端面完成装夹，并力求设计基准、工艺基准和编程原点的统一，具体包括以下几点。

（1）先粗后精。

（2）先近后远。

（3）先内后外。

（4）程序段最少。

（5）进给路线最短。

**5．加工顺序的安排**

制定零件车削加工工序一般遵循下列原则。

（1）先粗后精。

（2）先近后远。

（3）内外交叉。

（4）基准先行。

**6．进给路线的确定**

在数控车床上车削外圆锥时常用的有三种进给路线，如图 3-6 所示。

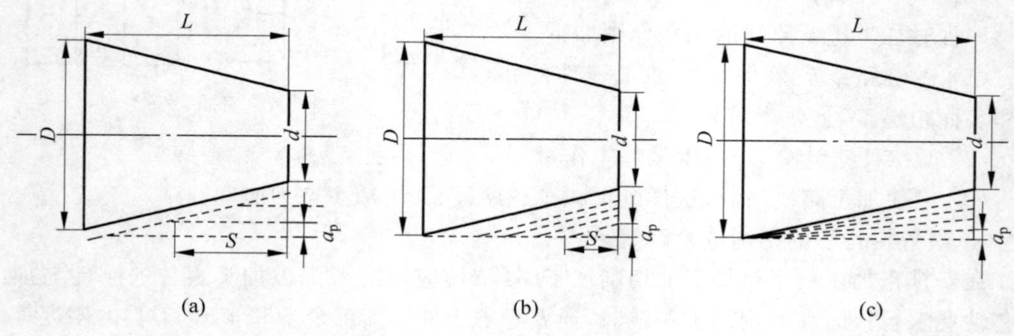


图 3-6　圆锥的加工路线

1）阶梯切削路线

图 3-7 所示的阶梯切削路线，二刀粗车，最后一刀精车，粗车的终刀距 $S$ 要精确地计算，可由相似三角形计算得出。

$$\frac{\frac{D-d}{2}}{L}=\frac{\frac{D-d}{2}-a_p}{S}$$

$$S=\frac{L\left(\frac{D-d}{2}-a_p\right)}{\frac{D-d}{2}}$$

此种加工路线，粗车时，刀具背吃刀量相同，精车时，背吃刀量不同，刀具切削运动的路线最短。

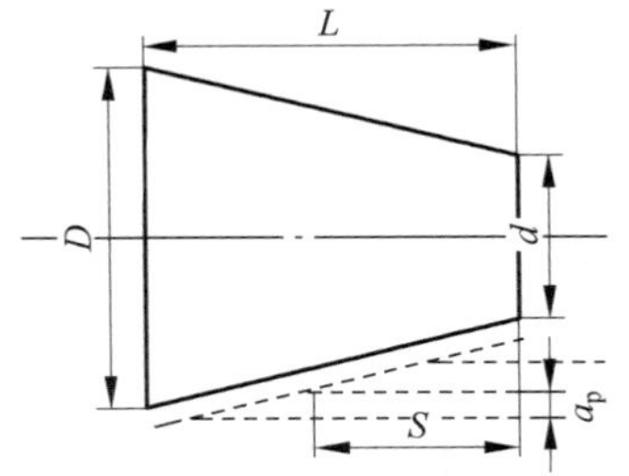


图 3-7　阶梯加工路线图

2）相似三角形切削路线

图 3-8 所示的相似斜线切削路线，也需计算粗车时终刀距 $S$，可由相似三角形求得：

$$\frac{D-d}{2L}=\frac{a_p}{S}$$

$$S=\frac{2L\times a_p}{D-d}$$

按此种加工路线，刀具切削运动的距离较短，精车余量均匀，但计算耗时较多。

3）三角形切削路线

图 3-9 所示的斜线加工路线，只需确定每次背吃刀量 $a_p$，而不需要计算终刀距，编程较方便。缺点是每次切削背吃刀量都是变化的，且刀具切削运动的路线较长。

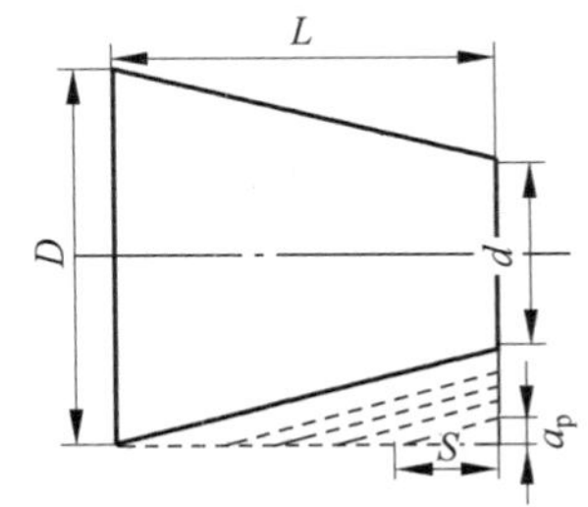


图 3-8　相似三角形加工路线图

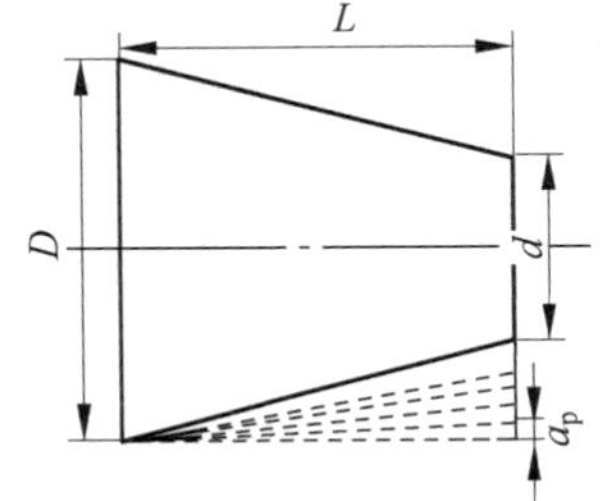


图 3-9　三角形加工路线图

## 【教】前置顶尖加工工艺方案设计

### 一、任务分析

设计图 3-1 所示前置顶尖零件的数控车加工工艺方案。

**1. 图样分析**

前置顶尖零件需要加工左端面和车削 $\phi$15mm、$\phi$24mm 和 $\phi$30mm 的外圆柱面及 3 处 $C1$ 倒角和一个 60°的圆锥面，其外圆柱表面粗糙度均为 $Ra1.6\mu m$，同时还需要保证长度尺寸 30mm、10mm、25mm。总之，前置顶尖零件结构简单，但尺寸精度和表面粗糙度要求较高，综合考虑，该零件采用三爪自定心卡盘装夹。

**2. 确定刀具**

所需刀具见表 3-3。

表 3-3 刀具及用途

| 刀具名称 | 数量 | 用　途 |
|---|---|---|
| 90°外圆车刀 | 2 | 粗、精车 ϕ30mm 外圆、ϕ24mm 外圆、圆锥面、一处 C1 |
| 切断刀(4mm) | 1 | 切断保证总长 65mm、切槽 |
| 35°左偏刀 | 2 | 粗精车 ϕ15mm 外圆、两处 C1 |

**3. 确定切削用量**

切削用量选取见表 3-4。

表 3-4 切削用量

| 工 序 过 程 | 主轴转速/(r/min) | 背吃刀量/mm | 进给量/(mm/r) |
|---|---|---|---|
| 粗加工 | 600 | 1 | 0.25 |
| 精加工 | 1200 | 0.25 | 0.1 |
| 切断和切槽 | 300 | 4 | 0.05 |

**4. 确定工件毛坯**

工件各台阶之间直径相差较小,毛坯可采用长圆棒料下料后加工,毛坯材质为 45 钢,规格为 ϕ35mm×120mm 长圆棒料。

## 二、工艺方案

根据前置顶尖零件图样要求,确定工艺方案如下。

(1) 三爪自定心卡盘夹持 ϕ35mm 右端毛坯外圆,使工件伸出卡盘 80mm。

(2) 车削端面,粗车 60°圆锥面、ϕ30mm×10mm,直径方向留 0.5mm 精车余量。

(3) 精车 60°圆锥面、ϕ30mm×10mm 至尺寸,最后车一处 C1 倒角。

(4) 切槽 ϕ13mm×8mm。

(5) 粗车 ϕ15mm×30mm 外圆,直径方向留 0.5mm 余量。

(6) 精车 ϕ15mm×30mm 外圆至尺寸,倒角两处 C1。

(7) 切断,保证总长 65mm,切断工件。

## 【练】综合训练

一、填空题

1. 常用标准工具圆锥有______和______两种。

2. 莫氏圆锥有 0～6 号七种型号,其中最小的是______,最大的是______。

3. 圆锥可分为______和______。

二、判断题

1. 前置顶尖用来装夹细长轴类零件。 (　　)

2. 45°端面刀用来车端面时,一般由中心向外缘进给。 (　　)

3. 锥度与锥角的标准化，对保证圆锥配合的互换性具有重要意义。 ( )

4. 车床主轴锥孔与前顶尖锥柄的配合以及车床尾座锥孔与麻花钻锥柄的配合都属于圆锥配合。 ( )

三、选择题

1. 圆锥类零件一般由(　　)倒角和圆柱面等部分组成。

A. 圆锥面　　B. 台阶　　C. 退刀槽　　D. 端面

2. 圆锥零件有(　　)的作用。

A. 可自动定心　　B. 可传递较大转矩　　C. 可无间隙配合　　D. 可支持零件

四、简答题

1. 简述圆锥面配合的优点。

2. 数控车削加工工艺的制定有哪些内容?

3. 简述圆锥各部分的名称及表示。

## 任务2　前置顶尖加工程序的编制

(1) 学会G71复合循环指令在零件加工中的应用。

(2) 掌握使用G71编程时的技巧和注意事项。

(3) 能制定前置顶尖零件的加工工艺。

(4) 学会编写前置顶尖零件的加工程序。

任务描述

对前置顶尖零件进行加工工艺卡片的制定及程序的编写，零件图样如图3-1所示。

## 【学】圆锥类零件程序编写的相关知识

### 一、G71内外圆粗车复合循环指令

G71内外圆粗车复合循环指令又称矩形复合循环指令，适用于车削棒料毛坯的外径和内径。在G71指令后描述零件的精加工轮廓，CNC系统根据加工程序所描述的轮廓形状，以及G71指令内的各个参数自动生成加工路线，将粗加工待切除余料切削完成。

**1. 指令格式**

```
G71 U(Δd) R(e)
G71 P(ns) Q(nf) U(ΔU) W(ΔW) F(Δf) S(Δs) T(t)
N(ns) ……
```

```
…… F(f) S(s)
……
N(nf) ……
```

**2. 指令说明**

Δd：*X* 方向进刀量(半径值指定)；

e：退刀量；

ns：精加工路线的第一个程序段段号；

nf：精加工路线的最后一个程序段段号；

ΔU：*X* 方向的精加工余量(直径值指定)；

ΔW：*Z* 方向的精加工余量；

Δf：粗车时的进给量；

Δs：粗车时的主轴转速(可省)；

t：粗车时所用的刀具(可省)；

f：精车时的进给量；

s：精车时的主轴转速。

**3. 加工轨迹**

G71 指令的加工轨迹如图 3-10 所示。

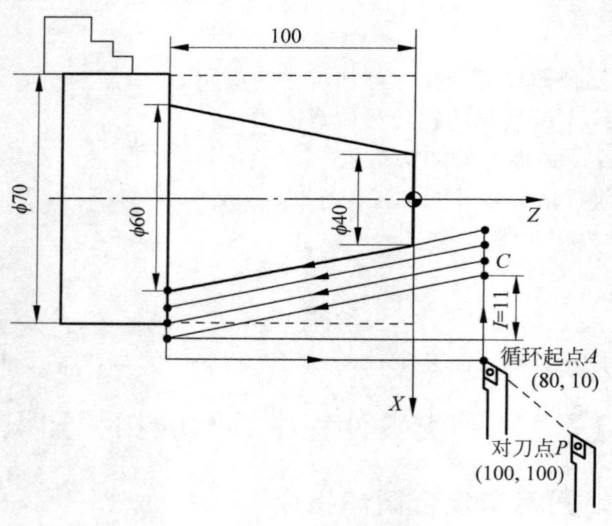


图 3-10　G71 粗加工轨迹图

(1) 刀具从起点 *A* 点快速移动到 *C* 点，*X* 轴移动 ΔU、*Z* 轴移动 ΔW；

(2) 从 *C* 点开始向 *X* 轴移动 Δd(进刀)；

(3) 向 *Z* 轴切削进给到粗车轮廓；

(4) *X* 轴、*Z* 轴按切削进给速度退刀 e(45°直线)；

(5) *Z* 轴以快速退回到与 *C* 点 *Z* 轴绝对坐标相同的位置；

(6) *X* 轴再次进刀(Δd＋e)；

(7) 重复执行(3)～(6)；

(8) 直到 X 轴进刀至 $C'$点；然后执行(9)；

(9) 沿粗车轮廓从 $C'$点切削进给至 $D$ 点；

(10) 从 $D$ 点快速移动到 $A$ 点，G71 循环指令执行结束，程序跳转到 nf 程序段的下一个程序段执行。

**4. 注意事项**

(1) ns～nf 程序段必须紧跟在 G71 程序段后编写。

(2) 执行 G71 粗加工指令时，G71 程序段中的 F、S、T 有效，ns～nf 程序段中的 F、S、T 无效，ns～nf 程序段中的 F、S、T 只在执行 G70 精加工指令时有效。

(3) ns 程序段中的 G00、G01 指令只能含 X 地址符。

(4) 精车轨迹(ns～nf 程序段)，$X$ 轴、$Z$ 轴的尺寸大小都必须呈单调递增或单调递减。

(5) ns～nf 程序段中，不能包含子程序。

## 二、G70 精加工循环指令

**1. 指令格式**

```
G70 P(ns)Q(nf);
```

**2. 指令说明**

ns：指定精加工路线第一个程序段的顺序号。

nf：指定精加工路线最后一个程序段的顺序号。

**3. 编程实例**

如图 3-11 所示，该零件属于典型的阶梯轴类零件，适合用数控车床进行加工。假设粗车时，背吃刀量(单边)取值 1.5mm，退刀量取值 1mm，主轴转速取值 800r/min，F 取值 120mm/min；精车时，$X$ 方向精加工余量 0.5mm(双边)，$Z$ 方向不留加工余量，主轴转速取值 1200/min，F 取值 80mm/min。粗车刀具为 1 号外圆刀，精车刀具为 2 号外圆刀。

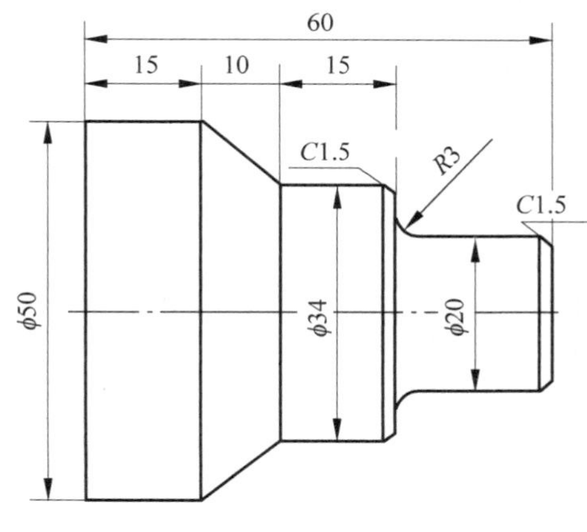


图 3-11 锥面阶梯轴

零件毛坯尺寸为 $\phi$52mm×100mm，编写加工程序见表 3-5。

表 3-5 参考程序

| 程序号 | 程 序 | 说 明 |
|---|---|---|
| | O0001 | 程序名 |
| N10 | G00 X100 Z100； | 快速移动至换刀点 |
| N20 | M03 S800 T0101； | 主轴正转 800r/min，换 1 号刀 1 号刀补 |
| N30 | G00 X53 Z2； | 定义循环起点 |
| N40 | G71 U1.5 R1； | 定义粗车参数 |
| N50 | G71 P60 Q160 U0.5 F120； | |
| N60 | G00 X17； | 定义精加工轨迹 |
| N70 | G01 Z0 F80； | |
| N80 | X20 Z−1.5； | |
| N90 | Z−17； | |
| N100 | G02 X26 Z−20 R3； | |
| N110 | G01 X31； | |
| N120 | X34 W−1.5； | |
| N130 | W−13.5； | |
| N140 | X50 W−10； | |
| N150 | W−15； | |
| N160 | X54； | |
| N170 | G00 X100 Z100； | 快速移动至换刀位置 |
| N180 | M05； | 主轴停止 |
| N190 | M00； | 程序停止 |
| N200 | M03 S1200 T0202； | 主轴正转 1200r/min，2 号刀 2 号刀补 |
| N210 | G00 X53 Z2； | 定义循环起点 |
| N220 | G70 P60 Q160； | 精车零件外轮廓 |
| N230 | G00 X100 Z100； | 退刀 |
| N240 | M30； | 程序结束 |

## 三、圆锥面切削 G90 指令

### 1. 指令格式及说明

G90 X(U)__ Z(W)__ R__ F__；

说明：R 为圆锥面切削起点（*B* 点）的半径值与切削终点（*C* 点）的半径值的差值，R 通常为负值，如图 3-12 所示。

### 2. 编程实例

利用圆锥面切削单一固定循环指令编写粗、精加工程序加工图 3-13 所示圆锥台零件。程序见表 3-6。

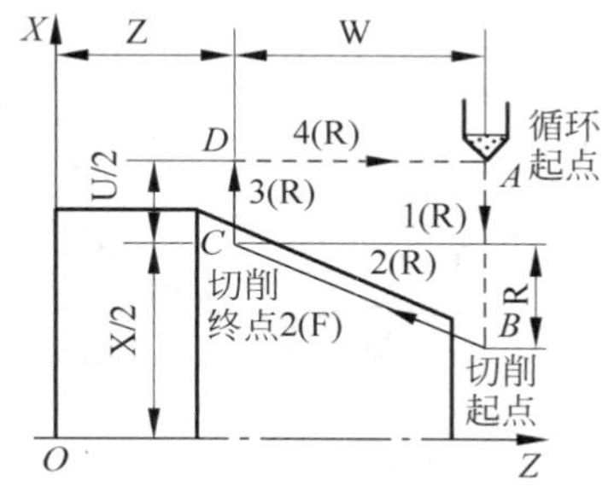

图 3-12　G90 加工锥面轨迹图

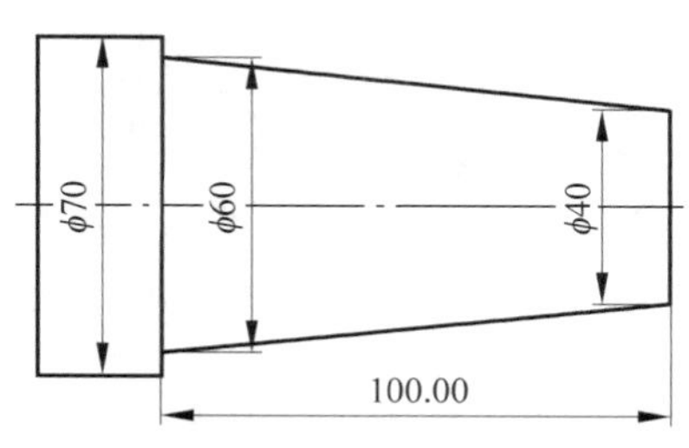


图 3-13　圆锥台

表 3-6　参考程序

| 程序号 | 程 序 内 容 | 程 序 说 明 |
|---|---|---|
| | O0003 | 程序名 |
| N10 | G00 X100.0 Z100.0; | 移动到换刀位置 |
| N20 | M03 S1000 T0101; | 主轴正转 1000r/min,1 号刀 1 号刀补 |
| N30 | G00 X80.0 Z10.0 M08; | 定义循环起点,开冷却液 |
| N40 | G90 X75.0 Z−100.0 R−11.0 F200; | 车锥面 |
| N50 | X70.0; | 车锥面 |
| N60 | X65.0; | 车锥面 |
| N70 | X60.0; | 车锥面 |
| N80 | G00 X100.0 Z100.0 M09; | 退刀,关冷却液 |
| N90 | M05; | 主轴停止 |
| N100 | M30; | 程序结束 |

## 四、刀尖圆弧半径补偿指令

### 1. 刀尖半径补偿原因

数控车床是按车刀刀尖对刀的,在实际加工中,由于刀具产生磨损及精加工时车刀刀尖磨成半径不大的圆弧,因此车刀的刀尖不可能绝对尖,总有一个小圆弧,所以对刀刀尖的位置是一个假想刀尖 $A$,如图 3-14 所示,编程时是按假想刀尖轨迹编程,即工件轮廓与假想刀尖 $A$ 重合,车削时实际起作用的切削刃却是圆弧的各个切点,这样就会引起加工表面形状误差。

车内外圆柱、端面时无误差产生,实际切削刃的轨迹与工件轮廓轨迹一致。车锥面时,工件轮廓(编程轨迹)与实际形状(实际切削刃)有误差,如图 3-15 所示。同样,车削外圆弧面也会产生误差,如图 3-16 所示。

若工件要求不高或留有精加工余量,可忽略此误差;否则应考虑刀尖圆弧半径对工件形状的影响。

为保持工件轮廓形状,加工时不允许刀具中心轨迹与被加

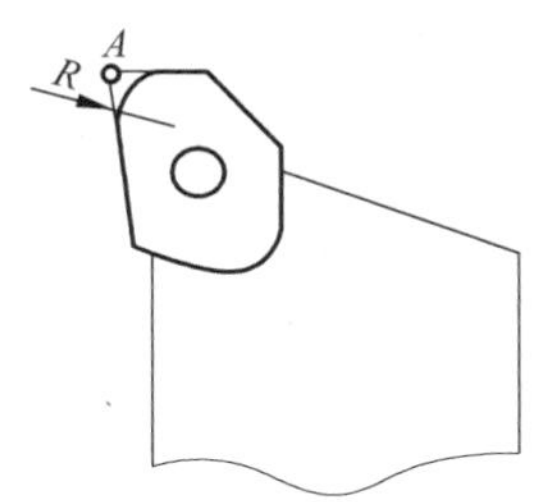


图 3-14　假想刀尖

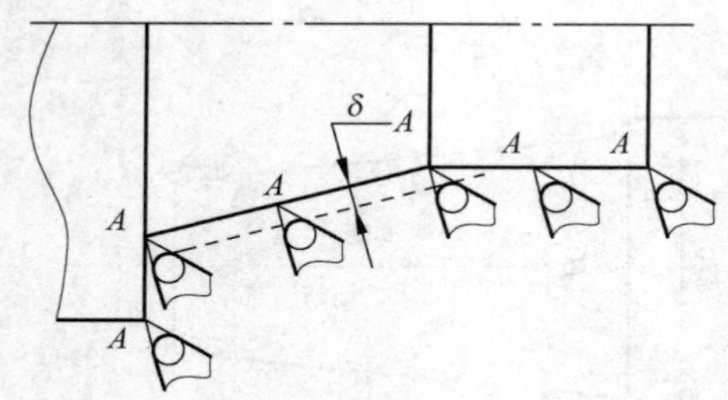


图 3-15 车削锥面产生的误差

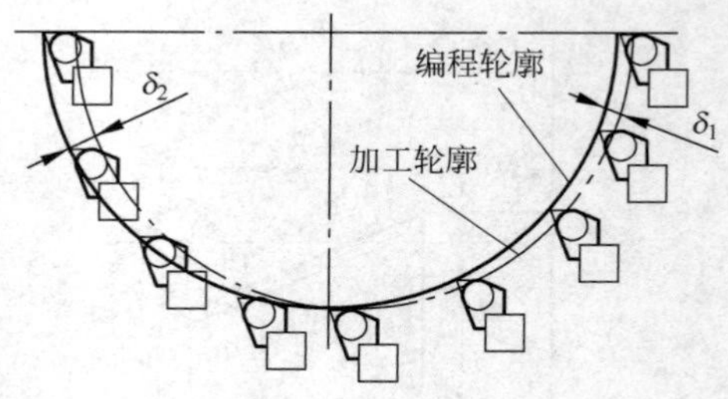


图 3-16 车削圆弧产生的误差

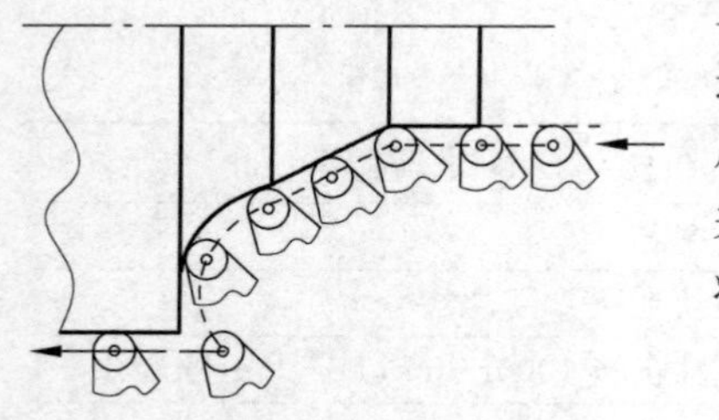

图3-17 半径补偿后刀具的运动轨迹

工工件轮廓重合，而应与工件轮廓偏移一个半径值 $R$，这种偏移称为刀尖半径补偿。采用刀尖半径补偿功能后，编程者仍按工件轮廓编程，数控系统计算刀尖轨迹，并按刀尖轨迹运动，从而消除了刀尖圆弧半径对工件形状的影响，如图 3-17 所示。

**2. G40、G41、G42 指令及运用**

指令格式：

```
G41/G42/G40 G00/G01 X __ Z __ F __;
```

指令说明如下。

G40：刀具半径补偿取消指令，使用该指令后，G40、41、G42 指令无效。

G41：刀具半径左补偿指令，即沿刀具运动方向看，刀具位于工件左侧时的刀具半径补偿。

G42：刀具半径右补偿指令，即沿刀具运动方向看，刀具位于工件右侧时的刀具半径补偿。

判别方法如图 3-18 所示。对于数控车床来讲，由于刀架的位置有前置和后置两种情况，所以差别示意图 3-18 中，图(a)为后置刀架，图(b)为前置刀架。

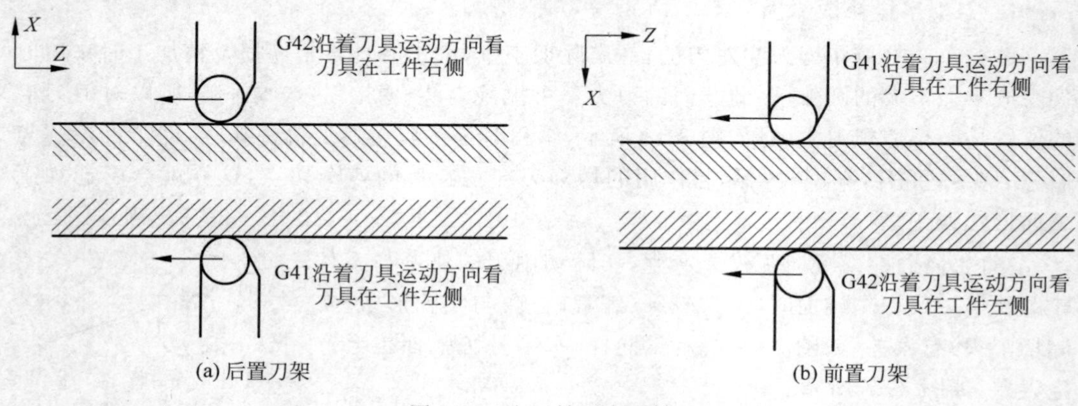


图 3-18 左刀补和右刀补

运用圆弧半径自动补偿时，将 G41/G42/G40 指令插入 G00/G01 程序段任意位置即可。

# 【教】前置顶尖的加工编程

## 一、任务分析

编制图 3-1 所示前置顶尖零件的数控车削加工程序。

### 1. 设备选用

根据零件图要求结合设备情况，可选用 CAK6150/1000（FANUC Series 0*i* Mate-TD）、CAK6150Di（FANUC Series 0*i* Mate-TC）、CAK5085Di（FANUC Series 0*i* Mate-TD）型卧式经济型数控车床。

### 2. 确定切削参数

（1）车削端面时，$n=1200\text{r/min}$，用手轮控制进给速度。

（2）粗车外圆时，$a_p=1\text{mm}$，$n=600\text{r/min}$，$v_f=0.25\text{mm/r}$。

（3）精车外圆时，$a_p=0.5\text{mm}$，$n=1200\text{r/min}$，$v_f=0.1\text{mm/r}$。

（4）切断切槽时，$a_p=4\text{mm}$，$n=300\text{r/min}$，$v_f=0.05\text{mm/r}$。

### 3. 数据处理

根据图 3-19 所示，计算零件各连接处基点的坐标值。

由于 $B$ 点坐标值计算较复杂，所以本节对 $B$ 点坐标值进行详细讲解，如图 3-20 所示。

如图 3-21 所示，在 Rt$\triangle ABC$ 中，$\angle C=90°$，$\sin A=a/c$，$\cos A=b/c$，$\tan A=a/b$，$\cot A=b/a$。

通过查表 3-7 及计算，可得 $\sqrt{3}=1.732$，$\tan 30°=\frac{\sqrt{3}}{3}=0.577$。

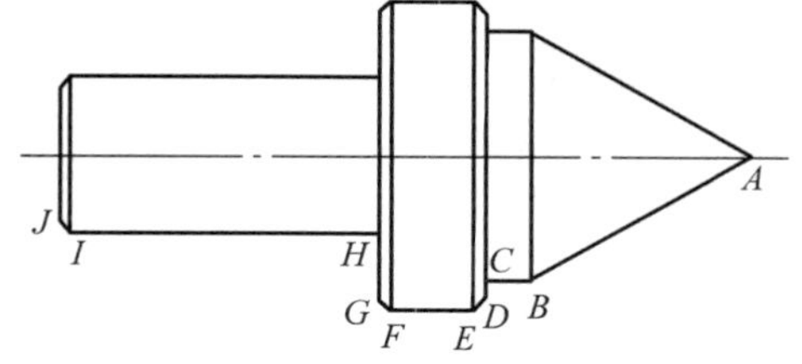


图 3-19　圆锥零件坐标点

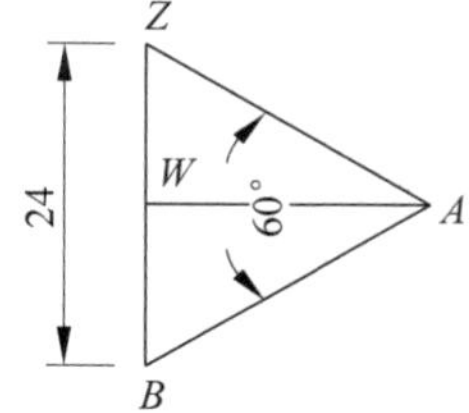


图 3-20　圆锥零件部分

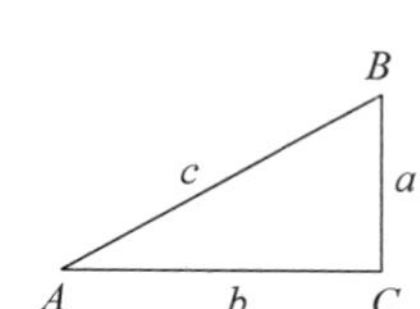


图 3-21　直角三角形

表 3-7　特殊函数值

| 三角函数 \ 值 | 0° | 30° | 45° | 60° | 90° |
|---|---|---|---|---|---|
| $\sin\alpha$ | 0 | $\frac{1}{2}$ | $\frac{\sqrt{2}}{2}$ | $\frac{\sqrt{3}}{2}$ | 1 |
| $\cos\alpha$ | 1 | $\frac{\sqrt{3}}{2}$ | $\frac{\sqrt{2}}{2}$ | $\frac{1}{2}$ | 0 |
| $\tan\alpha$ | 0 | $\frac{\sqrt{3}}{3}$ | 1 | $\sqrt{3}$ | 不存在 |
| $\cot\alpha$ | 不存在 | $\sqrt{3}$ | 1 | $\frac{\sqrt{3}}{3}$ | 0 |

因为 $\overline{ZW}=12$，$\angle ZAW=30°$，$\tan\angle ZAW = \tan 30° = 0.577 = \overline{ZW}/\overline{AW}$

所以 $\overline{AW}=\overline{ZW}\div 0.577=12\div 0.577=20.8$。

因此得到 $B$ 点坐标值为(24，−20.8)。图 3-19 中各节点的坐标值见表 3-8。

表 3-8 零件各节点坐标值

| 坐标点 | $X$ 坐标值 | $Z$ 坐标值 |
|---|---|---|
| $A$ | 0 | 0 |
| $B$ | 24 | −20.8 |
| $C$ | 24 | −25 |
| $D$ | 28 | −25 |
| $E$ | 30 | −26 |
| $F$ | 30 | −34 |
| $G$ | 28 | −35 |
| $H$ | 15 | −35 |
| $I$ | 15 | −64 |
| $J$ | 13 | −65 |

## 二、程序编制

### 1. 填写工艺卡片

综合前面分析的各项内容，填写表 3-9 的数控加工工艺卡。

表 3-9 前置顶尖零件的数控加工工艺卡

| 单位名称 | | | | 产品型号 | | | | |
|---|---|---|---|---|---|---|---|---|
| | | | | 产品名称 | 前置顶尖 | | | |
| 零件号 | 1件 | 材料型号 | 45 钢 | 毛坯规格 | 棒料<br>φ35mm 圆棒料 | | 设备型号 | |
| 工序号 | 工序名称 | 工步号 | 工序工步内容 | 切削参数<br>$n$/(r/min) | $a_p$/mm | $v_f$/(mm/r) | 刀具准备 | |
| 1 | 备料 | | φ35mm 长圆棒料 | | | | | |
| 2 | 车 | 1 | 车工件右端面 | 1200 | 0.5 | 手轮控制 | 90°外圆车刀 | T01 |
| | | 2 | 粗车 φ24mm、φ30mm、圆锥面、一处 C1，直径方向留 0.5mm 精车余量 | 600 | 1 | 0.25 | 90°外圆车刀 | T01 |
| | | 3 | 精车 φ24mm、φ30mm、圆锥面、一处 C1 至合格尺寸 | 1200 | 0.25 | 100 | 90°外圆车刀 | T02 |
| | | 4 | 切 φ13mm × 8mm 工艺槽 | 300 | 4 | 0.05 | 切断刀 | T04 |
| | | 5 | 粗车 φ16mm、两处 C1 | 600 | 1 | 0.25 | 35°左偏刀 | T03 |
| | | 6 | 精车 φ16mm、两处 C1 | 1200 | 0.25 | 0.1 | 35°左偏刀 | T03 |
| | | 7 | 切断 | 300 | 4 | 0.05 | 切断刀 | T04 |

**2. 前置顶尖零件的程序编制**

以沈阳数控车 CAK6150Di(FANUC Series 0*i* Mate-TC 系统)为例，编写前置顶尖零件的加工程序，见表 3-10。

表 3-10 前置顶尖零件程序卡

| 程序号 | 程　　序 | 简 要 说 明 |
|---|---|---|
| | O0004 | 程序名 |
| N10 | T0101; | 换 1 号刀 1 号刀补 |
| N20 | M03 S600; | 主轴正转，转速 600r/min |
| N30 | G00 X37 Z2; | 快速移动到循环起点 |
| N40 | G71 U1 R1; | 采用内外径复合循环指令加工右端轮廓 |
| N50 | G71 P60 Q120 U0.5 W0 F0.25; | |
| N60 | G01 X0 F0.1; | 右端轮廓精加工程序 |
| N70 | G01 Z0; | |
| N80 | G01 X24 Z－20.785; | |
| N90 | G01 Z－25; | |
| N100 | G01 X28; | |
| N110 | G01 X30 Z－26; | |
| N120 | G01 Z－73; | |
| N130 | G00 X100 Z100; | 返回安全的换刀位置 |
| N140 | M05; | 主轴停止 |
| N150 | M00; | 程序暂停 |
| N160 | M03 S1200 T0202; | 主轴正转，转速 1200r/min，换 2 号刀 2 号刀补 |
| N170 | G42 G00 X37 Z2; | 快速移动到循环起点，刀尖半径自动补偿 |
| N180 | G70 P60 Q120; | 精加工左端轮廓 |
| N190 | G00 X100 Z100 G40; | 返回安全的换刀位置，取消刀尖半径补偿 |
| N200 | M05; | 主轴停止 |
| N210 | M00; | 程序停止 |
| N220 | T0404 M03 S300; | 换 3 号刀 3 号刀补，主轴转速 300r/min |
| N230 | G0 X32 Z－69; | 快速定位，准备切槽 |
| N240 | G1 X13 F0.05; | 切槽 |
| N250 | X32 F0.3; | 退刀 |
| N260 | W－4; | *Z* 方向移动 |
| N270 | X13 F0.05; | 切槽 |
| N280 | W4; | 槽底面精加工 |
| N290 | G0 X100; | *X* 方向退刀至换刀位置 |
| N300 | Z100; | *Z* 方向退刀至换刀位置 |
| N310 | M05; | 主轴停止 |
| N320 | M00; | 程序停止，测量零件槽宽槽深 |
| N330 | T0303 M03 S600; | 换 3 号左偏刀 3 号刀补，主轴正转 600r/min |
| N340 | G0 X32 Z－67; | 快速定位至循环起点 |
| N350 | G90 X28 Z－35 F0.25; | 车直径 28mm 的外圆 |
| N360 | X26; | 车直径 26mm 的外圆 |

续表

| 程序号 | 程　序 | 简要说明 |
|---|---|---|
| N370 | X24； | 车直径 24mm 的外圆 |
| N380 | X22； | 车直径 22mm 的外圆 |
| N390 | X20； | 车直径 20mm 的外圆 |
| N400 | X18； | 车直径 18mm 的外圆 |
| N410 | X16.5； | 车直径 16.5mm 的外圆 |
| N420 | G0 X100； | *X* 方向退刀至换刀位置 |
| N430 | Z100； | *Z* 方向退刀至换刀位置 |
| N440 | M03 S1200 T0303； | 主轴正转 1200r/min |
| N450 | G0 X32 Z−67； | 快速定位 |
| N460 | G1 X14 F0.3； | *X* 方向切削进刀 |
| N470 | Z−65 F0.1； | *Z* 方向切削定位 |
| N480 | X16 Z−64； | 倒角 *C*1 |
| N490 | Z−35； | 精车 $\phi$15mm |
| N500 | X28； | 精车台阶 |
| N510 | X32 Z−33； | 倒角 *C*1 |
| N520 | G00 X100； | *X* 方向退刀至换刀位置 |
| N530 | Z100； | *Z* 方向退刀至换刀位置 |
| N540 | M05； | 主轴停止 |
| N550 | M00； | 程序停止，测量零件 $\phi$15mm |
| N560 | T0404 M03 S300； | 换 4 号刀 4 号刀补，主轴正转 300r/min |
| N570 | G00 X32 Z−69； | 快速定位 |
| N580 | X17； | 快速定位 |
| N590 | G01 X0 F0.05； | 切断 |
| N600 | G00 X100； | *X* 方向退刀至换刀位置 |
| N610 | Z100； | *Z* 方向退刀至换刀位置 |
| N620 | M30； | 程序结束 |

## 【练】综合训练

一、填空题

1. 程序指令 G71 P70 Q130 U0.5 W0 F100 中 U0.5 表示________。

2. G70 P1 Q2 中精加工程序的开始程序段号是________。

3. G71 和 G70 循环指令的循环起点一般设 X ________、Z ________。

4. F 指令用于指定________，S 指令用于指定________，T 指令用于指定________；其中 F100 表示________，S800 表示________。

二、判断题

1. FANUC 数控系统中的 G71 指令可以加工凹槽轮廓。　（　）

2. G71 指令可以加个锥面、圆弧、外圆面、内孔。　（　）

3. 数控车床编程的编程原点都在工件右端面中心。　（　）

## 三、选择题

1. (　　)指令可以实现主轴停止。

A. M00　　B. M01　　C. M03　　D. M05

2. G70 P10 Q20 F80 T0202，其进给量是(　　)。

A. 10　　B. 20　　C. 80　　D. 0202

3. 数控车床加工中需要换刀时，程序中应设定(　　)。

A. 参考点　　B. 车床原点　　C. 刀位点　　D. 换刀点

## 四、简答题

1. 根据表 3-11 所示的加工程序，完成下列问题。

表 3-11　程序表

| 程序号 | 程　　序 | 简 要 说 明 |
|---|---|---|
| | O0005 | |
| N10 | G00 X100.0 Z100.0 | |
| N20 | M03 S600 T0101； | |
| N30 | G00 X42 Z2； | |
| N40 | G71 U1 R1； | |
| N50 | G71 P60 Q80 U0.2 W0 F100； | |
| N60 | N10……； | |
| N70 | ……； | |
| N80 | N20……； | |
| N90 | G00 X100 Z100； | |
| N100 | M05； | |
| N110 | M00； | |
| N120 | G00 X42 Z2； | |
| N130 | M03 S1200； | |
| N140 | G70 P60 Q80 F80 T0202； | |
| N150 | G00 X100 Z100； | |
| N160 | M30； | |

(1) G71 表示________，G70 表示________。

(2) N10 表示________，N20 表示________。

(3) 粗加工的进给量________，精加工的进给量________。

(4) 循环起点是________。

(5) M00 表示________。

2. G71 循环指令加工有哪些注意事项？

3. 手动编程的一般步骤是什么？

# 任务3 前置顶尖的车削

(1) 认识圆锥类零件的车削方法。

(2) 学会圆锥类零件的数控车削加工。

对前置顶尖进行数控车削加工工艺路线拟定并完成零件加工。零件图样如图 3-1 所示。

## 【学】轴类零件车削的基础知识

### 一、对刀点位置的选择原则

在数控车削加工中,应首先确定零件的加工原点,以建立准确的加工坐标系,同时要考虑刀具不同尺寸对加工的影响,这些都是需要通过对刀来确定的。

用于确定工件坐标系相对于车床坐标系之间的关系,并与对刀基准点相重合(或经刀补后能重合)的位置称为对刀点。在编制加工程序时,程序原点通常设在对刀点位置。一般情况下,对刀点既是程序执行的起点,也是程序执行的终点。在加工实践中,不管刀具相对于工件运动,还是工件相对于刀具运动,对刀点始终是其运动的起点,即起刀点。对刀点应满足下列条件。

(1) 尽量与工件的工艺基准或设计基准相一致。

(2) 尽量使加工程序的编制工作简单方便。

(3) 便于常规量具和量仪在车床上进行找正。

(4) 该点的对刀误差应较小,或可能引起的加工误差最小。

(5) 尽量使加工程序中的引入路线最短,并便于换刀。

(6) 应选择和车床固定机械间隙状态相适应的位置上,避免在执行其自动补偿时造成反补偿。

(7) 必要时,对刀点可设定在工件的某一要素或其延长线上,或设定在与工件定位基准有一定坐标关系的夹具某位置上。

### 二、刀尖圆弧半径补偿功能的设置

要实现刀尖圆弧半径补偿功能,在加工零件之前必须把刀尖半径补偿的相关数据输入到存储器中,以便数控系统对刀尖的圆弧半径所引起的误差进行自动补偿。

**1. 刀尖半径补偿 *R* 值的设置**

打开刀尖补偿设置页面，如图 3-22 所示，第三列为刀尖半径补偿值的设置表，用于指定刀具的刀尖半径值。

**2. 刀尖半径补偿 *T* 值的设置**

在实际加工中，刀具的切削刃因工艺要求或其他原因造成假想刀尖点与刀尖圆弧中心点有不同的位置关系，因此要正确建立假想刀尖的刀尖方向，也就是指对刀点是刀具的哪个位置。为了使数控系统知道刀具的刀尖方向（安装情况），以便准确进行刀尖半径补偿，数控系统定义了车刀刀尖的位置码。位置码用数字（0～9）表示，如图 3-23 所示。

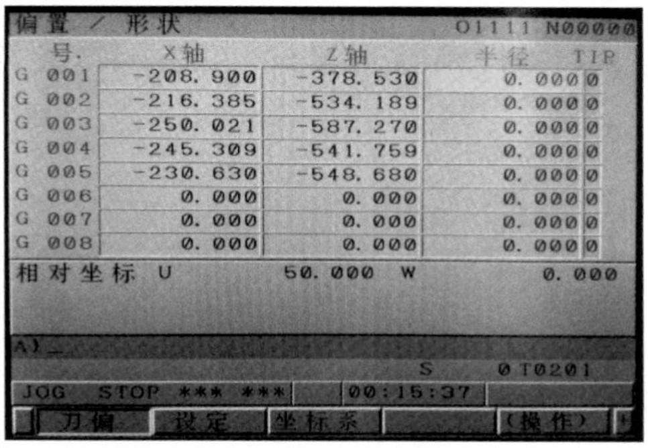
偏置 / 形状 O1111 N00000
号. X轴 Z轴 半径 TIP
G 001 -208.900 -378.530 0.000 0
G 002 -216.385 -534.189 0.000 0
G 003 -250.021 -587.270 0.000 0
G 004 -245.309 -541.759 0.000 0
G 005 -230.630 -548.680 0.000 0
G 006 0.000 0.000 0.000 0
G 007 0.000 0.000 0.000 0
G 008 0.000 0.000 0.000 0
相对坐标 U 50.000 W 0.000
A)_
S 0 T0201
JOG STOP *** *** 00:15:37
刀偏
设定
坐标系
(操作)

图 3-22 刀尖补偿设置页面

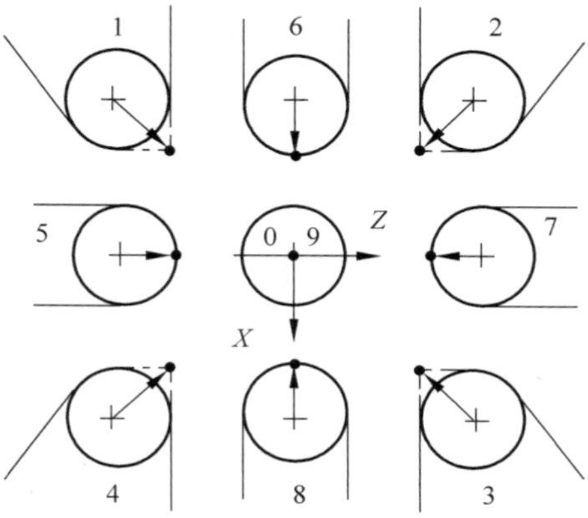
1
6
2
5
0 9
Z
7
X
4
8
3

图 3-23 刀尖方位图

图 3-22 中的 TIP 列即代表刀具刀尖的方向位置，输入相对应的刀尖方位到存储器中，刀尖圆弧半径补偿时即可自动调用，实现精密加工。

**3. 实现刀尖圆弧半径补偿的技巧与禁忌**

（1）前置刀架与后置刀架方式下刀补方向的区别如下。

G41：后置刀架坐标系中指定左刀补，前置刀架坐标系中指定右刀补。

G42：后置刀架坐标系中指定右刀补，前置刀架坐标系中指定左刀补。

（2）前置刀架与后置刀架方式下，不同形状的刀具假想刀尖方位的区别如下。

后置刀架的 1、2、3、4 位置号从第三象限开始，按逆时针方向在各象限编号，5、6、7、8 位置号从 *Z* 轴的负半轴开始按逆时针方向在各坐标轴上编号。前置刀架的 1、2、3、4 位置号从第二象限开始，按顺时针方向在各象限编号；5、6、7、8 位置号从 *Z* 轴的负半轴开始按顺时针方向在各坐标轴上编号。

（3）由于刀具在起刀程序段和撤销刀补程序段中进行偏置过渡运动，因此建议在该程序段不要切入工件轮廓，并且该程序段的终点最好设置在将要加工轮廓的延长线上，与工件之间的距离应大于一个 *R* 值，以免对工件产生误切和撞刀现象的发生。

（4）刀补指令的建立和撤销（刀具偏置过渡运动中），G41、G42、G40 必须跟在 G00 或 G01 的程序段上，不能跟在 G02、G03 指令段上，否则会出现语法错误。

(5) 在调用新刀具之前(执行 T 指令前)必须用 G40 取消刀具半径补偿,目的是避免产生加工误差。

(6) 更改刀具补偿方向时(在程序中前面有了 G41 指令后,不能再直接使用 G42)必须先用 G40 指令解除原补偿状态后,再使用 G42,目的是避免产生加工误差。

(7) 在主程序和子程序中使用刀尖半径补偿时,一定要在调用子程序前(在 M98 之前)用 G40 取消刀尖半径补偿,然后在子程序中再次建立刀补。

(8) 在程序结束前必须指定 G40 取消刀具偏置模式,否则,再次执行程序时刀具轨迹会再次偏离一个刀尖半径值。

(9) 刀尖半径 $R$ 值小,不能输入负值,否则运行轨迹会出错。

(10) 在刀尖半径补偿过程中,程序编制若有两个或两个以上无移动指令的程序段时,刀尖中心会移动到前一程序段的终点并垂直于前一路径的位置,这样刀具可能会对工件下一个轮廓产生过切。

(11) 在 G71,G76 指令不执行刀尖半径补偿,暂时撤销补偿模式。可在 G70 之前编写刀尖半径补偿,通常在趋近起点的运动中编入。

## 【教】前置顶尖的车削加工

### 一、任务分析

车削图 3-1 所示前置顶尖零件。

**1. 确定装夹方案**

根据零件图 3-1 所示,前置顶尖零件上有 1 个端面、3 个外圆柱面、3 处倒角和一个 60°圆锥面,且无形位公差要求,但尺寸精度和表面粗糙度要求较高,因此,该零件采用三爪自定心卡盘装夹。

**2. 确定定位基准**

一次装夹,用 $\phi$35mm 毛坯外圆作为定位基准。

**3. 确定刀具**

综合表 3-12 所分析的内容,填写表 3-12 的刀具卡。

表 3-12 刀具卡

| 实训课题 | | | 项目 3/任务 3 | 零件名称 | 前置顶尖 | 零件图号 | SC-2 |
|---|---|---|---|---|---|---|---|
| 刀号 | 刀位号 | 偏置号 | 刀具名称及规格 | 材质 | 数量 | 刀尖半径 | 假想刀尖 |
| T0101 | 01 | 01 | 35°左偏外圆车刀 | 硬质合金 | 1 | 0.8 | 3 |
| T0202 | 02 | 02 | 90°右偏外圆车刀 | 硬质合金 | 1 | 0.4 | 3 |
| T0303 | 03 | 03 | 35°左偏外圆车刀 | 硬质合金 | 1 | 0.4 | |
| T0404 | 04 | 04 | 切断车刀(宽 4mm) | 硬质合金 | 1 | | |

## 二、加工路线拟定

根据零件图样要求和毛坯情况，确定前置顶尖加工路线方案如下。

**1. 检查阶段**

(1) 检查毛坯的材料、直径和长度是否符合要求。

(2) 检查车床的开关按钮有无异常。

(3) 开启电源开关。

**2. 准备阶段**

(1) 夹持 $\phi35$mm 毛坯外圆，留在卡盘外的长度应大于 80mm。

(2) 按表 3-12 要求，分别安装 90°硬质合金右偏刀、35°硬质合金左偏刀、硬质合金切断刀至对应刀位。

(3) 程序录入。

(4) 程序模拟。

(5) 用 90°硬质合金右偏刀手动车削右端面(光整即可)。

(6) 参考项目 1 任务 5 的对刀操作步骤，分别进行 90°硬质合金右偏刀、35°硬质合金左偏刀、切断刀的对刀操作，并验证对刀的正确性。

(7) 在刀偏界面 TIP 列对应的 G001、G002 行分别输入刀尖方位号 3。

**3. 加工阶段**

前置顶尖零件的加工流程见表 3-13。

表 3-13 前置顶尖零件的加工流程

| 序号 | 加工步骤 | 加工图示 | 加工刀具 | 加工方式 | 操作要点 |
|---|---|---|---|---|---|
| 1 | 车右端面 | 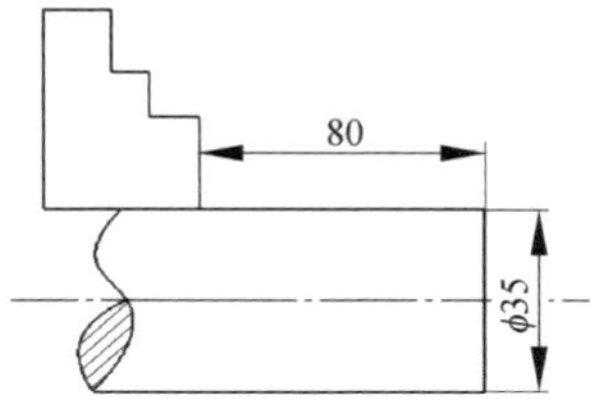 80；$\phi35$ |  $r0.8$mm | 手动 | 对刀操作前完成 |
| 2 | 粗车 $\phi24$mm、$\phi30$mm 外圆、60°圆锥面及 C1 倒角，直径留 0.5mm 精车余量 | 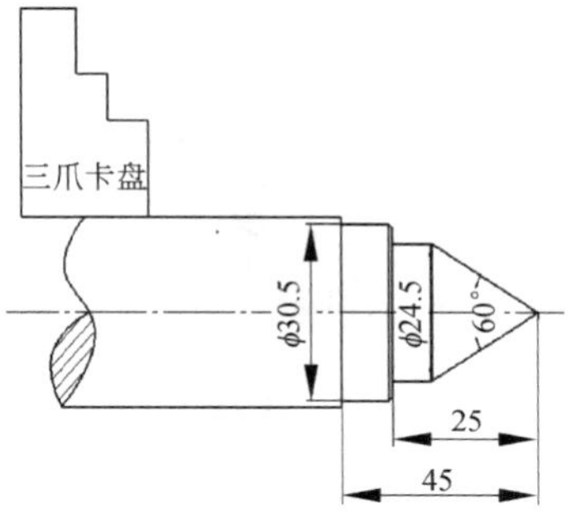 三爪卡盘；$\phi30.5$；$\phi24.5$；60°；25；45 | 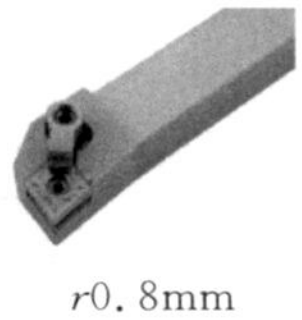 $r0.8$mm | 自动 | 千分尺检测各外圆是否有 0.5mm 余量，如果有误差，在程序精加工段修改 |

续表

| 序号 | 加工步骤 | 加工图示 | 加工刀具 | 加工方式 | 操作要点 |
| --- | --- | --- | --- | --- | --- |
| 3 | 精车 $\phi$24mm、$\phi$30mm 外圆、60°圆锥面及 $C$1 倒角至公差尺寸要求 | 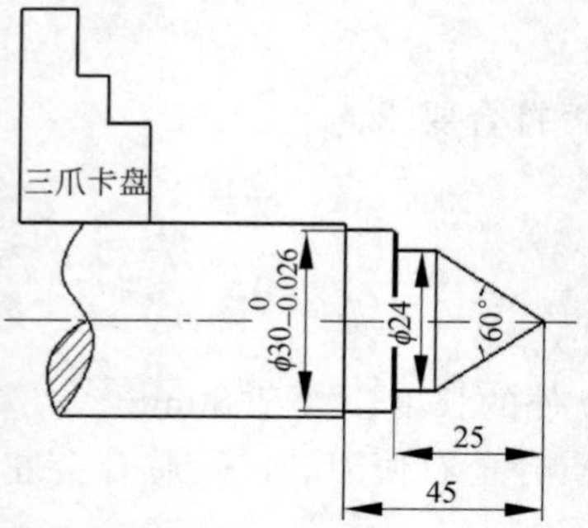 三爪卡盘 $\phi30_{-0.026}^{0}$ $\phi$24 60° 25 45 |  $r$0.4mm | 自动 | 千分尺检测 $\phi$24mm、$\phi$30mm 外圆，万能角度尺检测 60°锥面，如尺寸偏大，则应在精加工程序段把多余的直径余量减去后，再次精车直至符合尺寸要求 |
| 4 | 切槽 $\phi$13mm×8mm | 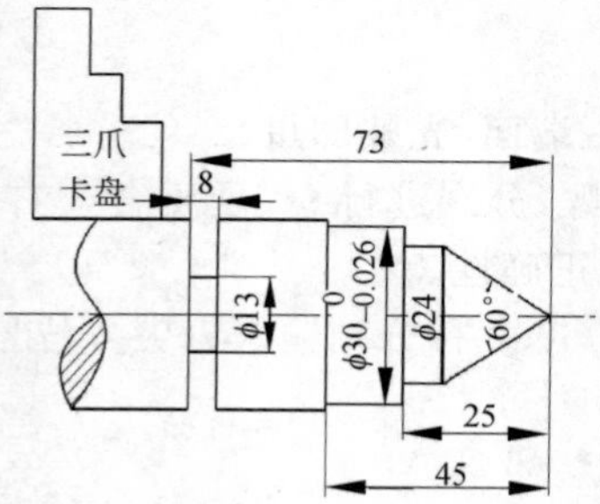 三爪卡盘 73 8 $\phi$13 $\phi30_{-0.026}^{0}$ $\phi$24 60° 25 45 | 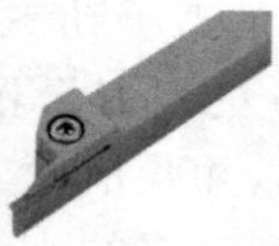 刀宽 4mm | 自动 | 自动加工出 $\phi$13mm×8mm 的工艺槽 |
| 5 | 粗车 $\phi$16mm 外圆和两处 $C$1 倒角，直径留 0.5mm 余量 | 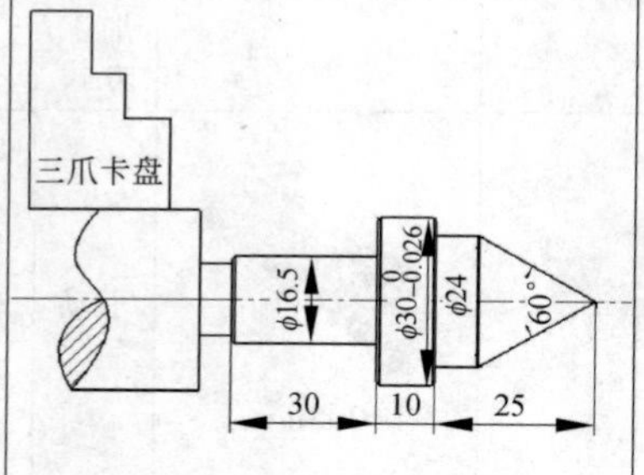 三爪卡盘 $\phi$16.5 $\phi30_{-0.026}^{0}$ $\phi$24 60° 30 10 25 | 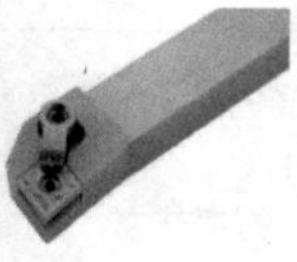 $r$0.4mm | 自动 | 千分尺检测各外圆是否有 0.5mm 余量，如果有误差，在程序精加工段修改 |
| 6 | 精车 $\phi$16mm 外圆和两处 $C$1 倒角至合格尺寸 | 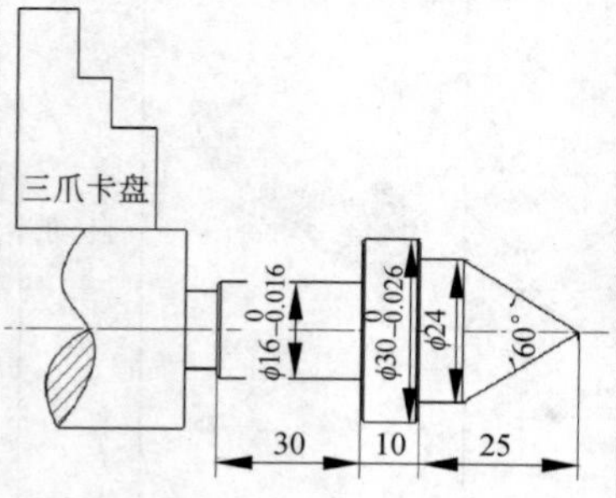 三爪卡盘 $\phi16_{-0.016}^{0}$ $\phi30_{-0.026}^{0}$ $\phi$24 60° 30 10 25 |  $r$0.4mm | 自动 | 千分尺检测 $\phi$16mm 外圆，如尺寸偏大，则应在精加工程序段把多余的直径余量减去后，再次精车直至符合尺寸要求 |

续表

| 序号 | 加工步骤 | 加 工 图 示 | 加工刀具 | 加工方式 | 操 作 要 点 |
|---|---|---|---|---|---|
| 7 | 切断保证总长 65mm | 三爪卡盘 $\phi16_{-0.016}^{0}$ $\phi30_{-0.026}^{0}$ $\phi24$ 60° 30 10 25 | 刀宽 4mm | | |
| 8 | 停车，拆卸工件，清洁车床及车间 | | | | |

**4. 检测阶段**

（1）按照零件图样尺寸要求，对工件进行检测。

（2）上油。

（3）入库。

## 【做】进行前置顶尖的车削

按照表 3-14 的相关要求，进行前置顶尖零件的加工。

表 3-14 前置顶尖零件车削过程记录卡

| 一、车削过程<br>前置顶尖零件的车削过程为____________________。<br>① 检查阶段 ②准备阶段 ③加工阶段 ④检测阶段 | |
|---|---|
| 二、所需设备、工具和卡具 | 三、加工步骤 |
| 四、注意事项<br>① 车削圆锥类零件时，毛坯余量较大又不均匀或精度要求较高，应粗精加工分开进行。<br>② 粗车台阶轴时，应先车削直径较大的一端，以避免过早降低工件的刚性。<br>③ 车圆锥的时候记得用刀尖圆弧补偿保证锥度。 | |
| 五、检测过程分析 | |
| 出现的问题： | 原因与解决方案： |

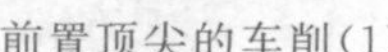

前置顶尖的车削(1)

前置顶尖的车削(2)

前置顶尖的车削(3)

## 【评】前置顶尖车削方案评价

根据表 3-14 中记录的内容，对前置顶尖车削过程进行评价。前置顶尖车削过程评价表见表 3-15。

表 3-15 前置顶尖车削过程评价

| 项目 | 内容 | 分值 | 评价方式 | | | 备注 |
|---|---|---|---|---|---|---|
| | | | 自评 | 互评 | 师评 | |
| 车削项目 | $\phi16_{-0.018}^{0}$ mm 外圆，长度 30mm | 10 | | | | 按照操作规程完成零件的数控车削 |
| | $\phi30_{-0.026}^{0}$ mm 外圆，长度 10mm | 10 | | | | |
| | $\phi$24mm 外圆 | 7 | | | | |
| | $C$1 倒角 3 处 | 3 | | | | |
| | 60°外圆锥面 | 10 | | | | |
| 车削步骤 | 刀具选择是否正确 | 10 | | | | 是否按要求进行规范操作 |
| | 车削过程是否正确 | 20 | | | | |
| 职业素养 | 卡具维护和保养 | 10 | | | | 按照 7S 管理要求规范现场 |
| | 工具定置管理 | 10 | | | | |
| | 安全文明操作 | 10 | | | | |
| 合计 | | 100 | | | | |
| 综合评价 | | | | | | |

## 【练】综合训练

一、填空题

1. 刀尖圆弧补偿分为________和________两种。
2. 取消刀尖圆弧补偿的指令是________。
3. 为了保证加工精度可以在程序中加入________和________两个指令。

二、判断题

1. 圆锥角度可以用万能角度尺检测其正确性。 （ ）

2. 千分尺的测量精度比游标卡尺的测量精度高。 ( )
3. 35°车刀又称偏刀，只有左偏刀一种。 ( )
4. 切槽的时候，进给量比车外圆的进给量小。 ( )

三、选择题

1. 数控车床在车削零件时，最常用的对刀方法是( )。
   A. 自动对刀 B. 对刀仪对刀 C. 试切对刀
2. 数控车床前置刀架，那么90°外圆车刀的位置补偿号是( )。
   A. 1 B. 2 C. 3 D. 4

四、简答题

1. 数控车对刀点位置的选择原则是什么？
2. 数控车刀刀尖圆弧补偿如何应用？

# 任务4 前置顶尖的质量检测与分析

(1) 知道圆锥类零件的检测方法。
(2) 学会台阶轴和圆锥面的检测方法，并知道检测的注意事项。

对前置顶尖进行质量检测与分析。

## 【学】圆锥类零件检测的基础知识

### 一、检测圆锥类零件常用量具

#### 1. 万能角度尺

1) 定义

万能角度尺又称角度规，它是利用活动直尺测量面相对于基尺测量面的旋转，对该两测量面间的角度进行读数的角度测量器具，是用来测量精密零件内外角度或进行角度画线的角度量具。

2) 使用范围

万能角度尺适用于机械加工中的内、外角度测量，可测0°～320°外角及40°～130°内角。

3) 工作原理

万能角度尺的读数机构是根据游标原理制成的。主尺刻线每格为1°，游标的刻线是取主尺的29°等分为30格，因此游标刻线角格为29°/30，即主尺与游标一格的差值为2′，也就是说万能角度尺读数准确度为 2′。其读数方法与游标卡尺完全相同。

4）万能角度尺的结构

万能角度尺是由刻有基本角度刻线的主尺，和固定在扇形板上的游标组成。扇形板可在主尺上回转移动(有制动器)，形成了和游标卡尺相似的游标读数机构。万能角度尺的精度为 2′和 5′。常见的有Ⅰ型万能角度尺，如图 3-24 所示和Ⅱ型万能角度尺，如图 3-25 所示。

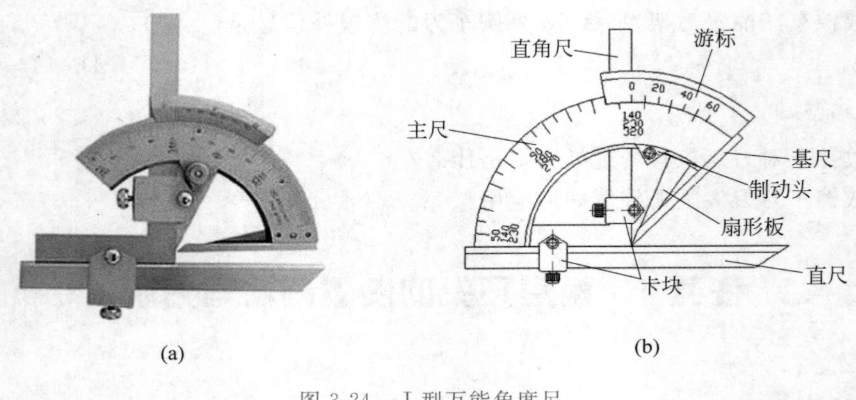


图 3-24 Ⅰ型万能角度尺

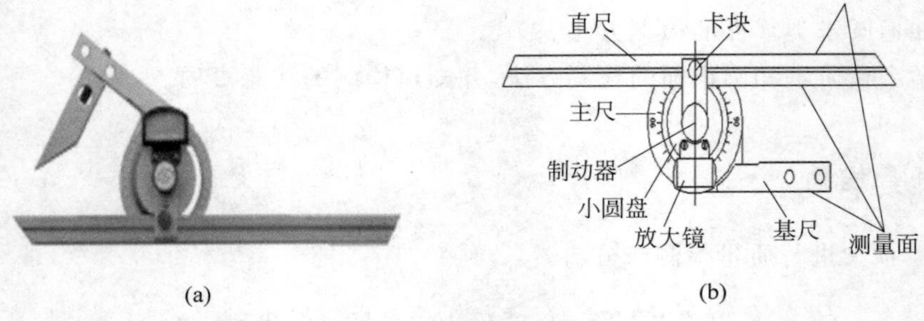


图 3-25 Ⅱ型万能角度尺

5）万能角度尺的读数及使用方法

测量时，根据产品被测部位的情况，先调整好角尺或直尺的位置，用卡块上的螺钉把它们紧固住，再来调整基尺测量面与其他有关测量面之间的夹角。这时，要先松开制动头上的螺母，移动主尺作粗调整，然后再转动扇形板背面的微动装置作细调整，直到两个测量面与被测表面密切贴合为止，最后拧紧制动器上的螺母，把角度尺取下来进行读数。

(1) 测量 0°～50°之间的角度，如图 3-26 所示。角尺和直尺全都装上，工件的被测部位放在基尺和直尺的测量面之间进行测量。

(2) 测量 50°～140°之间的角度，如图 3-27 所示。可把角尺卸掉，把直尺装上去，使它与扇形板连在一起。工件的被测部位放在基尺和直尺的测量面之间进行测量。

也可以不拆下角尺，只把直尺和卡块卸掉，再把角尺拉到下边来，直到角尺短边与长边的交线和基尺的尖棱对齐为止。把工件的被测部位放在基尺和角尺短边的测量面之间进行测量。

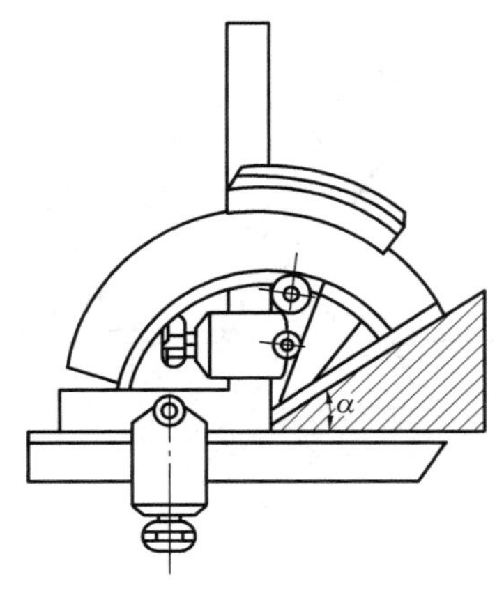


图 3-26 测量 0°～50°之间的角度

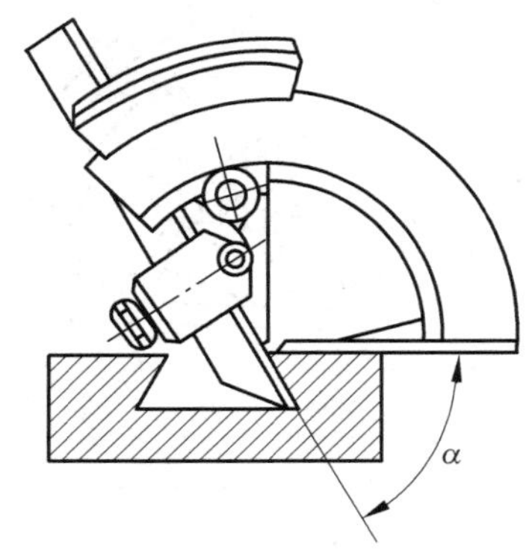


图 3-27 测量 50°～140°之间的角度

(3) 测量 140°～230°之间的角度,如图 3-28 所示。把直尺和卡块卸掉,只装角尺,但要把角尺推上去,直到角尺短边与长边的交线和基尺的尖棱对齐为止。把工件的被测部位放在基尺和角尺短边的测量面之间进行测量。

(4) 测量 230°～320°之间的角度(即 40°～－130°的内角),如图 3-29 所示。把角尺、直尺和卡块全部卸掉,只留下扇形板和主尺(带基尺)。把工件的被测部位放在基尺和扇形板测量面之间进行测量。

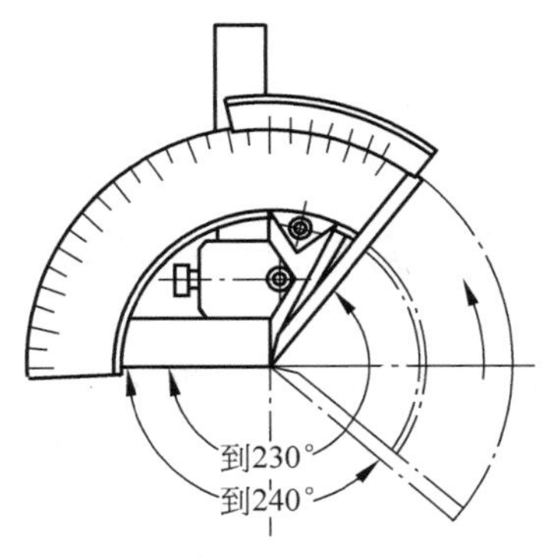


图 3-28 测量 140°～230°之间的角度

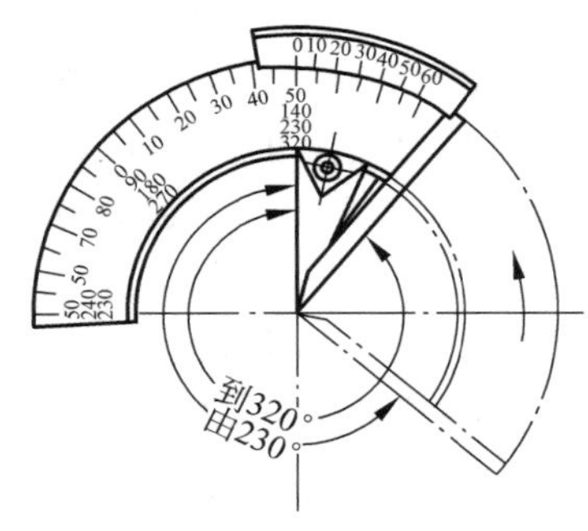


图 3-29 测量 230°～320°之间的角度

万能角度尺的主尺上,基本角度的刻线只有 0°～90°,如果测量的工件角度大于 90°,则在读数时应加上一个基数(90°、180°、270°;)。当零件角度为 90°～180°,被测角度为 90°＋量角尺读数;180°～270°,被测角度为 180°＋量角尺读数,270°～320°,被测角度为 270°＋量角尺读数。用万能角度尺测量工件角度时,应使基尺与工件角度的母线方向一致,且工件应与量角尺的两个测量面的全长接触良好,以免产生测量误差。

6) 万能角度尺的应用

万能角度尺的应用实例如图 3-30 所示。

7) 万能角度尺的读数原理

万能角度尺的读数原理如图 3-31 所示。

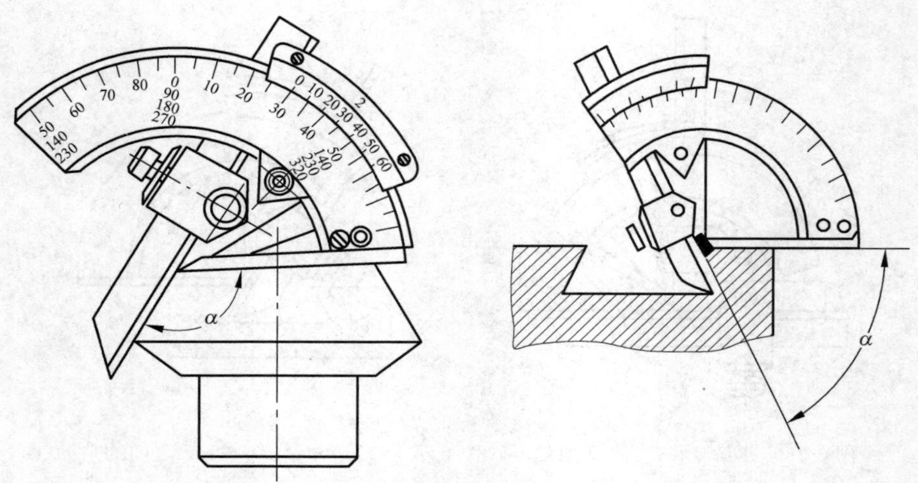


图 3-30 万能角度尺的应用

(1) 先读“度”的数值。看游标零线左边对应主尺上最靠近一条刻度线的数值,读出被测角“度”的整数部分。图示读数为 9°。

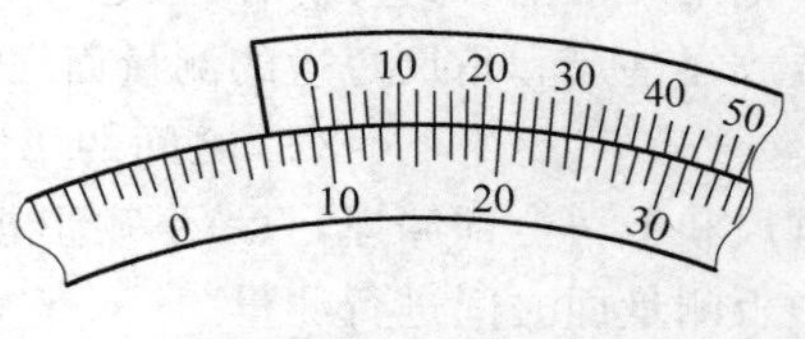


图 3-31 读数原理

(2) 从游标尺上读出“分”的数值。看游标上哪条刻线与主尺相应刻线对齐,游标上直接读出被测角“度”的小数部分,即“分”的数值。图示计数为 16′。

(3) 被测角度等于上述两次读数之和,即 9°+16′=9°16′。

8) 万能角度尺使用注意事项

(1) 主尺上基本角度的刻线只有 90 个分度,如果被测角度大于 90°,在读数时,应加上一个基数(90、180、270)。

(2) 测量时,放松制动器上的螺帽,移动主尺座作粗调整,再转动游标背后的手把作精细调整,直到使角度规的两测量面与被测工件的工作面密切接触为止,然后拧紧制动器上的螺帽加以固定,即可进行读数。

(3) 当测量被测工件内角时,应从 360°减去角度规上的读数值,如在角度上读数为 306°24′,则内角测量值为 360°−306°24′=53°36′。

**2. 角度样板**

角度样板是检测有一定角度范围要求的两个平面的定制检具。

用角度样板检测,快捷方便,但是精度较低,且不能测得具体的角度值。图 3-32 所示为用角度样板检测锥齿轮毛坯角度。

**3. 圆锥套规**

标准圆锥套规或配合精度要求较高的外圆锥零件,可以使用圆锥套规检测。

圆锥套规是一种常用的检测工具,如图 3-33 所示。套规与锥体结合时,一般对锥度的要求比较高。

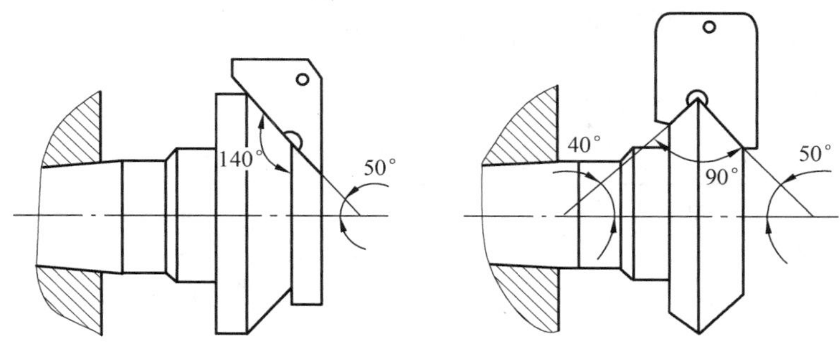


图 3-32 用角度样板检测锥齿轮毛坯角度

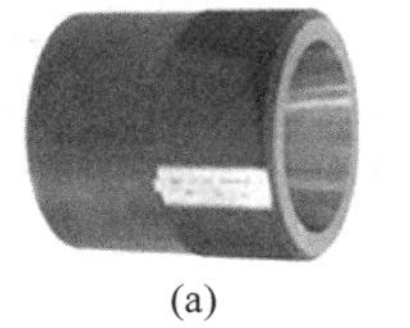
(a)

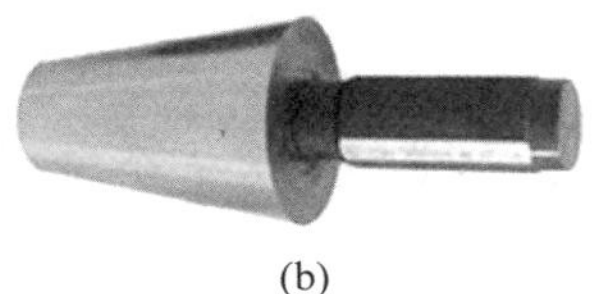
(b)

图 3-33 圆锥套规

1）圆锥套规的分类

每套莫氏锥度量规包括莫氏圆锥塞规和莫氏圆锥套规各一件。普通精度莫氏圆锥量规适用于检查工具圆锥孔及圆柱柄的正确性。高精度莫氏圆锥量规适用于车床和精密仪器等的主轴与孔的锥度检查。莫氏圆锥量规一般选用合金钢制造，工作面均经过精研。塞规表面光洁度为 $Ra0.2\mu m$；套规表面光洁度为 $Ra0.4\mu m$。

高精度莫氏圆锥量规均经过冷处理，稳定性好，并能满足车床制造业中莫氏圆锥互换的要求。莫氏圆锥量规分为 0、1、2、3、4、5、6 七种规格，有带扁尾和无扁尾两种。

2）圆锥套规的使用

标准圆锥或配合精度要求较高的外圆锥工件，可以使用圆锥套规检测。被检测零件的外圆锥面表面粗糙度 $Ra$ 值应该小于 $3.2\mu m$，且无毛刺。检测时要求零件与套规表面清洁，方法如下。

（1）在零件表面，顺着圆锥素线薄且均匀地涂上轴向等分分布的三条显示剂，如图 3-34 所示。

（2）将圆锥套规轻轻套在零件上，稍微施加轴向力，并将套规转动三分之一圈。

（3）取下套规，观察零件表面显示剂被擦去的情况。若三条显色剂全部擦痕均匀，表示圆锥接触良好，锥度正确，如图 3-35 所示。

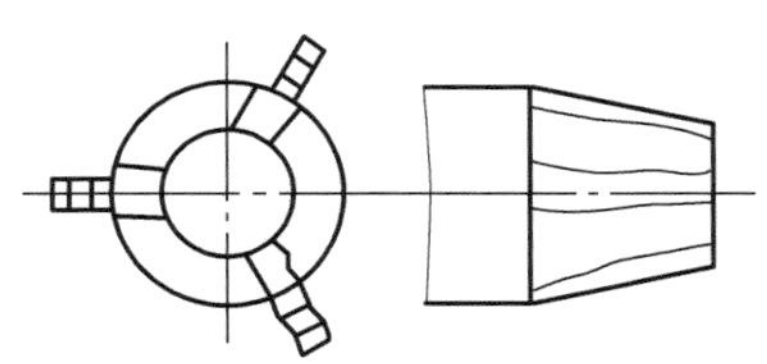

图 3-34 涂色法

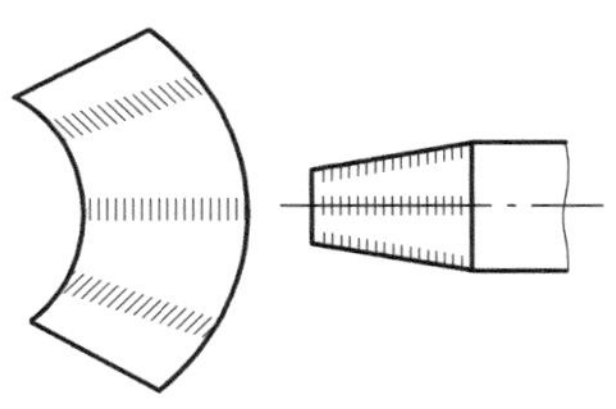

图 3-35 合格的圆锥面展示

## 二、圆锥类零件的质量分析

锥度不合格的原因与解决的措施见表 3-16。

表 3-16 锥度不合格的原因与解决的措施

| 不合格原因 | 解决措施 |
|---|---|
| 粗加工后未经常测量大小端直径 | 粗车后测量大小端直径并及时修改程序 |
| 车刀刀尖没有对准中心线 | 安装车刀时必须严格对准工件轴线 |
| 圆锥套检测时，外圆锥中间没有接触，内圆锥两端没有接触 | 车刀中途换刀片后再装刀，必须重新对中心 |
| 锥度不正确 | 检查是否使用刀尖圆弧补偿，没有使用必须加上 |

# 【教】前置顶尖的检测过程

## 一、检测原理

**1. 确定方法**

根据零件图 3-1 所示，对前置顶尖零件上每一项尺寸进行三次检测，然后求取平均值，将最终检测结果填入表 3-19 中。

**2. 确定量具**

0～150mm 游标卡尺 1 把，0～25mm 千分尺 1 把，25～50mm 千分尺 1 把，万能角度尺 1 把，圆锥套规 1 套。

## 二、检测流程

量取尺寸→记录数值→求平均值→结果填入表 3-17。

表 3-17 前置顶尖的检测结果

| 尺寸代号 | 实际检测值 | | | 平均值 | 是否合格 |
|---|---|---|---|---|---|
| | 1 | 2 | 3 | | |
| 外径 $\phi 16_{-0.018}^{0}$ mm | | | | | |
| 外径 $\phi 30_{-0.026}^{0}$ mm | | | | | |
| 外径 $\phi$24mm | | | | | |
| 长 25mm | | | | | |
| 长 10mm | | | | | |
| 长 30mm | | | | | |
| 锥度 60° | | | | | |
| 未注倒角 | | | | | |

续表

| 尺寸代号 | 实际检测值 | | | 平均值 | 是否合格 |
|---|---|---|---|---|---|
| | 1 | 2 | 3 | | |
| $Ra1.6\mu m$ | | | | | |
| $Ra6.3\mu m$ | | | | | |
| 不合格的原因及解决措施 | | | | | |

## 【做】进行前置顶尖的检测

按照表 3-18 的相关要求，进行前置顶尖零件的检测。

表 3-18 前置顶尖检测过程记录卡

<table>
<tr><td colspan="2">一、车削过程<br>1. 前置顶尖零件的检测过程为____________________。<br>① 量取尺寸 ② 记录数值 ③ 求平均值 ④ 结果填表<br>2. 前置顶尖零件检测所需量具有________________。<br>千分尺、百分表、游标卡尺、钢直尺、万能角度尺或圆锥套规</td></tr>
<tr><td>二、所需设备、量具和卡具</td><td>三、检测步骤</td></tr>
<tr><td colspan="2">四、注意事项<br>① 不能在游标卡尺尺身处做记号或打钢印。<br>② 使用千分尺时，要慢慢转动微分筒，不要握住微分筒摇动。<br>③ 不允许测量运动的工件。<br>④ 注意万能角度尺的使用方法。</td></tr>
<tr><td colspan="2">五、检测过程分析</td></tr>
<tr><td>出现的问题：</td><td>原因与解决方案：</td></tr>
</table>

前置顶尖的质量检测与分析(1)

前置顶尖的质量检测与分析(2)

前置顶尖的质量检测与分析(3)

## 【评】前置顶尖检测方案评价

根据表 3-18 中记录的内容，对前置顶尖检测过程进行评价，见表 3-19。

表 3-19 前置顶尖检测过程评价

| 项目 | 内容 | | 分值 | 评价方式 | | | 备注 |
|---|---|---|---|---|---|---|---|
| | | | | 自评 | 互评 | 师评 | |
| 检测方法 | 外圆尺寸 | $\phi 16_{-0.018}^{0}$ mm | 9 | | | | 严格按照所需量具的操作规程完成前置顶尖的检测 |
| | | $\phi 30_{-0.026}^{0}$ mm | 9 | | | | |
| | | $\phi$24mm | 9 | | | | |
| | 长度尺寸 | 25mm | 7 | | | | |
| | | 10mm | 7 | | | | |
| | | 30mm | 7 | | | | |
| | 倒角 | $C1$ 倒角 3 处 | 7 | | | | |
| | 粗糙度 | $Ra1.6\mu m$ | 4 | | | | |
| | | $Ra6.3\mu m$ | 1 | | | | |
| 检测步骤 | 量具选择是否正确 | | 10 | | | | 是否按要求进行规范操作 |
| | 检测过程是否正确 | | 10 | | | | |
| 职业素养 | 量具维护和保养 | | 5 | | | | 按照 7S 管理要求规范现场 |
| | 工具定置管理 | | 5 | | | | |
| | 安全文明操作 | | 10 | | | | |
| 合计 | | | 100 | | | | |
| 综合评价 | | | | | | | |

## 【练】综合训练

### 一、填空题

1. 万能角度尺的精度有________、________两种。
2. 圆锥塞规的表面粗糙度是________，套规表面粗糙度是________。
3. 莫式圆锥套规分为________、________共________种规格。

### 二、判断题

1. 用圆锥套规检测前，应该擦拭干净工件的接触表面，且没有毛刺。 （ ）

2. 万能角度尺的读数范围是 0°～360°。 (　　)

3. 万能角度尺读整数时，在尺身上读出游标零线左侧最接近的整数值。 (　　)

三、选择题

1. 读数时，视线必须与万能角度尺的刻度面(　　)，以保证读数的正确性。

A. 平行　　B. 垂直　　C. 倾斜　　D. 以上都可以

2. 能够测量锥度的量具是(　　)。

A. 深度千尺　　B. 游标卡尺　　C. 万能角度尺　　D. 螺纹塞规

四、简答题

车削圆锥类零件产生废品的原因是什么？如何预防？

# 项目4 圆弧类零件加工

## 教学目标

(1) 能对顺逆圆弧进行方向判别。
(2) 掌握圆弧类零件的相关尺寸计算。
(3) 掌握 G02、G03、G40、G41、G42、G70、G73 指令的格式及应用。
(4) 掌握门吸零件的加工工艺安排、程序编制及车削方法。
(5) 能对门吸零件进行检测与质量分析。

## 典型任务

对某企业门吸样件进行数控车床车削加工。

## 任务1　门吸的加工工艺分析

### 学习目标

(1) 了解数控车床凹、凸圆弧面的车削加工路线。
(2) 掌握数控车床加工圆弧零件的工艺路线拟定方法。
(3) 能合理确定门吸零件的数控加工路线。

### 任务描述

对门吸零件进行数控加工工艺方案设计。零件图样如图 4-1 所示。

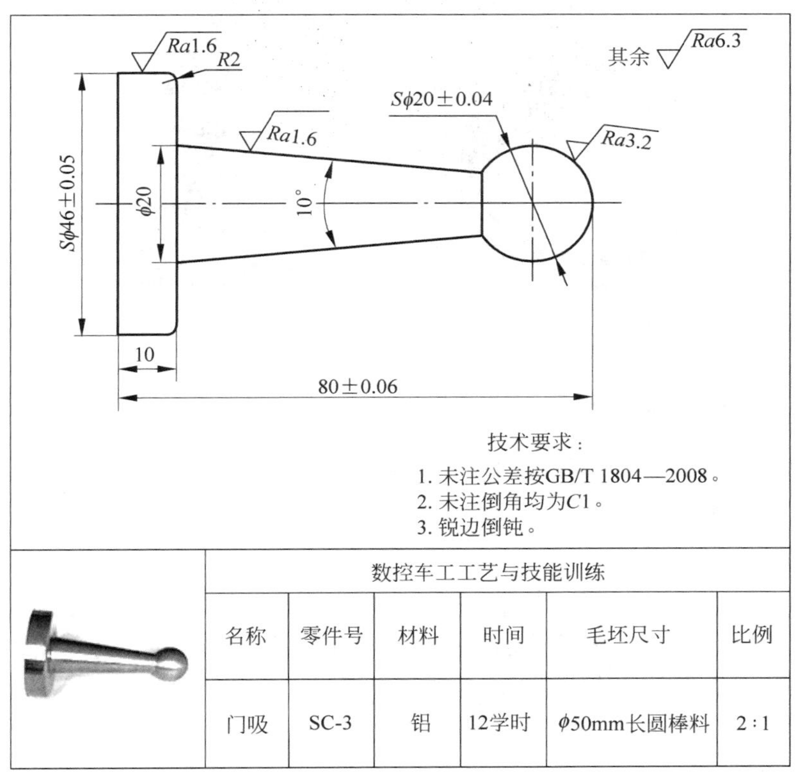


| 数控车工工艺与技能训练 | | | | | |
|---|---|---|---|---|---|
| 名称 | 零件号 | 材料 | 时间 | 毛坯尺寸 | 比例 |
| 门吸 | SC-3 | 铝 | 12学时 | ϕ50mm长圆棒料 | 2∶1 |

图 4-1 门吸

## 【学】圆弧类零件的加工工艺基础知识

### 一、圆弧类零件概述

#### 1. 圆弧类零件介绍

在回转类零件的结构要素中，出现球形、圆弧面、圆弧槽、圆角等圆弧结构时，统称为圆弧类零件，如图 4-2 所示。

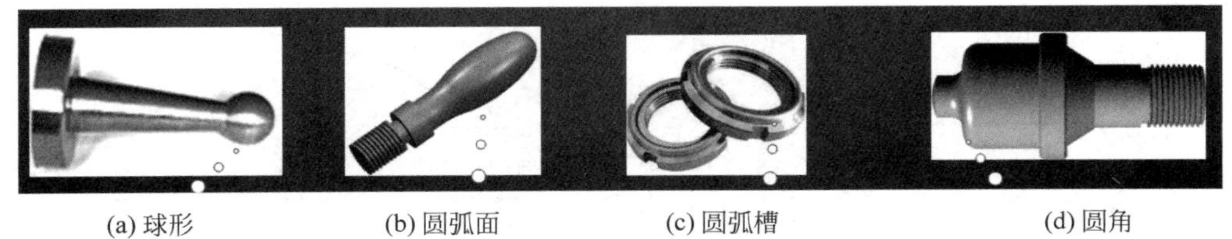

(a) 球形　(b) 圆弧面　(c) 圆弧槽　(d) 圆角

图 4-2 圆弧类零件

#### 2. 圆弧的分类

(1) 按圆弧在零件结构中的位置可分为外圆弧面和内圆弧面，如图 4-3 所示。

(2) 按圆弧的成形方式可分为凸圆弧面和凹圆弧面，如图 4-4 所示。

图 4-3　内、外圆弧面

图 4-4　凸、凹圆弧面

## 二、成形面的数控车削方法

凹、凸圆弧是成形面零件上常见的曲线轮廓，在数控车床上加工凹、凸圆弧常用的加工路线有以下三种。

### 1. 阶梯法

图 4-5 所示为车圆弧的阶梯切削路线，先粗车阶梯，最后一刀精车圆弧。在零件上加工一个凹圆弧，为了合理分配吃刀量，保证加工质量，采用等半径圆弧递进切削，编程思路简单，使用粗车复合循环 G71 指令。

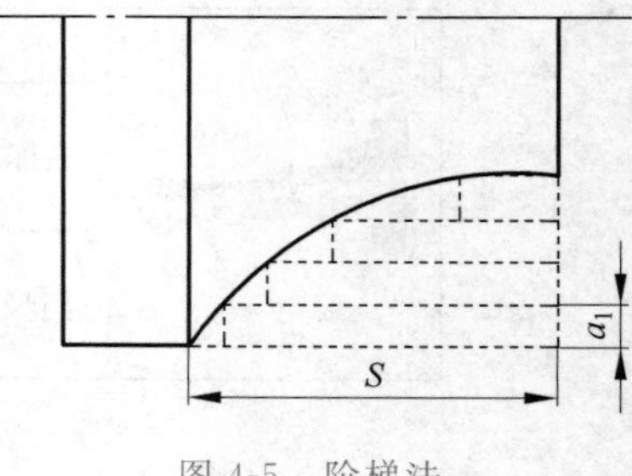

图 4-5　阶梯法

### 2. 同心圆分层切削法

根据加工余量，图 4-6 所示圆弧始点坐标、终点坐标、半径 $R$ 均会产生变化，采用不同的圆弧半径，同时在两个方向上向所加工的圆弧偏移，最终将圆弧加工出来。采用这种加工路线时，加工余量相等，加工效率高，但要同时计算起点、终点和半径值。一般用于加工余量较大的凸弧。

### 3. 先锥后圆弧法

如图 4-7 所示，先把过多的切削余量用车锥的方法切除掉，最后一刀走圆弧的路线切削圆弧成形。若是凸圆弧时，可根据几何知识算出图中 $AB$ 段的长度，然后再车锥，最后车弧。

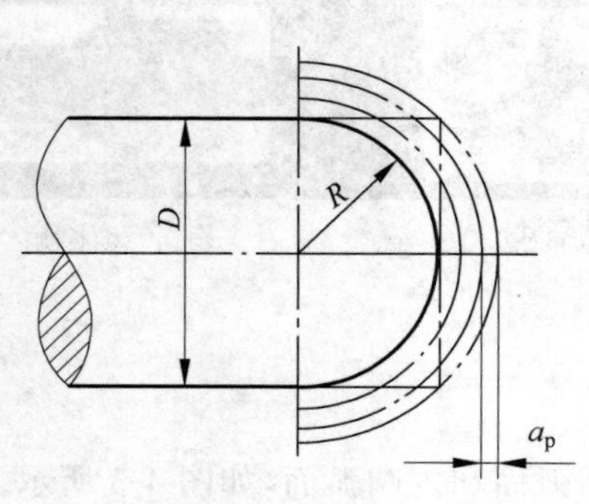

图 4-6　同心圆分层切削法

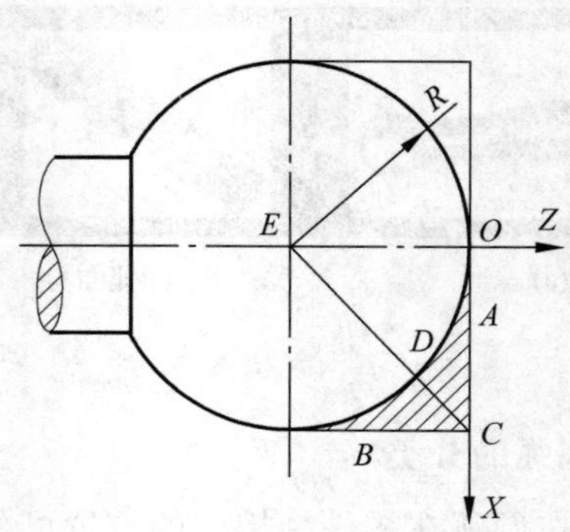

图 4-7　先锥后圆弧法

# 【教】门吸加工工艺方案设计

## 一、任务分析

车削图 4-1 所示门吸零件。

### 1. 图样分析

门吸零件需要加工右端球头面和车削圆锥 $\phi$20mm 的外圆柱面及 $R2$ 倒角 1 处，其外圆柱表面粗糙度均为 $Ra1.6\mu m$，球头表面粗糙度均为 $Ra3.2\mu m$，同时还需要保证长度尺寸(80±0.06)mm。总之，该门吸零件是典型回转体轴类零件，因此，最适合采用三爪卡盘装夹。本例工件为简单的圆弧轮廓零件，为完成该任务需掌握 G02/G03、G40/G42 和 G70/G73 指令，凸圆弧零件加工、尺寸控制及检验方法以及制定凸圆弧零件加工工艺。在确定轮廓基点坐标时，学会运用 CAD 软件查找基点坐标。

### 2. 确定刀具

(1) 93°负前角外圆机夹式车刀 1 把，如图 4-8 所示，用于粗车和精车零件的外圆。

(2) 硬质合金切断刀 1 把，用于工件的切断，如图 4-9 所示。

图 4-8　93°外圆车刀

图 4-9　切断刀

### 3. 确定工件毛坯

门吸毛坯可采用棒料，下料后便可加工。工件毛坯为 45 钢，规格为 $\phi$50mm 长圆棒料。

## 二、工艺方案

根据门吸零件图样要求，确定工艺方案如下。采用一次装夹车削，然后切断。凸圆弧面粗加工余量不均匀，应采用相应方法解决。生产中用同心圆分层车削法复合循环切削 G73 指令完成加工。

(1) 用三爪自定心卡盘夹持 $\phi$50mm 毛坯外圆，使工件伸出卡盘长度大于 100mm，粗车 $\phi$20mm 球头、$\phi$20mm 圆锥、$\phi$46mm 的底座外圆及 $R2$ 倒角 1 处。

(2) 精车上述外形轮廓。

(3) 切断工件，并保证总长(80±0.06)mm。

# 【练】综合训练

### 一、填空题

1. 数控车床加工精度要求不高的成形面一般可选用________车刀。

2. 数控车床加工圆弧面零件常用刀具主要有________、________两类。

3. 凹圆弧加工主要有________、________、________三种方法。

二、判断题

1. 数控车床加工半圆形表面和精度较低的凸圆弧可选用尖刀。　（　　）

2. 数控车床加工圆弧面，车刀主副偏角应足够大，否则会发生干涉现象。　（　　）

3. 同心圆分层切削法一般用于 G72 指令完成加工。　（　　）

三、选择题

1. 数控车床中用不同半径的圆切除毛坯余量的加工方法称为（　　）。

A. 同心圆分层切削法　　B. 切槽法

C. 车锥法　　D. 偏移法

2. 外形轮廓零件常用（　　）测量各种圆弧。

A. 万能角度尺　　B. 千分尺　　C. 百分表　　D. 半径样板

3. 工件伸出长度不能太长或太短。太长时工件刚性差，太短时不能（　　）。

A. 切断　　B. 精加工　　C. 半精加工　　D. 切槽

四、简答题

粗加工凹圆弧常采用哪些加工方法？

## 任务 2　门吸的加工程序编制

(1) 知道 G02、G03、G40、G41、G42、G73 指令的编程格式。

(2) 能确定数控车削圆弧类零件时的切削参数。

(3) 能制定门吸零件的加工工艺。

(4) 能编写门吸零件的加工程序。

对门吸零件进行数控加工工艺卡片的制定及程序的编写。零件图样如图 4-1 所示。

### 【学】圆弧类零件加工程序编制的基础知识

### 一、圆弧类零件加工顺、逆方向判断

按右手笛卡儿坐标系，沿圆弧所在平面（*XOZ* 平面）垂直坐标轴的负方向（$-Y$）看

去,如图 4-10 所示,顺时针方向为 G02,逆时针方向为 G03。

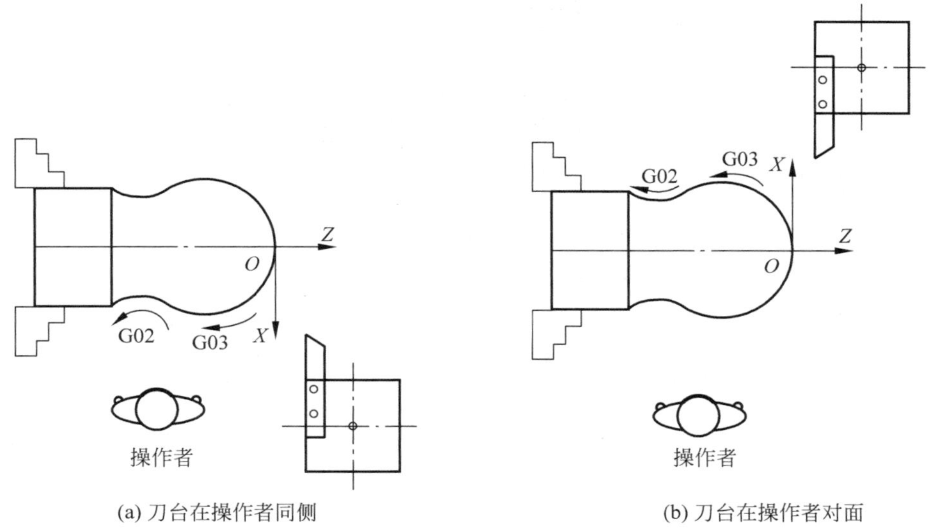

(a) 刀台在操作者同侧　　(b) 刀台在操作者对面

图 4-10 圆弧的顺逆方向与刀架位置的关系

## 二、圆弧插补指令 G02/G03

### 1. 指令格式

当用圆弧半径 R 指定圆心位置时,如图 4-11(a)所示,即

```
G02 X(U)__ Z(W)__ R __ F __;
G03 X(U)__ Z(W)__ R __ F __;
```

当用 I、K 指定圆心位置时,如图 4-11(b)所示,即

```
G02 X(U)__ Z(W)__ I __ K __ F __;
G03 X(U)__ Z(W)__ I __ K __ F __;
```

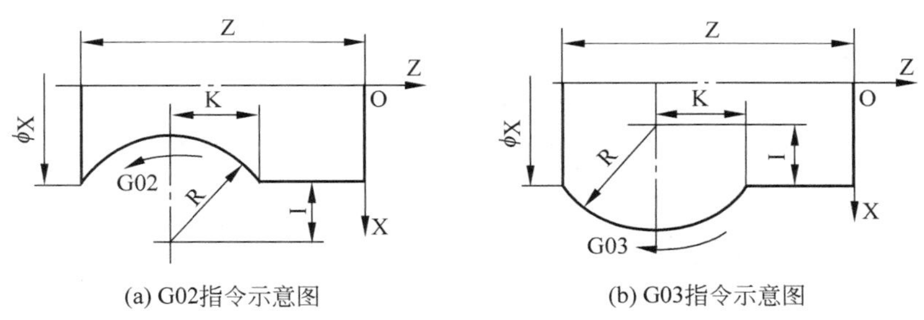

(a) G02指令示意图　　(b) G03指令示意图

图 4-11 圆弧指令示意图

### 2. 指令说明

X、Z 为圆弧终点的绝对坐标。

U、W 为圆弧终点相对于圆弧起点增量坐标。

R 为圆弧半径。

I、K 为圆心相对于圆弧起点的增量值。

F 为进给量。

使刀具从圆弧起点，沿圆弧移动到圆弧终点时，顺时针圆弧插补为 G02，逆时针圆弧插补为 G03。对于数控车床而言，没有必要用 I、K 方式编程，以避免烦琐的计算。

**3. 实例介绍**

如图 4-12 所示，精车两段圆弧，用绝对值编程方式如下。

*AB* 段圆弧：G02 X36 Z−38 R20 F0.1；

*BC* 段圆弧：G03 X60 Z−62 R30 F0.1；

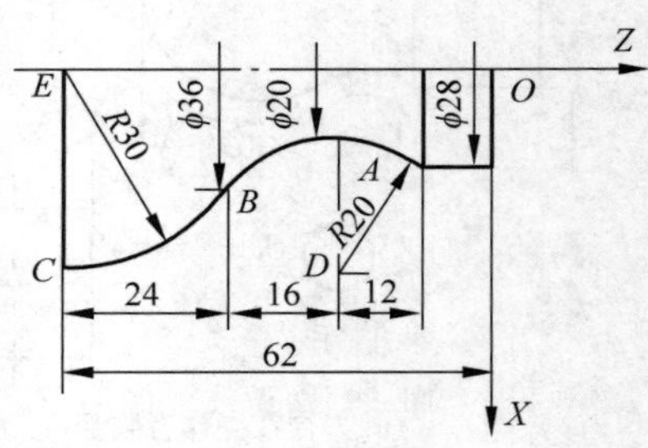


图 4-12 圆弧指令编程实例

## 三、固定型车复循环指令 G73

**1. 指令格式**

```
G73 U(Δi) W(Δk) R(d);
G73 P(ns) Q(nf) U(Δu) W(Δw) F__ S__;
N(ns) G1 X__ Z__ F__;
⋮
N(nf) ...
```

**2. 指令说明**

Δi：*X* 方向切削总余量，半径值；

Δk：*Z* 方向切削总余量；

d：粗车次数，为整数值；

ns：精车加工程序第一个程序段号；

nf：精车加工程序最后一个程序段号；

Δu：*X* 方向精加工余量值和方向，直径量；

Δw：*Z* 方向精加工余量值和方向；

F__S__：粗车循环加工的进给速度和主轴转速。

**3. 加工轨迹**

固定形状粗车循环 G73 指令的加工轨迹如图 4-13 所示。

G73 指令的加工过程中，*A* 点为粗车循环的起始点，即循环加工的定位点，*B* 点到 *C* 点为精车路线。执行 G73 指令进行粗车加工时，每一刀的粗车路线都与精车路线一致，只是按 G73 的参数设置进行分层车削。在粗车过程中，包含在 ns 到 nf 程序段中的任何 F、S、T 指令以及 G96 或 G97 指令均不被执行，而在 G73 程序段或以前的程序段中的 F、S、T 指令以及 G96 或 G97 功能有效，但尽量不要在 G73 程序段中设定刀具功能，以免刀具与工件发生碰撞。

**4. 运用场合**

G73 指令可以车削固定的形状，通常用于车削铸造成形、锻造成形或已粗车成形的零件，以及带有凹面形状的零件的粗车加工。

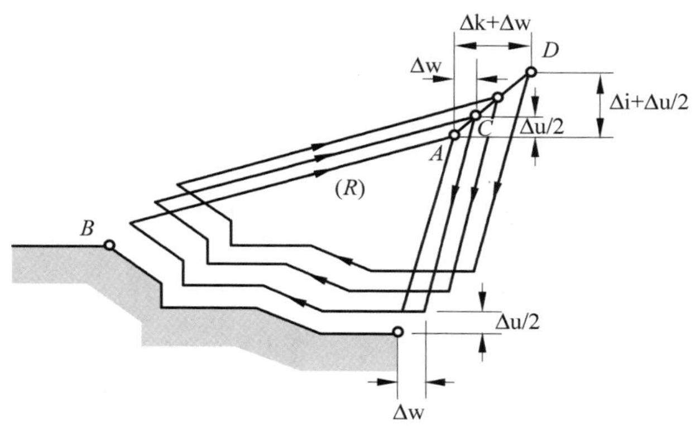


图 4-13　G73 指令的加工轨迹

### 5. 实例介绍

编写图 4-14 所示零件的加工程序，毛坯棒料为 $\phi$160mm×120mm。

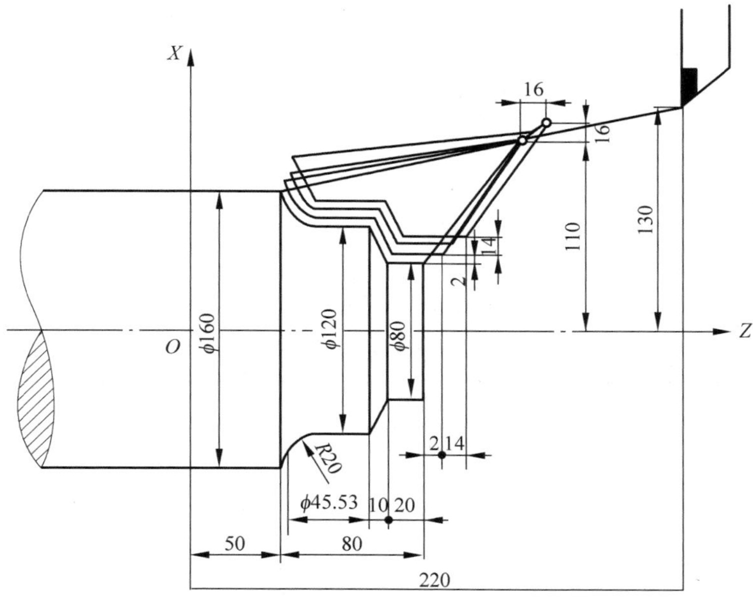


图 4-14　G73 指令编程实例

```
O0001
T0101;
M03 S800;
G00 X220 Z160;
G73 U14 W14 R3;
G73 P10 Q20 U4 W2 F0.3 S200;
N10 G00 X80 W－40;
G01 W－20 F0.15 S600;
W－20;
```

```
G02 X160 W-20 R20;
N20 G01 X180 W-10;
G70 P10 Q20;
G00 X200 Z200;
M30;
```

# 【教】门吸的加工程序编制

## 一、任务分析

编制如图 4-1 所示门吸零件的数控车加工程序。

**1. 设备选用**

根据零件图要求结合学校设备情况，可选用 CAK6150/1000(FANUC Series 0*i* Mate-TD)、CAK6150Di(FANUC Series 0*i* Mate-TC)、CAK5085Di(FANUC Series 0*i* Mate-TD)型卧式经济型数控车床。

**2. 确定切削参数**

(1) 车削端面时，$n$=800r/min，用手轮控制进给速度。

(2) 粗车外圆时，$a_p$=1mm(单边)，$n$=1000r/min，$v_f$=160mm/min。

(3) 精车外圆时，$a_p$=0.5mm，$n$=1500r/min，$v_f$=100mm/min。

## 二、程序编制

**1. 填写工艺卡片**

综合前面分析的各项内容，填写表 4-1 的数控加工工艺卡。

表 4-1 门吸零件的加工工艺卡

<table>
<tr><td rowspan="2">单位名称</td><td rowspan="2" colspan="3"></td><td>产品型号</td><td colspan="4"></td></tr>
<tr><td>产品名称</td><td colspan="4">门吸</td></tr>
<tr><td>零件号</td><td>SC-4</td><td rowspan="2">材料</td><td rowspan="2">45 钢</td><td rowspan="2">毛坯规格</td><td colspan="2">圆棒料</td><td rowspan="2">设备型号</td><td rowspan="2"></td></tr>
<tr><td>数量</td><td>1 件</td><td colspan="2">$\phi$50mm</td></tr>
<tr><td rowspan="2">工序号</td><td rowspan="2">工序名称</td><td rowspan="2">工步号</td><td rowspan="2">工序工步内容</td><td colspan="3">切削参数</td><td colspan="2">刀具准备</td></tr>
<tr><td>$n$/(r/min)</td><td>$a_p$/mm</td><td>$f$/(mm/r)</td><td>刀具类型</td><td>刀位号</td></tr>
<tr><td>1</td><td>备料</td><td></td><td>$\phi$50mm 长圆棒料</td><td></td><td></td><td></td><td></td><td></td></tr>
<tr><td rowspan="4">2</td><td rowspan="4">车</td><td>1</td><td>夹持毛坯，车右端面</td><td>800</td><td>0.3</td><td>手轮控制</td><td>45°端面车刀</td><td>T01</td></tr>
<tr><td>2</td><td>粗车外形轮廓，留 0.4mm 精车余量</td><td>1000</td><td>1</td><td>0.25</td><td>35°外圆粗车尖刀</td><td>T02</td></tr>
<tr><td>3</td><td>精车外形轮廓至尺寸</td><td>1500</td><td>0.4</td><td>0.1</td><td>35°外圆精车尖刀</td><td>T03</td></tr>
<tr><td>4</td><td>切断保证工件长度</td><td>500</td><td>4</td><td>0.05</td><td>4mm 切断车刀</td><td>T04</td></tr>
</table>

## 2. 门吸零件的程序编制

门吸零件结构要素有圆柱面、圆弧面等。为减少热变形和切削力变形对工件尺寸的影响，应将粗加工、精加工分开进行，编写加工程序。门吸零件的加工程序见表 4-2。

表 4-2 门吸零件程序卡

| 序号 | 程　序 | 说　明 |
|---|---|---|
| | O0001 | 程序名 |
| N10 | G00 X100 Z100 T0202； | 调用 2 号车刀及 2 号刀补，快速定位至安全点 |
| N20 | M03 S800； | 主轴正转启动 |
| N30 | G00 X52 Z3； | 快速接近循环点 |
| N40 | G73 U25 W0 R25； | 粗车循环参数设定 |
| N50 | G73 P60 Q130 U0.5 W0.1 F0.2； | |
| N60 | G00 X0 Z1 S1000； | 精加工轨迹描述 |
| N70 | G01 Z0 F0.1； | |
| N80 | G03 X9.3 Z−18.85 R10； | |
| N90 | G01 X20 W−61.15； | |
| N100 | X42； | |
| N110 | G03 X46 W−2 R2； | |
| N120 | G01 W−8； | |
| N130 | G00 X52； | |
| N140 | G00 X100 Z100； | 退刀至安全区域 |
| N150 | M05； | 主轴停止 |
| N160 | M00； | 暂停 |
| N170 | T0303； | 调用 3 号车刀及 3 号刀补 |
| N180 | M03 S1000； | 精车转速 |
| N190 | G00 X52 Z3 G42； | 快速接近循环点，刀尖半径右补偿 |
| N200 | G70 P60 Q130； | 精车循环 |
| N210 | G00 X100 Z100 G40； | 快速定位至安全点，取消刀尖半径补偿 |
| N220 | M05； | 主轴停止 |
| N230 | M00； | 暂停 |
| N240 | T0404； | 调用切断刀 |
| N250 | M03 S500； | 主轴正转，转速 1200r/min |
| N260 | G00 X48 Z−84； | 快速接近切断工件定位点 |
| N270 | G01 X−0.1 F0.1； | 切断工件 |
| N280 | G00 X48； | 快速退刀至安全点 |
| N290 | Z100； | |
| N300 | M05； | 主轴停止 |
| N310 | M30； | 程序结束 |

## 【练】综合训练

一、填空题

1. 在数控车床中，一般圆弧方向的判断方法是凹圆弧用________指令、凸圆弧用________指令。

2. 刀补取消指令是________，刀尖圆弧半径右补偿指令是________。

3. G73 指令中用毛坯的直径减去零件轮廓处的最小直径除以 2 所得结果取整表示的参数是________。

二、判断题

1. G70 指令可以单独使用，也可配合 G71、G72 或 G73 指令使用。（　）

2. 圆弧编程时看图纸判凹凸，凸圆弧用 G2，凹圆弧用 G3。（　）

3. 车床上刀尖圆弧只有在加工圆弧时才产生加工误差。（　）

4. 数控车床中常用的两种插补功能是直线插补和圆弧插补。（　）

三、选择题

1. 对于 G02 指令，编程格式正确的是（　）。

A. G02 X __ Z __ F __；　　B. G02 U __ Z __ R __；

C. G02 U __ W __ F __；　　D. G02 X __ W __ F __；

2. 圆弧插补 G03 X __ Z __ R __中，X __ Z __坐标说法正确的是（　）。

A. X、Z 为圆弧的绝对坐标值

B. X、Z 为圆弧的终点坐标值

C. X、Z 为圆弧的起点坐标值

D. X、Z 为圆弧的相对坐标值

四、简答题

1. 简单叙述圆弧类零件为什么会产生欠切削或过切削的现象。

2. 简单叙述 G73 指令中的 U 和 R 与 G71 指令中的相应参数值的区别。

# 任务 3　门吸的车削

（1）了解常用数控车削刀杆的结构。

（2）掌握圆弧类零件的数控车削加工。

拟定门吸零件的数控车削加工工艺路线，并完成零件加工。零件图样如图 4-1 所示。

# 【学】圆弧类零件车削的基础知识

## 一、圆弧类零件的加工注意事项

(1) 加工圆弧时,要注意防止刀具干涉。

(2) 加工精度较高的圆弧面时,尽量使精车余量均匀。

(3) 根据表面粗糙度要求合理选择切削用量。

(4) 圆弧类零件切断时,要注意排屑顺畅,否则容易将刀头折断。

## 二、圆弧类零件车削加工常用刀具及其选用

### 1. 刀具的种类

加工成形面一般使用的刀具有尖形车刀和圆弧形车刀。圆弧形车刀的主要特征是构成主切削刃的刀刃形状为一条轮廓误差很小的圆弧,该圆弧刃每一点都是圆弧形车刀的刀尖,因此刀位点在圆弧的圆心上。

### 2. 刀具的特点及选用

1) 尖形车刀

对于大多数精度要求不高的成形面,一般可选用尖形车刀进行加工。选用这类车刀切削圆弧,一定要选择合理的副偏角,防止副切削刃与已加工圆弧面产生干涉(图 4-15 中 $P$ 点为刀具干涉)。为避免车刀副后刀面与工件已车削轮廓表面产生干涉(图 4-16 所示),或车削圆弧的圆弧曲率半径较小产生的干涉,一般采用直头刀杆车削,如图 4-17 所示。

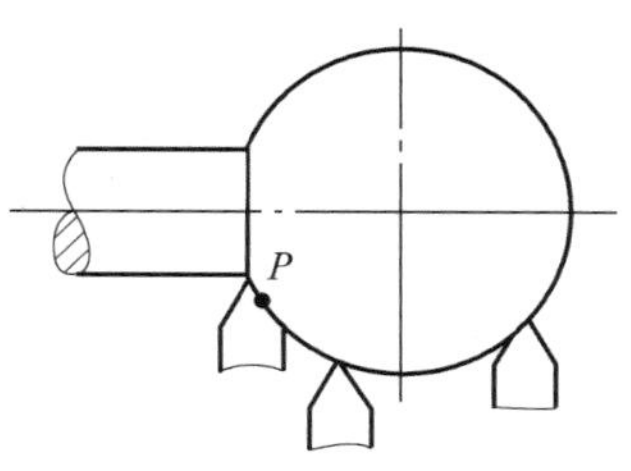


图 4-15 尖形车刀干涉

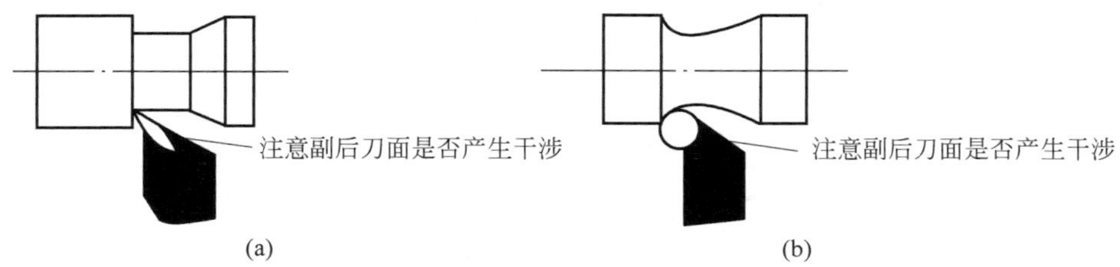


图 4-16 车刀副后面产生的干涉

(a) 加工外圆弧尖刀

(b) 加工内圆弧尖刀

图 4-17 直头刀杆车刀

2）圆弧形车刀

如图 4-18 所示，圆弧形车刀用于切削内、外表面，特别适合于车削各种光滑连接的成形面。在选用圆弧车刀切削圆弧时，切削刃的圆弧半径应小于或等于零件凹形轮廓上的最小曲率半径。一般加工圆弧半径较小的零件，可选用成形圆弧车刀，刀具的圆弧半径等于工件圆弧半径时，使用 G01 直线插补指令用直进法进行加工。

图 4-18 圆弧形车刀

# 【教】门吸零件的车削加工

## 一、任务分析

车削如图 4-1 所示门吸零件。

### 1. 确定装夹方案

根据零件图 4-1 所示，门吸零件需要加工右端球头面和车削圆锥 $\phi$20mm 的外圆柱面及 $R$2 倒角 1 处，其外圆柱表面粗糙度均为 $Ra1.6\mu m$，球头表面粗糙度均为 $Ra3.2\mu m$，同时还需要保证长度尺寸(80±0.06)mm，且无形位公差要求，但尺寸精度和表面粗糙度要求较高，因此，该零件采用三爪自定心卡盘装夹。

### 2. 确定定位基准

一次装夹，用 $\phi$50mm 毛坯的外圆作为定位基准。

### 3. 确定刀具

综合表 4-1 所分析内容，填写表 4-3 的刀具卡。

表 4-3 刀具卡

| 实 训 课 题 | | | 项目 4/任务 3 | 零件名称 | 导柱 | 零件图号 | SC-1 |
|---|---|---|---|---|---|---|---|
| 刀号 | 刀位号 | 偏置号 | 刀具名称及规格 | 材质 | 数量 | 刀尖半径 | 假想刀尖 |
| T0101 | 01 | 01 | 45°端面车刀 | 硬质合金 | 1 | | |
| T0202 | 02 | 02 | 35°右偏外圆尖刀 | 硬质合金 | 1 | 0.8 | 3 |
| T0303 | 03 | 03 | 35°右偏外圆尖刀 | 硬质合金 | 1 | 0.4 | 3 |
| T0404 | 04 | 04 | 切断车刀(宽 4mm) | 硬质合金 | 1 | | |

## 二、加工路线的拟定

根据零件图样要求、毛坯情况，确定门吸加工路线方案如下。

### 1. 检查阶段

(1) 检查毛坯的材料、直径和长度是否符合要求。

(2) 检查车床的开关按钮有无异常。

(3) 开启电源开关。

**2. 准备阶段**

(1) 程序录入。

(2) 程序模拟。

(3) 夹持 $\phi$50mm 毛坯外圆，留在卡盘外的长度大于 81mm。

(4) 按表 4-3 要求，分别安装 45°端面车刀 1 把、35°右偏外圆粗、精车刀各 1 把、切断刀 1 把至对应的刀位。

(5) 用 45°端面车刀手动车削右端面(车平即可)。

(6) 参考项目 1 任务 5 进行对刀操作，并验证对刀的正确性。

(7) 在刀偏界面 TIP 列对应的 G002、G003 行分别输入刀尖方位号 3。

**3. 加工阶段**

门吸零件的加工流程见表 4-4。

表 4-4 门吸零件的加工流程

| 序号 | 步骤 | 图示 | 刀具 | 加工方式 | 说明 |
|---|---|---|---|---|---|
| 1 | 车右端面 | 三爪卡盘卡爪 81 $\phi$50 | | 手动 | 对刀操作前完成 |
| 2 | 粗车球头 $\phi$20mm、$\phi$20mm 圆锥面，$\phi$46mm 外圆及 $R2$ 圆角，留 0.4mm 精车余量 | 三爪卡盘卡爪 R2 $\phi$20 $\phi$46 $\phi$20 10 51.64 18.36 | $r$0.8mm | 自动 | 专用量具检测各外圆是否有 0.5mm 余量 |
| 3 | 精车球头 $\phi$20mm、$\phi$20mm 圆锥面，$\phi$46mm 外圆及 $R2$ 圆角至公差尺寸要求 | | $r$0.4mm | 自动 | 检测 $\phi$20mm、$\phi$20mm 圆锥面、$\phi$46mm 外圆，如尺寸偏大，则应在 W01 处把多余的直径余量减去后，再次精车直至符合尺寸要求 |

续表

| 序号 | 步　骤 | 图　示 | 刀　具 | 加工方式 | 说　明 |
|---|---|---|---|---|---|
| 4 | 切断，保证工件总长 80mm | 三爪卡盘卡爪<br>80 | 刀宽 4mm | 手动 | 关闭车床防护门，匀速摇动手轮切断工件 |
| 5 | 停车，拆卸工件，清洁车床及车间 | | | | |

**4. 检测阶段**

（1）按照零件图样尺寸要求，对工件进行检测。

（2）上油。

（3）入库。

## 【做】进行门吸零件的车削

按照表 4-5 的相关要求，进行门吸零件的加工。

表 4-5　门吸零件数控车削过程记录卡

| 一、车削过程<br>门吸零件的车削过程为＿＿＿＿＿＿＿＿＿＿。<br>① 检查阶段　②准备阶段　③加工阶段　④检测阶段 | |
|---|---|
| 二、所需设备、工具和卡具 | 三、加工步骤 |
| 四、注意事项<br>① 车削圆弧类零件时，毛坯余量较大又不均匀或精度要求较高，应粗精加工分开进行。<br>② 粗车时，应先车削直径较大的一端，以避免过早降低工件的刚性。 | |
| 五、检测过程分析 | |
| 出现的问题： | 原因与解决方案： |

门吸零件的车削(1)

门吸零件的车削(2)

门吸零件的车削(3)

## 【评】门吸零件数控车削方案评价

根据表4-5中记录的内容，对门吸零件数控车削过程进行评价。门吸零件的数控车削过程评价见表4-6。

表4-6　门吸零件数控车削过程评价

| 项目 | 内　　容 | 分值 | 评价方式 | | | 备注 |
|---|---|---|---|---|---|---|
| | | | 自评 | 互评 | 师评 | |
| 车削项目 | $\phi(20\pm0.04)$mm外圆球头 | 10 | | | | 按照操作规程完成零件的车削 |
| | $\phi(46\pm0.05)$mm外圆，长度10mm | 10 | | | | |
| | $R2$倒角1处、$C1$倒角3处 | 10 | | | | |
| | 总长$(80\pm0.06)$mm | 10 | | | | |
| 车削步骤 | 刀具选择是否正确 | 10 | | | | 是否按要求进行规范操作 |
| | 车削过程是否正确 | 20 | | | | |
| 职业素养 | 卡具维护和保养 | 10 | | | | 按照7S管理要求规范现场 |
| | 工具定置管理 | 10 | | | | |
| | 安全文明操作 | 10 | | | | |
| 合　　计 | | 100 | | | | |
| 综合评价 | | | | | | |

## 【练】综合训练

### 一、填空题

1. 数控车削常用刀杆主要有________、________、________、________四种形式。
2. 90°车刀可分为________和________两种。

### 二、判断题

1. 加工精度较高的圆弧面时，尽量使精车余量均匀。　(　　)
2. 加工圆弧时，要注意防止刀具干涉。　(　　)

# 任务4　门吸的质量检测与分析

（1）认识圆弧类零件的检测方法。

（2）掌握圆弧类零件的检测方法及注意事项。

对门吸进行质量检测与分析，零件图样如图 4-1 所示。

## 【学】圆弧类零件检测的基础知识

### 一、检测圆弧类零件常用量具

**1. R 规**

1）用途和结构

R 规又叫半径样板或半径规，是带有一组准确内、外圆弧半径尺寸的测量样板，用于测量零件上过渡圆角的半径大小。测量样板分为测量内圆角样板和测量外圆角样板两种，分别位于保护板的两端，如图 4-19 所示。

R 规由精钢制成，叶片具有很高的精度。根据叶片多少分为 30、32、34 三大类。30 片的 R 规测量挡位 1.0～3.0mm，增量 0.25mm；32 片的 R 规测量挡位 3.5～7.0mm，增量 0.5mm。34 片的 R 规测量挡位 7.5～15.0mm，增量 0.5mm。

2）使用方法

（1）使用 R 规前，应先擦净 R 规和工件上的灰尘和污垢，而且测量样板不能有性能缺陷。

（2）在检验工件时，如图 4-20 所示，先用较小半径的样板试测，直到测量样板与测量面较好贴合为止（用光隙法检验），这时测量样板的半径就是被测面的过渡半径。注意，测量时，测量样板应大致与过渡面的脊线垂直，测量尺寸才准确。

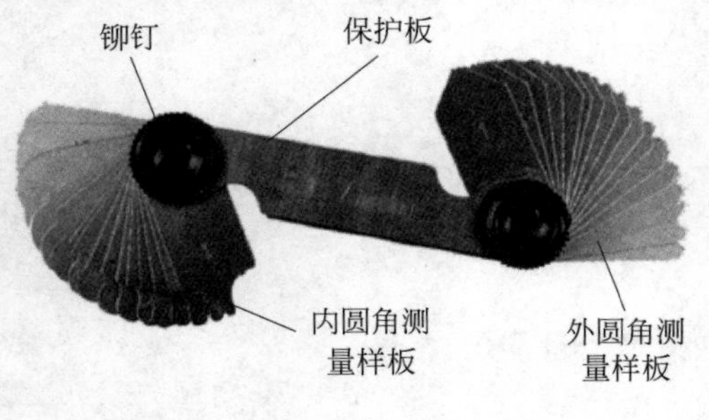


图 4-19　R 规

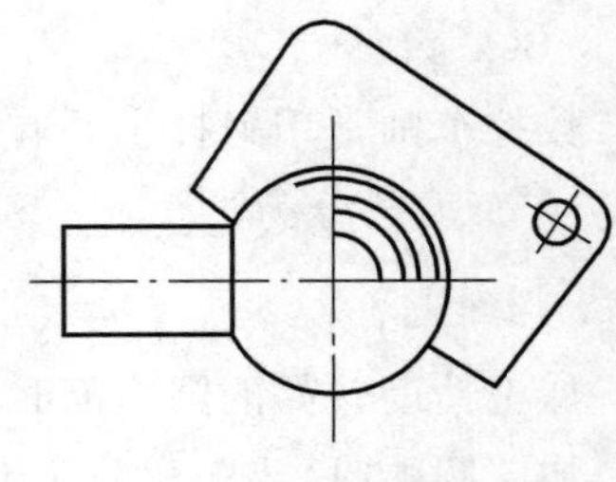

图 4-20　样板检测

(3) 半径小于或等于 10mm 的内圆角测量样板，其测量面的圆弧所对应的中心角应大于 150°；半径大于 10mm 的内圆角测量样板，其测量面的圆弧弦长应等于样板宽度。

(4) 半径小于或等于 14.5mm 的外圆角测量样板，其测量面的圆弧所对应的中心角应在 80°～90°范围内；半径大于 14.4mm 的外圆角测量样板，其测量面的圆弧所对应的中心角应大于 45°。

(5) 测量完毕后，测量尺要涂上防锈油，并折合到保护板内。

**2. 三坐标测量机**

1) 基本原理

三坐标测量机是一种几何量测量仪器，它的基本工作原理是将被测零件放入测量空间，精密地测出被测元素上测量点的三个坐标值，根据这些点的数值经过计算机数据处理，拟合成相关几何元素，如圆、球、圆柱、圆锥、曲面等，经过数学计算得出形状、位置公差及其他几何量数据，如图 4-21 所示。

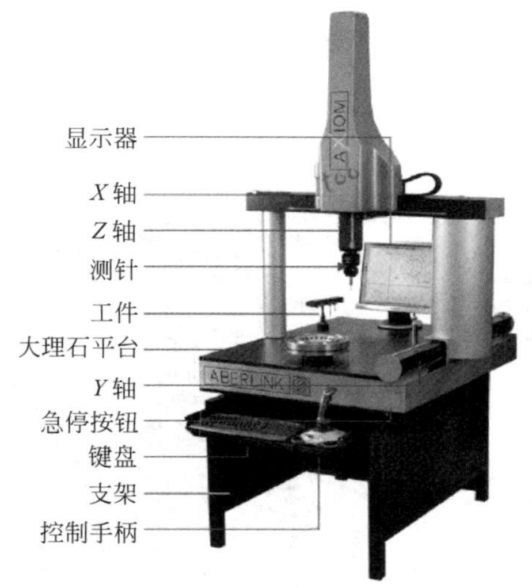


图 4-21 三坐标测量机

2) 三坐标测量机使用前的准备

(1) 开启压力空气干燥机，使冷干压力空气温度达到 5℃。

(2) 开机前应用无水乙醇擦拭机器导轨，擦拭导轨严禁使用任何性质的油脂。

(3) 开机前必须检查气源：气压 0.40～0.45MPa，并保持有持续气源供应，电压电流应符合交流电压(1±10%)×220V、电流 15A、接地电阻≤5Ω。

(4) 零件检测时应满足下列环境要求：室内温度(20±2)℃，相对湿度 25%～75%，气压要求为(0.43±0.01)MPa。

(5) 检查空压气管是否接好，气管是否漏气。气压低于规定值时，不准移动桥、滑架或 Z 导轨，否则会严重损坏机器。

(6) 被测零件在检测之前，应先清洗去毛刺，防止在加工完成后零件表面残留的冷却液及加工残留物影响测量机的测量精度及测尖的使用寿命。被测零件在测量之前应在室内恒温，如果温度相差过大会影响测量精度。根据零件的大小、材料、结构及精度等特点，适当选择恒温时间，以适应测量仪室内温度，减少冷热对零件尺寸的影响。

(7) 设备和工件确认性能完好方可作业。

3) 三坐标测量机测量过程

(1) 开机，机器归零。三坐标测量机有一个参考点，其归零过程与数控车床回参考点相似。

(2) 探针校准。测量时系统记录的是探针中心的坐标，而不是接触点的坐标，因此必须对探针的半径进行补偿，其类似于数控车床上的刀具偏置参数校准方法：使用校准球，利用探针对校准球测量，至少测量 5 个点，获取球的位置、直径、形状偏差，最终得到探针的半径值。

(3) 零件的找正。测量前应确定零件坐标系在三坐标测量机坐标系中的位置，其类似于数控加工中的对刀操作。找正方法：采用"3-2-1"方法，即测量 3 个点确定一个基准面，然后测量 2 个点确定基准轴，最后测量 1 个点确定原点位置。

(4) 数据的测量。测量数据应能反映零件的特征，同时数据应尽量少。三坐标测量机测量软件操作界面如图 4-22 所示。

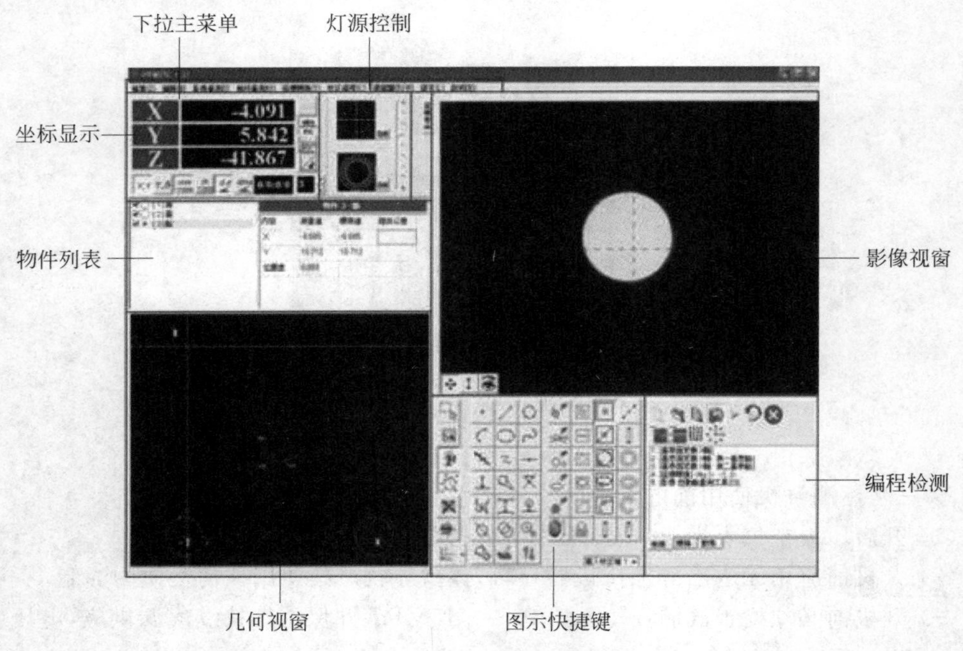


图 4-22　三坐标测量机测量软件操作界面

## 二、圆弧类零件的质量分析

操作者的技能水平会对零件加工表面质量产生直接的影响。表 4-7 中工艺系统所产生的尺寸精度降低可由对车床和夹具的调整来解决，而前面三项对尺寸精度的影响因素则可以通过操作者正确、细致的操作来解决。

表 4-7 圆弧表面质量影响因素及产生原因

| 影响因素 | 序号 | 产生原因 |
|---|---|---|
| 装夹与校正 | 1 | 工件校正不正确 |
| | 2 | 工件装夹不牢固,加工过程中产生松动与振动 |
| 刀具 | 3 | 对刀不正确 |
| | 4 | 刀具在使用过程中产生磨损 |
| | 5 | 刀具刚性差,刀具加工过程中产生振动 |
| 加工 | 6 | 背吃刀量过大,导致刀具发生弹性变形 |
| | 7 | 刀具长度补偿参数设置不正确 |
| | 8 | 精加工余量选择过大或过小 |
| | 9 | 切削用量选择不当,导致切削力、切削热过大,从而产生热变形和内应力 |
| 工艺系统 | 10 | 车床原理误差 |
| | 11 | 车床几何误差 |
| | 12 | 工件定位不正确或夹具与定位元件有制造误差 |

# 【教】门吸的检测过程

## 一、检测原理

### 1. 确定方法

根据零件图 4-1 所示,对门吸零件上每一个尺寸进行三次检测,然后求取平均值,将最终检测结果填入表 4-8 中。

### 2. 确定量具

0～150mm 游标卡尺 1 把,三坐标测量机 1 台,25～50mm 千分尺 1 把。

## 二、检测流程

量取尺寸→记录数值→求平均值→结果填入表 4-8。

表 4-8 门吸的检测结果

| 尺寸代号 | 实际检测值 | | | 平均值 | 是否合格 |
|---|---|---|---|---|---|
| | 1 | 2 | 3 | | |
| $\phi(20\pm0.04)$mm | | | | | |
| $\phi(46\pm0.05)$mm | | | | | |
| $R2$ 倒角 1 处 | | | | | |
| $C1$ 倒角 3 处 | | | | | |
| 10mm | | | | | |
| $(80\pm0.06)$mm | | | | | |

续表

| 尺寸代号 | 实际检测值 | | | 平均值 | 是否合格 |
|---|---|---|---|---|---|
| | 1 | 2 | 3 | | |
| $Ra1.6\mu m$ | | | | | |
| $Ra6.3\mu m$ | | | | | |
| 不合格的原因及解决措施 | | | | | |

## 【做】进行门吸的检测

按照表 4-9 的相关要求，进行门吸零件的检测。

表 4-9 门吸零件检测过程记录卡

| 一、检测过程<br>1. 门吸零件的检测过程为＿＿＿＿＿＿＿＿＿＿。<br>① 量取尺寸 ②记录数值 ③求平均值 ④结果填表<br>2. 门吸零件检测所需量具有＿＿＿＿＿＿＿＿＿。（千分尺、游标卡尺、三坐标测量机） | |
|---|---|
| 二、所需设备、量具和卡具 | 三、检测步骤 |
| 四、注意事项<br>(1) 不能在游标卡尺尺身处做记号或打钢印。<br>(2) 使用千分尺时，要慢慢转动微分筒，不要握住微分筒摇动。<br>(3) 三坐标测量机工作时的规范要求。 | |
| 五、检测过程分析 | |
| 出现的问题： | 原因与解决方案： |

门吸零件的质量检测与分析(1)

门吸零件的质量检测与分析(2)

门吸零件的质量检测与分析(3)

## 【评】门吸检测方案评价

根据表 4-9 中记录的内容，对门吸零件的检测过程进行评价，见表 4-10。

表 4-10　门吸检测过程评价

<table>
<tr><th rowspan="2">项目</th><th rowspan="2" colspan="2">内容</th><th rowspan="2">分值</th><th colspan="3">评价方式</th><th rowspan="2">备注</th></tr>
<tr><th>自评</th><th>互评</th><th>师评</th></tr>
<tr><td rowspan="8">检测方法</td><td rowspan="2">外圆尺寸</td><td>$\phi(20\pm0.04)$mm</td><td>10</td><td></td><td></td><td></td><td rowspan="8">严格按照所需量具的操作规程完成导柱的检测</td></tr>
<tr><td>$\phi(46\pm0.05)$mm</td><td>10</td><td></td><td></td><td></td></tr>
<tr><td rowspan="2">长度尺寸</td><td>10mm</td><td>5</td><td></td><td></td><td></td></tr>
<tr><td>$(80\pm0.1)$mm</td><td>5</td><td></td><td></td><td></td></tr>
<tr><td rowspan="2">倒角</td><td>$R2$ 倒角 1 处</td><td>4</td><td></td><td></td><td></td></tr>
<tr><td>$C1$ 倒角 3 处</td><td>6</td><td></td><td></td><td></td></tr>
<tr><td rowspan="2">粗糙度</td><td>$Ra1.6\mu m$</td><td>5</td><td></td><td></td><td></td></tr>
<tr><td>$Ra6.3\mu m$</td><td>5</td><td></td><td></td><td></td></tr>
<tr><td rowspan="2">检测步骤</td><td colspan="2">量具选择是否正确</td><td>10</td><td></td><td></td><td></td><td rowspan="2">是否按要求进行规范操作</td></tr>
<tr><td colspan="2">检测过程是否正确</td><td>10</td><td></td><td></td><td></td></tr>
<tr><td rowspan="3">职业素养</td><td colspan="2">量具维护和保养</td><td>10</td><td></td><td></td><td></td><td rowspan="3">按照 7S 管理要求规范现场</td></tr>
<tr><td colspan="2">工具定置管理</td><td>10</td><td></td><td></td><td></td></tr>
<tr><td colspan="2">安全文明操作</td><td>10</td><td></td><td></td><td></td></tr>
<tr><td colspan="3">合　计</td><td>100</td><td></td><td></td><td></td><td></td></tr>
<tr><td>综合评价</td><td colspan="7"></td></tr>
</table>

## 【练】综合训练

一、填空题

1. 常用的 R 规根据叶片多少分类有________、________、________三类规格。
2. 三坐标测量机有一个参考点，开机时需要________。

二、判断题

1. 三坐标测量机测量完成后，必须清洗工作面。　（　　）
2. 三坐标测量机周边的墙壁上要挂温度计和湿度计。　（　　）

三、选择题

1. 三坐标测量机检测零件时应满足的温度要求是（　　）。

A. 室内温度：(20±2)℃　　B. 室内温度：(25±2)℃

C. 室内温度：(15±2)℃　　D. 以上都可以

2. 三坐标测量机检测零件时应满足的湿度要求是(　　)。

A. 15%～35%　　B. 25%～75%

C. 35%～55%　　D. 55%～75%

## 四、简答题

1. 车圆弧类零件时，尺寸精度不合格的原因是什么？如何预防？

2. 车圆弧类零件时，精加工余量过大的原因是什么？如何预防？

# 项目5

# 螺纹类零件加工

## 教学目标

(1) 知道常用螺纹的分类。
(2) 知道螺纹类零件的加工方法。
(3) 学会螺纹切削指令 G32、G92、G76 的编程应用。
(4) 能车削出合格的螺栓零件。
(5) 能对螺栓零件进行检测及质量分析。

## 典型任务

对某企业螺栓样件进行数控车削加工。

## 任务1　螺栓的加工工艺分析

### 学习目标

(1) 知道螺纹的分类。
(2) 知道螺纹的基本参数。
(3) 能制定数控车床加工螺纹的工艺方案。

### 任务描述

对螺栓零件进行加工工艺方案设计。零件图样如图 5-1 所示。

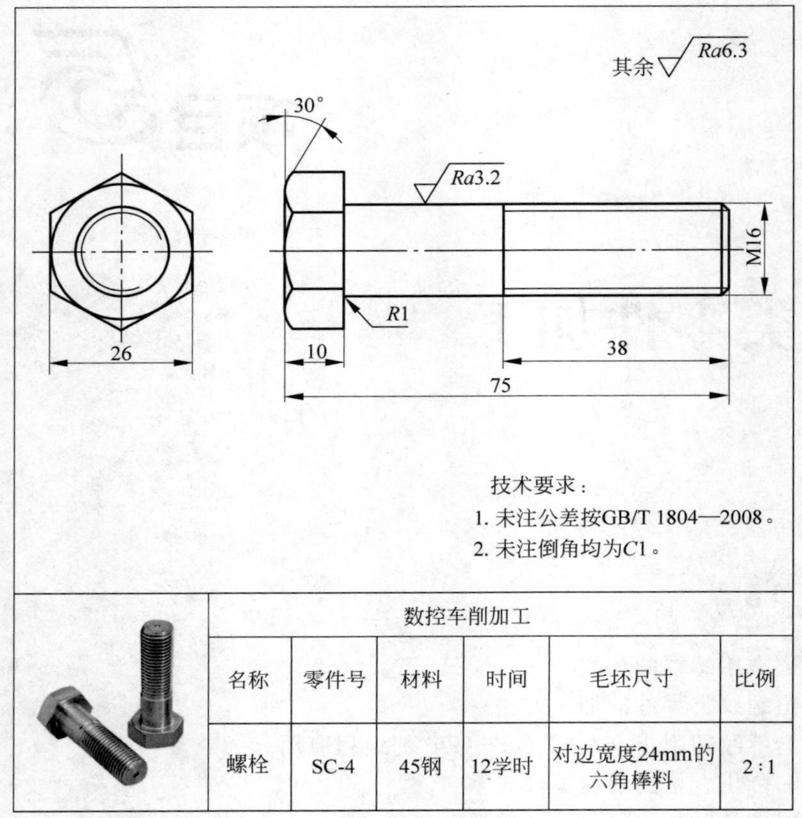


| 数控车削加工 | | | | | |
|---|---|---|---|---|---|
| 名称 | 零件号 | 材料 | 时间 | 毛坯尺寸 | 比例 |
| 螺栓 | SC-4 | 45钢 | 12学时 | 对边宽度24mm的六角棒料 | 2∶1 |

图 5-1　螺栓

# 【学】螺纹类零件加工工艺的基础知识

## 一、螺纹基础知识

螺纹是回转体表面沿螺旋线形成的具有相同断面的连续凸起和沟槽，也可以认为是由平面图形（三角形、梯形、矩形等）绕和它共面的回转轴线做螺旋运动的轨迹。

### 1. 螺纹的分类

按用途不同，螺纹可分为紧固螺纹和传动螺纹。紧固螺纹用于零部件之间的紧固和连接，传动螺纹用于传递运动和动力。

按牙形特点，螺纹可分为三角形螺纹、矩形螺纹、锯齿形螺纹和梯形螺纹。

按旋转方向，螺纹可分为右旋螺纹和左旋螺纹。

按螺纹线的多少，螺纹可分为单线螺纹和多线螺纹。

按螺纹线在工件上的位置，螺纹可分为外螺纹、内螺纹和端面螺纹。

### 2. 常用螺纹的牙形

沿螺纹轴线剖开的截面内，螺纹牙两侧边的夹角构成螺纹的牙形。常用螺纹的牙形有三角形、梯形、锯齿形、矩形等。螺纹的牙形中最主要的参数是牙形角 $\alpha$，即螺纹牙形上相邻两牙侧间的夹角。普通三角形螺纹的牙形角为 60°，英制螺纹的牙形角为 55°，公制梯形螺纹的牙形角为 30°，如图 5-2 所示。

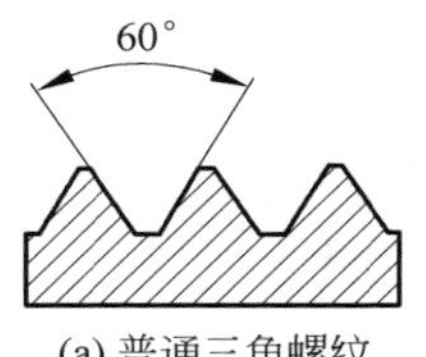

(a) 普通三角螺纹

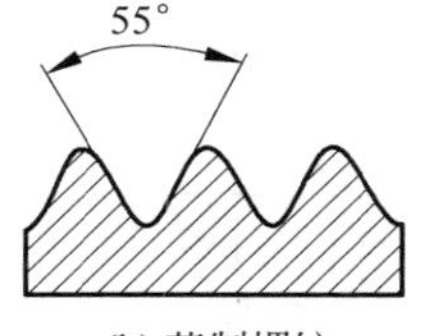

(b) 英制螺纹

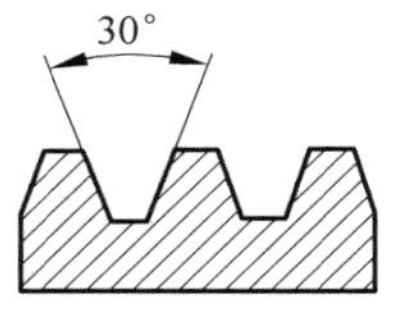

(c) 公制梯形螺纹

图 5-2　常用螺纹的牙形

**3. 普通螺纹**

1）粗牙普通螺纹与细牙普通螺纹

普通螺纹是我国应用最为广泛的一种三角形螺纹，它的牙形角为 60°。普通螺纹分为粗牙普通螺纹和细牙普通螺纹。粗牙普通螺纹的螺距是标准螺距，其代号用字母 M 及公称直径表示，如 M16、M12 等。粗牙普通螺纹的螺距不标注，可查表得出，常用粗牙普通螺纹直径与螺距的关系见表 5-1。细牙普通螺纹代号用字母 M 及公称直径×螺距表示，如 M24×1.5、M27×2 等。

**表 5-1　粗牙普通螺纹直径与螺距的关系（最常用部分）**

| 直径（$D$）/mm | 6 | 8 | 10 | 12 | 14 | 16 | 18 | 20 | 22 | 24 | 27 |
|---|---|---|---|---|---|---|---|---|---|---|---|
| 螺距（$P$）/mm | 1 | 1.25 | 1.5 | 1.75 | 2 | 2 | 2.5 | 2.5 | 2.5 | 3 | 3 |

2）普通螺纹牙形的参数

如图 5-3 所示，在三角形螺纹的理论牙形中，$D$ 是内螺纹大径（公称直径），$d$ 是外螺纹大径（公称直径），$D_2$ 是内螺纹中径，$d_2$ 是外螺纹中径，$D_1$ 是内螺纹小径，$d_1$ 是外螺纹小径，$P$ 是螺距，$H$ 是螺纹三角形的高度。

公称直径（$d$ 或 $D$）指螺纹大径的基本尺寸。螺纹大径（$d$ 或 $D$）也称外螺纹顶径或内螺纹底径。

螺纹小径（$d_1$ 或 $D_1$）也称外螺纹底径或内螺纹顶径。

螺纹中径（$d_2$ 或 $D_2$）是一个假想圆柱的直径，该圆柱剖切面牙形的沟槽和凸起宽度相等。同规格的外螺纹中径 $d_2$ 和内螺纹中径 $D_2$ 公称尺寸相等。

螺距（$P$）是螺纹上相邻两牙在中径上对应点间的轴向距离。

导程（$L$）是一条螺旋线上相邻两牙在中径上对应点间的轴向距离，如螺纹为多线螺纹，螺纹的线数用 $n$ 表示，则 $L=n\times P$。

理论牙形高度（$H$）是在螺纹牙形上牙顶到牙底之间垂直于螺纹轴线的距离。

**4. 管螺纹**

1）分类

管螺纹在国际标准中分为英制管螺纹（55°非密封管螺纹和 55°密封管螺纹）、美制管螺纹（60°密封管螺纹）和米制锥螺纹三种。

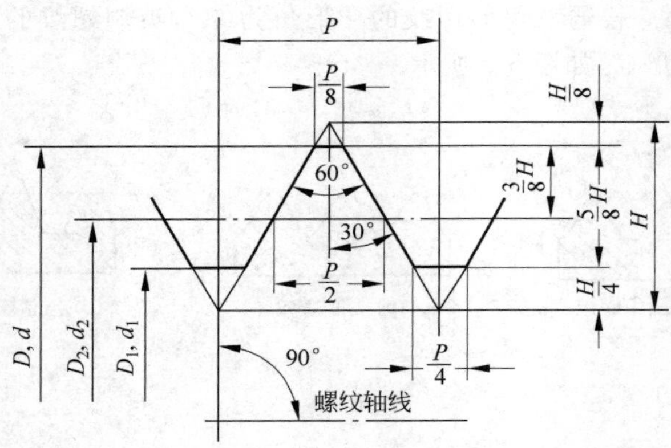


图 5-3 三角形螺纹理论牙形

管螺纹的标记见表 5-2。

表 5-2 管螺纹的标记

| 管螺纹种类 | | | 特征代号 | 牙形角 | 标记实例 | 标记方法 |
|---|---|---|---|---|---|---|
| 英制管螺纹 | 55°非密封管螺纹 | 圆柱管螺纹 | G | 55° | G1/2A<br>示例说明：<br>G——圆柱管螺纹，属于 55°非密封管螺纹。<br>1/2——尺寸代号。<br>A——外螺纹公差等级代号 | 尺寸代号：在向米制管螺纹转化时，已为人熟悉的、原代表螺纹公称直径(单位为英寸)的简单数字被保留下来，没有换算成毫米，不再称作公称直径，也不是螺纹本身的任何直径尺寸，只是无单位的代号。右旋不标旋向代号 |
| | 55°密封管螺纹 | 圆锥内螺纹 | Rc | 55° | $Rc1\frac{1}{2}$—LH<br>示例说明：<br>Rc——圆锥内螺纹，属于 55°密封管螺纹。<br>$1\frac{1}{2}$——尺寸代号。<br>LH——左旋 | |
| | | 圆柱内螺纹 | Rp | | | |
| | | 与圆柱内螺纹配合的圆锥外螺纹 | R1 | | | |
| | | 与圆锥内螺纹配合的圆锥外螺纹 | R2 | | | |
| 美制管螺纹 | | 圆锥管螺纹(内外) | NPT | 60° | NPT3/4—LH<br>示例说明：<br>NPT——圆锥管螺纹，属于 60°密封管螺纹。<br>3/4——尺寸代号。<br>LH——左旋 | |
| | | 与圆锥外螺纹配合的圆柱内螺纹 | NPSC | 60° | NPSC3/4<br>示例说明：<br>NPSC——与圆锥外螺纹配合的圆柱内螺纹，属于 60°密封管螺纹。<br>3/4——尺寸代号。<br>LH——左旋 | |

续表

| 管螺纹种类 | | 特征代号 | 牙形角 | 标记实例 | 标记方法 |
|---|---|---|---|---|---|
| 米制管螺纹 | 米制圆锥(管螺纹) | ZM | 60° | ZM14—S<br>示例说明：<br>ZM——米制锥螺纹。<br>14——基面上螺纹公称直径。<br>S——短基距(标准基距可省略) | 右旋不标旋向代号 |

(2) 牙形及应用

管螺纹常在液体或气体管路中作接头或旋塞用，其具体的牙形及应用见表5-3。

表 5-3 管螺纹的牙形及应用

| 管螺纹 | | 牙形 | 牙形角 | 应用特点 | 应用举例 |
|---|---|---|---|---|---|
| 英制管螺纹 | 55°非密封管螺纹 | — | 55° | 无锥度，适用于较低的压力 | 适用于管接头、旋塞、阀门及其附件 |
| | 55°密封管螺纹 | 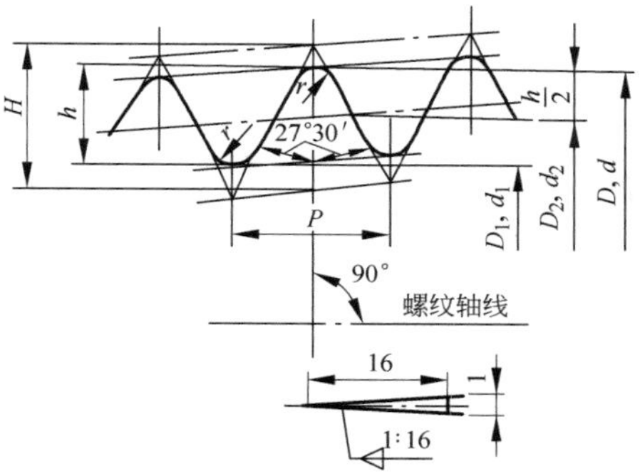 H h r 27°30′ P $\frac{h}{2}$ $D_1,d_1$ $D_2,d_2$ D,d 90° 螺纹轴线 16 1 1:16 | 55° | 1∶16的锥度可以使管螺纹连接时越旋越紧。适应较高的压力 | 适用于管子、管接头、旋塞、阀门及附件 |
| 美制密封管螺纹 | | 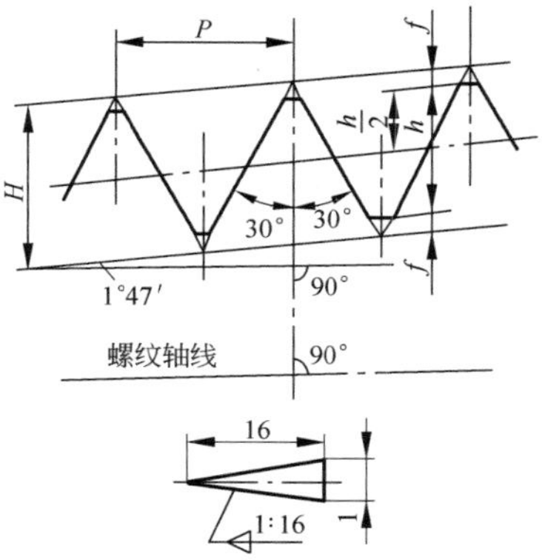 P f H h $\frac{h}{2}$ 30° 30° 1°47′ 90° 螺纹轴线 90° 16 1 1:16 | 60° | — | 适用于车床上的油管、水管、气管的连接 |

续表

| 管螺纹 | 牙　形 | 牙形角 | 应用特点 | 应用举例 |
|---|---|---|---|---|
| 米制管螺纹 | 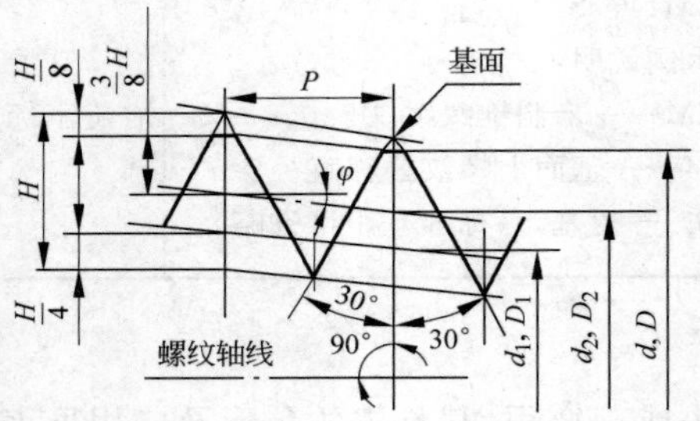  | 60° | — | 适用于气体或液体管路系统依靠螺纹密封的连接螺纹(水、煤气管道用螺纹除外) |

## 二、螺纹的加工分析

螺纹的加工方法很多，对大规模生产直径较小的三角形螺纹，常采用滚丝、搓丝或轧丝的方法，对数量较少或批量不大的螺纹工件常采用车削的方法。螺纹的加工，既要保证其精度要求，也要保证其表面质量。

### 1. 螺纹的加工方法

1）螺纹切削

螺纹切削一般指用成形刀具或磨具在工件上加工螺纹的方法，主要有车削、铣削、攻丝、套丝、磨削、研磨和旋风切削等。车削、铣削和磨削螺纹时，工件每转一转，车床的传动链保证车刀、铣刀或砂轮沿工件轴向准确而均匀地移动一个导程。

2）螺纹滚压

螺纹滚压是用成形滚压模具使工件产生塑性变形以获得螺纹的加工方法。螺纹滚压一般在滚丝机、搓丝机或在附装自动开合螺纹滚压头的自动车床上进行，适用于大批量生产标准紧固件和其他螺纹连接件的外螺纹。滚压一般不能加工内螺纹，但对材质较软的工件可用无槽挤压丝锥冷挤内螺纹(最大直径可达 30mm)，工作原理与攻丝类似。

### 2. 普通螺纹加工尺寸分析

1）外圆柱面的直径及螺纹实际小径的确定

车削外螺纹时，需要先计算出实际车削的外圆柱面直径 $d_{计}$ 和螺纹实际小径 $d_{1计}$。

**例**：车削 M30×2 的外螺纹，材料为 45 钢，试计算实际车削时的外圆柱面直径 $d_{计}$ 及螺纹实际小径 $d_{1计}$。

车削螺纹时，零件材料因受车刀挤压而使外径胀大，因此螺纹部分的零件外径应比螺纹的公称直径小 0.2～0.4mm，一般取 $d_{计}=d-0.1P$。则外圆柱面直径 $d_{计}=d-0.1P=30-0.1\times2=29.8(\text{mm})$。

在实际生产中，为了计算方便，不考虑螺纹车刀的刀尖半径 $r$ 的影响，一般取螺纹实际牙形高度 $H_{实}=0.6495P$，常取 $H_{实}=0.65P$。则螺纹实际小径 $d_{1计}=d-2H_{实}=d-1.3P=30-1.3\times2=27.4$(mm)。

2）内螺纹的底孔直径 $D_{1计}$ 的确定

车削内螺纹时，需要计算实际车削时的内螺纹底孔的直径 $D_{1计}$。

由于车刀车削时的挤压作用，内孔直径要缩小，所以车削内螺纹的底孔直径应大于外螺纹的小径。实际车削时的内螺纹的底径直径可通过以下公式计算：

钢和塑性材料取 $D_{1计}=D-P$；

铸铁和脆性材料 $D=D-(1.05\sim1.1)P$。

**例**：车削 M24×1.5 的内螺纹，材料为 45 钢，试计算实际车削时的内螺纹的底孔直径 $D_{1计}$。

$$D_{1计}=D-P=24-1.5=22.5(\text{mm})$$

3）螺纹起点和螺纹终点轴向尺寸的确定

由于车削螺纹起始需要一个加速过程，结束前有一个减速过程，因此车削螺纹时，两端必须设置足够的升速切入段 $\delta_1$ 和减速切出段 $\delta_2$。一般情况下取升速切入段 $\delta_1=2P$，减速切出段 $\delta_2=P$。

注意，在空走刀行程阶段，车刀不要与工件发生干涉，有退刀槽的工件，减速切出段 $\delta_2$ 的长度要小于退刀槽的宽度，如图 5-4 所示。

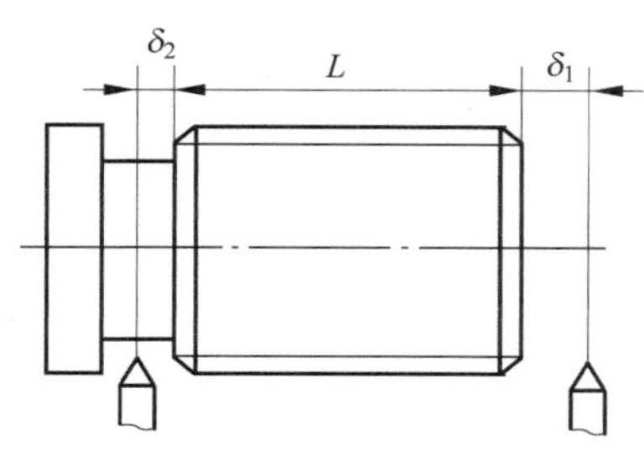


图 5-4 螺纹的起点和终点

**3. 管螺纹加工尺寸分析**

在实际运用中，通常使用英制管螺纹与美制管螺纹，米制管螺纹使用得较少，下面分析英制管螺纹的加工。

1）英制非密封管螺纹(G)

(1) 牙形如图 5-5 所示。

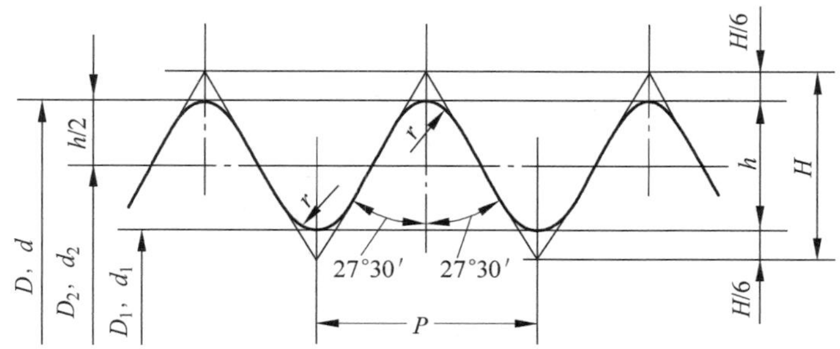


图 5-5 英制非密封圆柱管螺纹的牙形

(2) 基本尺寸。英制非密封管螺纹的基本尺寸见表 5-4。

$$D_2 = d_2 = D - 0.64P$$

$$D_1 = d_1 = D - 1.28P$$

表 5-4 英制非密封管螺纹的基本尺寸

| 尺寸代号 | 牙数 $n$ | 螺距 $P$ | 牙高 $(H,h)$ | 基本直径 | | |
|---|---|---|---|---|---|---|
| | | | | 大径 $d=D$ | 中径 $d_2=D_2$ | 小径 $d_1=D_1$ |
| G1/16 | 28 | 0.907 | 0.581 | 7.723 | 7.142 | 6.561 |
| G1/8 | 28 | 0.907 | 0.581 | 9.728 | 9.147 | 8.566 |
| G1/4 | 19 | 1.337 | 0.856 | 13.157 | 12.301 | 11.445 |
| G3/8 | 19 | 1.337 | 0.856 | 16.662 | 15.806 | 14.95 |
| G1/2 | 14 | 1.814 | 1.162 | 20.955 | 19.793 | 18.631 |
| G5/8 | 14 | 1.814 | 1.162 | 22.911 | 21.749 | 20.587 |
| G3/4 | 14 | 1.814 | 1.162 | 26.441 | 25.279 | 24.117 |
| G7/8 | 14 | 1.814 | 1.162 | 30.201 | 29.039 | 27.877 |
| G1 | 11 | 2.309 | 1.479 | 33.249 | 31.77 | 30.291 |
| G1 1/8 | 11 | 2.309 | 1.479 | 37.897 | 36.418 | 34.939 |
| G1 1/4 | 11 | 2.309 | 1.479 | 41.91 | 40.431 | 38.952 |
| G1 3/8 | 11 | 2.309 | 1.479 | 44.323 | 42.844 | 41.365 |
| G1 1/2 | 11 | 2.309 | 1.479 | 47.803 | 46.324 | 44.845 |
| G1 3/4 | 11 | 2.309 | 1.479 | 53.746 | 52.267 | 50.788 |
| G2 | 11 | 2.309 | 1.479 | 59.614 | 58.135 | 56.656 |
| G2 1/4 | 11 | 2.309 | 1.479 | 65.71 | 64.231 | 62.752 |
| G2 1/2 | 11 | 2.309 | 1.479 | 75.184 | 73.705 | 72.226 |
| G2 3/4 | 11 | 2.309 | 1.479 | 81.534 | 80.055 | 78.576 |
| G3 | 11 | 2.309 | 1.479 | 87.884 | 86.405 | 84.926 |

续表

| 尺寸代号 | 牙数 $n$ | 螺距 $P$ | 牙高($H,h$) | 基本直径 | | |
|---|---|---|---|---|---|---|
| | | | | 大径 $d=D$ | 中径 $d_2=D_2$ | 小径 $d_1=D_1$ |
| G3¼ | 11 | 2.309 | 1.479 | 93.98 | 92.501 | 91.022 |
| G3½ | 11 | 2.309 | 1.479 | 100.33 | 98.351 | 97.372 |
| G3¾ | 11 | 2.309 | 1.479 | 106.68 | 105.201 | 103.722 |
| G4 | 11 | 2.309 | 1.479 | 113.03 | 111.55 | 110.072 |
| G4½ | 11 | 2.309 | 1.479 | 125.73 | 124.251 | 122.772 |
| G5 | 11 | 2.309 | 1.479 | 138.43 | 136.951 | 135.472 |
| G5½ | 11 | 2.309 | 1.479 | 151.13 | 149.651 | 148.172 |
| G6 | 11 | 2.309 | 1.479 | 163.83 | 162.351 | 160.872 |

2）英制密封管螺纹

（1）牙形如图5-6和图5-7所示。

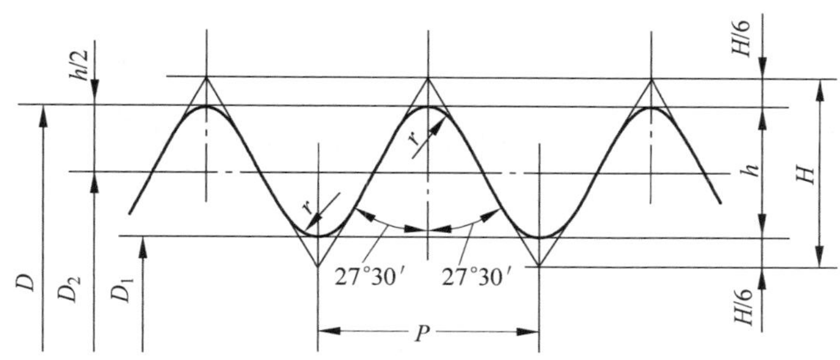


图5-6　英制密封圆柱管螺纹的牙形

（2）基准平面的位置。英制密封圆锥外螺纹基准平面的理论位置位于垂直于螺纹轴线与参考平面相距一个基准距离的平面内，如图5-8所示；英制密封圆柱和圆锥内螺纹基准平面的理论位置位于垂直于螺纹轴线、深入参考平面以内半个螺距的平面内，如图5-9所示。

（3）基本尺寸。英制密封管螺纹的基本尺寸见表5-5。

$$D_2 = d_2 = D - 0.64P$$

$$D_1 = d_1 = D - 1.28P$$

（4）配合方式。由圆柱内螺纹与圆锥外螺纹组成“柱/锥”配合；由圆锥内螺纹与圆锥外螺纹组成“锥/锥”配合。

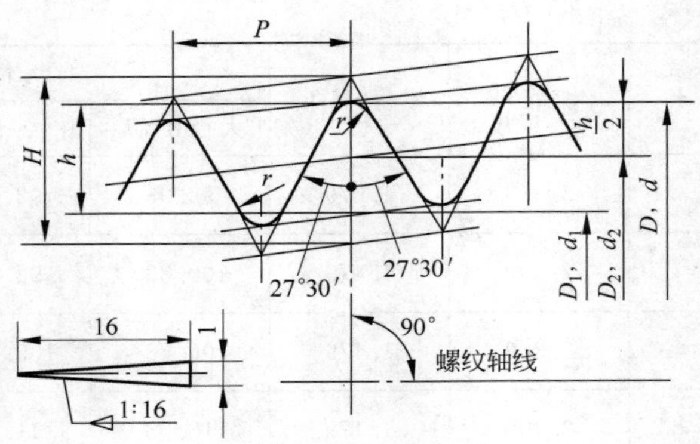


图 5-7 英制密封圆锥管螺纹的牙形

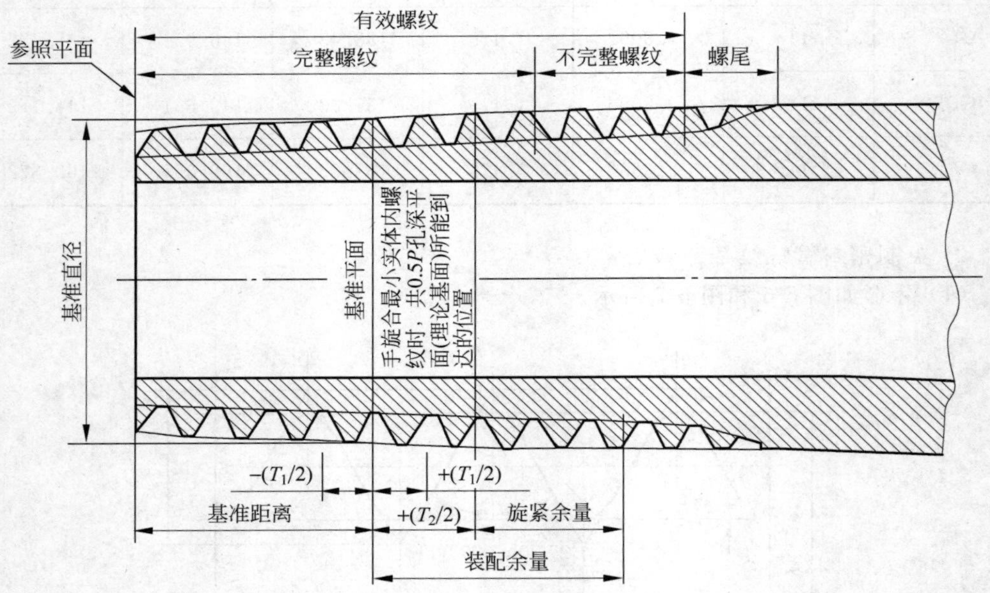


图 5-8 英制密封圆锥外螺纹上主要尺寸的分布位置

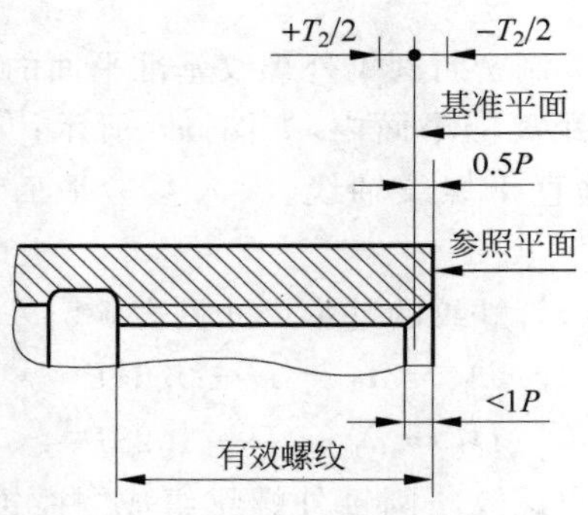


图 5-9 英制密封内螺纹上主要尺寸的分布位置

表 5-5 英制密封管螺纹的基本尺寸及其公差

| 1 | 2 | 3 | 4 | 5 | 6 | 7 | 8 | 9 | 10 | 11 | 12 | 13 | 14 | 15 | 16 | 17 | 18 | 19 |
|---|---|---|---|---|---|---|---|---|---|---|---|---|---|---|---|---|---|---|
| 尺寸代号 | 牙数 $n$ | 螺距 $P$ | 牙高 $(H,h)$ | 基准平面内的基本直径 | | | 基准距离 | | | | | 装配余量 | | 外螺纹的有效螺纹不小于基准距离 | | | 内螺纹直径的极限偏差 $\pm T_2/2$ | |
| | | | | 大径(基准直径) $d=D$ | 中径 $d_2=D_2$ | 小径 $d_1=D_1$ | 基本 | 极限偏差 $\pm T_1/2$ | | 最大 | 最小 | | | 基本 | 最大 | 最小 | 径向 | 轴向 |
| | | mm | | | | | mm | mm | 圈数 | mm | mm | mm | 圈数 | mm | | | mm | 圈数 |
| 1/16 | 28 | 0.907 | 0.581 | 7.723 | 7.142 | 6.561 | 4 | 0.9 | 1 | 4.9 | 3.1 | 2.5 | 2¾ | 6.5 | 7.4 | 5.6 | 0.071 | 1¼ |
| 1/8 | 28 | 0.907 | 0.581 | 9.728 | 9.147 | 8.566 | 4 | 0.9 | 1 | 4.9 | 3.1 | 2.5 | 2¾ | 6.5 | 7.4 | 5.6 | 0.071 | 1¼ |
| 1/4 | 19 | 1.337 | 0.856 | 13.157 | 12.301 | 11.445 | 6 | 1.3 | 1 | 7.3 | 4.7 | 3.7 | 2¾ | 9.7 | 11.0 | 8.4 | 0.104 | 1¼ |
| 3/8 | 19 | 1.337 | 0.856 | 16.662 | 15.806 | 14.950 | 6.4 | 1.3 | 1 | 7.7 | 5.1 | 3.7 | 2¾ | 10.1 | 11.4 | 8.8 | 0.104 | 1¼ |
| 1/2 | 14 | 1.814 | 1.162 | 20.955 | 19.793 | 18.631 | 8.2 | 1.8 | 1 | 10.0 | 6.4 | 5.0 | 2¾ | 13.2 | 15.0 | 11.4 | 0.142 | 1¼ |
| 3/4 | 14 | 1.814 | 1.162 | 26.441 | 25.279 | 24.117 | 9.5 | 1.8 | 1 | 11.3 | 7.7 | 5.0 | 2¾ | 14.5 | 16.3 | 12.7 | 0.142 | 1¼ |
| 1 | 11 | 2.309 | 1.479 | 33.249 | 31.77 | 30.291 | 10.4 | 2.3 | 1 | 12.7 | 8.1 | 6.4 | 2¾ | 16.8 | 19.1 | 14.5 | 0.180 | 1¼ |
| 1¼ | 11 | 2.309 | 1.479 | 41.910 | 40.431 | 38.952 | 12.7 | 2.3 | 1 | 15.0 | 10.4 | 6.4 | 2¾ | 19.1 | 21.4 | 16.8 | 0.180 | 1¼ |
| 1½ | 11 | 2.309 | 1.479 | 47.803 | 46.324 | 44.845 | 12.7 | 2.3 | 1 | 15.0 | 10.4 | 6.4 | 2¾ | 19.1 | 21.4 | 16.8 | 0.180 | 1¼ |
| 2 | 11 | 2.309 | 1.479 | 59.614 | 58.135 | 56.656 | 15.9 | 2.3 | 1 | 18.2 | 13.6 | 7.5 | 3¼ | 23.4 | 25.7 | 21.1 | 0.180 | 1¼ |
| 2½ | 11 | 2.309 | 1.479 | 75.184 | 73.705 | 72.226 | 17.5 | 3.5 | 1½ | 21.0 | 14.0 | 9.2 | 4 | 26.7 | 30.2 | 23.2 | 0.216 | 1½ |
| 3 | 11 | 2.309 | 1.479 | 87.884 | 86.405 | 84.926 | 20.6 | 3.5 | 1½ | 24.1 | 17.1 | 9.2 | 4 | 29.8 | 33.3 | 26.3 | 0.216 | 1½ |
| 4 | 11 | 2.309 | 1.479 | 113.030 | 111.551 | 110.072 | 25.4 | 3.5 | 1½ | 28.9 | 21.9 | 10.4 | 4½ | 35.8 | 39.3 | 32.3 | 0.216 | 1½ |
| 5 | 11 | 2.309 | 1.479 | 138.430 | 136.951 | 135.472 | 28.6 | 3.5 | 1½ | 32.1 | 25.1 | 11.5 | 5 | 40.1 | 43.6 | 36.6 | 0.216 | 1½ |
| 6 | 11 | 2.309 | 1.479 | 163.830 | 162.351 | 160.872 | 28.6 | 3.5 | 1½ | 32.1 | 25.1 | 11.5 | 5 | 40.1 | 43.6 | 36.6 | 0.216 | 1½ |

## 【教】螺栓加工工艺方案设计

### 一、任务分析

设计如图 5-1 所示螺栓零件的数控车削加工工艺方案。

**1. 图样分析**

螺栓零件需要加工左右两个端面和车削 M16 外螺纹大径、M16 螺纹及 $C1$ 倒角、30°倒角、$R1$ 圆角，其外圆柱表面粗糙度均为 $Ra3.2\mu m$，同时还需要保证长度尺寸为 75mm、38mm 和 10mm。总之，螺栓零件结构简单，但需要保证 M16 的螺纹加工精度。

**2. 确定工件毛坯**

螺栓零件为标准件 M16 六角头螺栓，工件毛坯为 45 钢，规格为对边宽度为 24mm 的六角棒料。

### 二、工艺方案设计

根据螺栓零件图样要求，确定工艺方案如下。

(1) 用卡盘夹持六角棒料毛坯外形，使工件伸出卡盘长度大于 75mm。

(2) 一次装夹完成右端面、M16 螺纹大径、$C1$ 倒角、$R1$ 圆角、M16 螺纹的车削，保证螺纹长度 38mm。

(3) 切断工件。

(4) 掉头装夹，夹持 $\phi$16mm 外圆柱面，车削左端面及 30°倒角 1 处，并保证六角头长度为 10mm 和总长为 75mm。

## 【练】综合训练

**一、填空题**

1. 螺纹的牙形有________、________、________和________。

2. 在实际生产中，螺纹实际牙形高度 $h_1$ 实一般取________，螺纹实际小径 $d_{1计实}$ 等于________。

**二、判断题**

1. 普通螺纹是我国应用最为广泛的一种三角形螺纹，其牙形角为 30°。 (　　)

2. 车螺纹时，零件材料因受车刀挤压而使外径胀大，因此螺纹部分的零件外径应比螺纹的公称直径大。 (　　)

3. 车螺纹时，必须设置升速段和降速段。 (　　)

**三、选择题**

1. 粗牙普通螺纹的螺距是标准螺距，其代号用字母 M 及公称直径表示，则 M16 的螺距是(　　)。

A. 1　　B. 1.5　　C. 1.75　　D. 2

2. 普通三角形螺纹的牙形角为(　　)，英制螺纹的牙形角为(　　)，公制梯形螺纹的牙形角为(　　)。

A. 30°　55°　60°　　　　B. 55°　60°　30°

C. 30°　60°　55°　　　　D. 60°　55°　30°

3. 车削 M30×1.5 的外螺纹，材料为 45 钢，实际车削时，外圆柱面的直径 $d_{计}$ 为(　　)。

A. 30　　B. 29.85　　C. 29.8　　D. 29.7

四、简答题

1. 简述螺纹的分类。

2. 车削 M24×1.5 的外螺纹，材料为 45 钢，试确定其螺距 $P$、实际车削时的外圆柱面直径 $d_{计}$ 及螺纹实际小径 $d_{1计}$。

# 任务 2　螺栓的加工程序编制

学习目标

(1) 学会 G32、G92、G76 指令的编程格式。

(2) 能确定车削轴类零件时的切削参数。

(3) 能制定螺栓零件加工工艺。

(4) 能编写螺栓零件的数控加工程序。

任务描述

对螺栓零件进行加工工艺卡片的制定及程序的编写，零件图样如图 5-1 所示。

## 【学】螺纹类零件加工程序编制的基础知识

### 一、切削用量的选用

#### 1. 主轴转速 $n$

在数控车床上加工螺纹，主轴转速受数控系统、螺纹导程、刀具、零件尺寸和材料等多种因素的影响。不同的数控系统，有不同的推荐主轴转速范围，操作者在仔细查阅说明书后，可根据实际情况选用。大多数经济型数控车床车削螺纹时，推荐主轴转速为

$$n \leqslant \frac{1200}{P} - K$$

式中，$P$——零件的螺距，单位为 mm；

$K$——保险系数，一般取 80；

$n$——主轴转速，单位为 r/min。

**例**：加工 M30×2 普通外螺纹时，求主轴转速 $n$。

$n \leqslant \frac{1200}{P} - K = \frac{1200}{2} - 80 = 520$(r/min)，根据零件材料、刀具等因素，取 $n = 400 \sim 500$r/min。

**2. 背吃刀量 $a_p$**

1）进刀方法的选择

在数控车床上加工螺纹时的进刀方法通常有直进法、斜进法。当螺距 $P<3$mm 时，一般采用直进法；螺距 $P \geqslant 3$mm 时，一般采用斜进法，如图 5-10 所示。

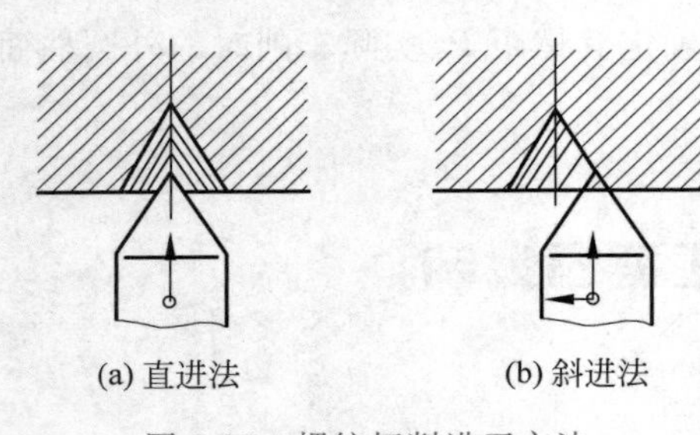

(a) 直进法　(b) 斜进法

图 5-10　螺纹切削进刀方法

2）背吃刀量 $a_p$的选用与分配

车削螺纹时，应遵循后一刀的背吃刀量不能超过前一刀背吃刀量的原则，即递减的背吃刀量分配方式，否则会因切削面积的增加、切削力过大而损坏刀具。但为了提高螺纹的表面质量，用硬质合金螺纹车刀时，最后一刀的背吃刀量尽可能小于 0.1mm。

常用螺纹加工走刀次数与分层切削余量可参阅表 5-6。

**表 5-6　常用螺纹加工走刀次数与分层切削余量**

| 公制螺纹 | | | | | | | | |
|---|---|---|---|---|---|---|---|---|
| 螺距 | | 1.0 | 1.5 | 2.0 | 2.5 | 3.0 | 3.5 | 4.0 |
| 牙深 | | 0.65 | 0.975 | 1.3 | 1.625 | 1.95 | 2.275 | 2.6 |
| 切深 | | 1.3 | 1.95 | 2.6 | 3.25 | 3.9 | 4.55 | 5.2 |
| 走刀次数及切削余量 | 1次 | 0.7 | 0.8 | 0.9 | 1.0 | 1.2 | 1.5 | 1.5 |
| | 2次 | 0.4 | 0.5 | 0.6 | 0.7 | 0.7 | 0.7 | 0.8 |
| | 3次 | 0.2 | 0.5 | 0.6 | 0.6 | 0.6 | 0.6 | 0.6 |
| | 4次 | — | 0.15 | 0.4 | 0.4 | 0.4 | 0.6 | 0.6 |
| | 5次 | — | — | 0.1 | 0.4 | 0.4 | 0.4 | 0.4 |
| | 6次 | — | — | — | 0.15 | 0.4 | 0.4 | 0.4 |
| | 7次 | — | — | — | — | 0.2 | 0.2 | 0.4 |
| | 8次 | — | — | — | — | — | 0.15 | 0.3 |
| | 9次 | — | — | — | — | — | — | 0.2 |

**3. 进给量 $f$**

(1) 单线螺纹的进给量等于螺距，即 $f=P$。

(2) 多线螺纹的进给量等于导程，即 $f=L$。

## 二、螺纹加工指令

### 1. 单行程螺纹切削指令 G32

G32 指令可加工固定导程的圆柱螺纹或圆锥螺纹，也可用于加工端面螺纹。

1）指令格式

```
G32 X(U)__ Z(W)__ F __;
```

格式中，X、Z：螺纹编程终点的 $X$、$Z$ 方向坐标，X 为直径值；

U、W：螺纹编程终点相对编程起点的 $X$、$Z$ 方向相对坐标，U 为直径值；

F：螺纹导程，即加工螺纹时的进给量 $f$。

2）指令说明

(1) G32 进刀方式为直进式。

(2) 螺纹切削时不能用主轴线速度恒定指令 G96。

(3) 切削 $\alpha$ 为 45°以下的圆锥螺纹时，螺纹导程以 $Z$ 方向制定，如图 5-11 所示。

3）编程实例

**例 1**：如图 5-12 所示，用 G32 指令编写 M30×2 外螺纹的加工程序。其中，螺纹外径已车至 $\phi$29.8mm，退刀槽 4mm×2mm 已加工，零件材料为 45 钢。

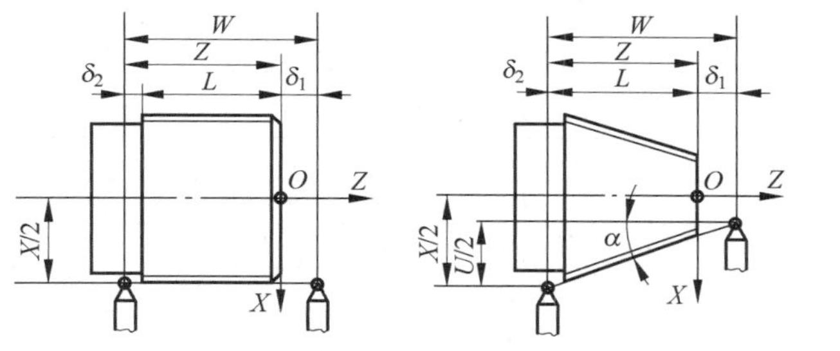


图 5-11　单行程螺纹切削指令 G32

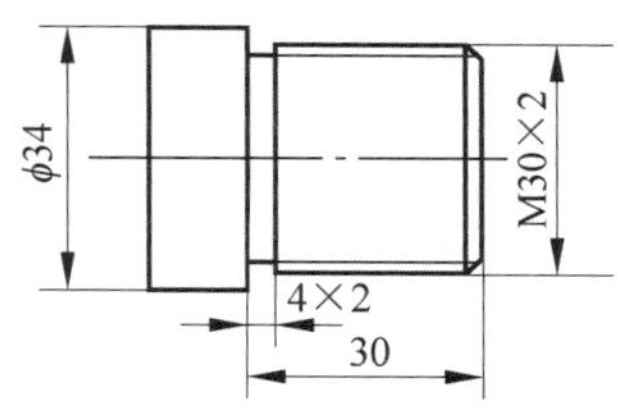


图 5-12　圆柱螺纹加工

(1) 螺纹加工尺寸计算。

实际车削时外圆柱面的直径 $d_{计}=d-0.1P=30-0.1\times2=29.8$(mm)。

螺纹实际牙形高度 $h_{1实}=0.65P=0.65\times2=1.3$(mm)。

螺纹实际小径 $d_{1计}=d-1.3P=30-1.3\times2=27.4$(mm)。

升速进刀段和减速退刀段分别取 $\delta_1=4$mm，$\delta_2=2$mm。

(2) 确定切削用量。

查表 5-6 得直径切深为 2.6mm，分 5 刀切削，分别为 0.9mm、0.6mm、0.6mm、0.4mm 和 0.1mm。

主轴转速 $n\leqslant\frac{1200}{P}-K=\frac{1200}{2}-80=520$(r/min)，为了保障加工安全，初学者可选用较小转速，取 $n=400$r/min。

进给量 $f=P=2$mm。

(3) 编程。

参考程序见表 5-7。

表 5-7 用 G32 指令加工圆柱螺纹的参考程序

| 序号 | 程　序 | 说　明 |
|---|---|---|
| | O5001 | 程序名 |
| N10 | G00 X100 Z100 T0404; | 调用 4 号车刀及 4 号刀补,快速定位至安全点 |
| N20 | M03 S400; | 主轴正转启动 |
| N30 | G00 X32 Z4; | 快速接近螺纹加工起点 |
| N40 | X29.1; | 切削第一刀定位,直径切深 0.9mm |
| N50 | G32 Z−28 F2; | 螺纹车削第一刀,螺距为 2mm |
| N60 | G00 X32; | X 向退刀 |
| N70 | Z4; | Z 向退刀 |
| N80 | X28.5; | 切削第二刀定位,直径切深 0.6mm |
| N90 | G32 Z−28 F2; | 螺纹车削第二刀,螺距为 2mm |
| N100 | G00 X32; | X 向退刀 |
| N110 | Z4; | Z 向退刀 |
| N120 | X27.9; | 切削第三刀定位,直径切深 0.6mm |
| N130 | G32 Z−28 F2; | 螺纹车削第三刀,螺距为 2mm |
| N140 | G00 X32; | X 向退刀 |
| N150 | Z4; | Z 向退刀 |
| N160 | X27.5; | 切削第四刀定位,直径切深 0.4mm |
| N170 | G32 Z−28 F2; | 螺纹车削第四刀,螺距为 2mm |
| N180 | G00 X32; | X 向退刀 |
| N190 | Z4; | Z 向退刀 |
| N200 | X27.4; | 切削第五刀定位,直径切深 0.1mm |
| N210 | G32 Z−28 F2; | 螺纹车削第五刀,螺距为 2mm |
| N220 | G00 X32; | X 向退刀 |
| N230 | Z4; | Z 向退刀 |
| N240 | X27.4; | 光整加工定位,切深 0mm |
| N250 | G32 Z−28 F2; | 光整加工,螺距为 2mm |
| N260 | G00 X100; | X 向退刀 |
| N270 | Z100 M05; | Z 向退刀返回换刀点,主轴停止 |
| N280 | M30; | 程序结束 |

**例 2**:如图 5-13 所示,用 G32 指令编写 M24×2 内螺纹的加工程序。其中,内螺纹底孔 $\phi$22mm、C1.5 倒角已加工。

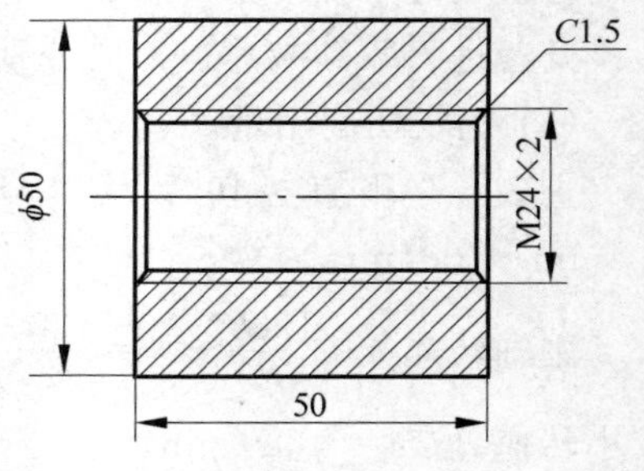

图 5-13 内螺纹的加工

(1) 螺纹加工尺寸计算。

实际车削时取内螺纹的底孔的直径 $D_{1计}=D-P=24-2=22(\text{mm})$。

螺纹实际牙形高度 $H_{实}=0.65P=0.65\times2=1.3(\text{mm})$。

内螺纹实际大径 $D_{计}=D=24\text{mm}$。

内螺纹小径 $D_1=D-1.3P=24-1.3\times2=21.4$(mm)。

升速进刀段和减速退刀段分别取 $\delta_1=4$mm,$\delta_2=2$mm。

(2) 确定切削用量。查表 5-6 得直径切深为 2.6mm,分 5 刀切削,分别为 0.9mm、0.6mm、0.6mm、0.4mm 和 0.1mm。

主轴转速 $n\leqslant\frac{1200}{P}-K=\frac{1200}{2}-80=520$(r/min),为了保障加工安全,初学者可选用较小转速,取 $n=400$r/min。

进给量 $f=P=2$mm。

(3) 编程。参考程序见表 5-8。

**表 5-8 用 G32 指令加工内螺纹参考程序**

| 序号 | 程　　序 | 说　　明 |
|---|---|---|
| | O5002 | 程序名 |
| N10 | G00 X100 Z100 T0404; | 调用 4 号车刀及 4 号刀补,快速定位至安全点 |
| N20 | M03 S400; | 主轴正转启动 |
| N30 | G00 X20 Z4; | 快速接近螺纹加工起点 |
| N40 | X22.3; | 车削第一刀定位 |
| N50 | G32 Z−52 F2; | 螺纹车削第一刀,螺距为 2mm |
| N60 | G00 X20; | $X$ 向退刀 |
| N70 | Z4; | $Z$ 向退刀 |
| N80 | X22.9; | 车削第二刀定位,直径切深 0.6mm |
| N90 | G32 Z−52 F2; | 螺纹车削第二刀,螺距为 2mm |
| N100 | G00 X20; | $X$ 向退刀 |
| N110 | Z5; | $Z$ 向退刀 |
| N120 | X23.5; | 车削第三刀定位,直径切深 0.6mm |
| N130 | G32 Z−52 F2; | 螺纹车削第三刀,螺距为 2mm |
| N140 | G00 X20; | $X$ 向退刀 |
| N150 | Z4; | $Z$ 向退刀 |
| N160 | X23.9; | 车削第四刀定位,直径切深 0.4mm |
| N170 | G32 Z−52 F2; | 螺纹车削第四刀,螺距为 2mm |
| N180 | G00 X20; | $X$ 向退刀 |
| N190 | Z4; | $Z$ 向退刀 |
| N200 | X24; | 车削第五刀定位,直径切深 0.1mm |
| N210 | G32 Z−52 F2; | 螺纹车削第五刀,螺距为 2mm |
| N220 | G00 X20; | $X$ 向退刀 |
| N230 | Z4; | $Z$ 向退刀 |
| N240 | X24; | 光整加工定位,切深 0mm |
| N250 | G32 Z−52 F2; | 光整加工,螺距为 2mm |
| N260 | G00 X20; | $X$ 向退刀 |
| N270 | Z100; | $Z$ 向退刀 |
| N280 | X100 M05; | 返回换刀点,主轴停止 |
| N290 | M30; | 程序结束 |

### 2. 螺纹切削循环指令 G92

G92 指令用于单一循环加工螺纹,其循环路线与单一形状固定循环基本相同。

1）指令格式：G92 X(U)__ Z(W)__ R__ F__；

格式中，

X、Z：螺纹编程终点的绝对坐标，X 为直径值；

U、W：螺纹编程终点相对编程起点的 $X$、$Z$ 方向相对坐标，U 为直径值；

F：螺纹导程；

R：圆锥螺纹起点半径与终点半径的差值。圆锥螺纹终点半径大于起点半径时 R 为负值；圆锥螺纹终点半径小于起点半径时 R 为正值；圆柱螺纹半径 R 为 0 时，可省略，如图 5-14 所示。

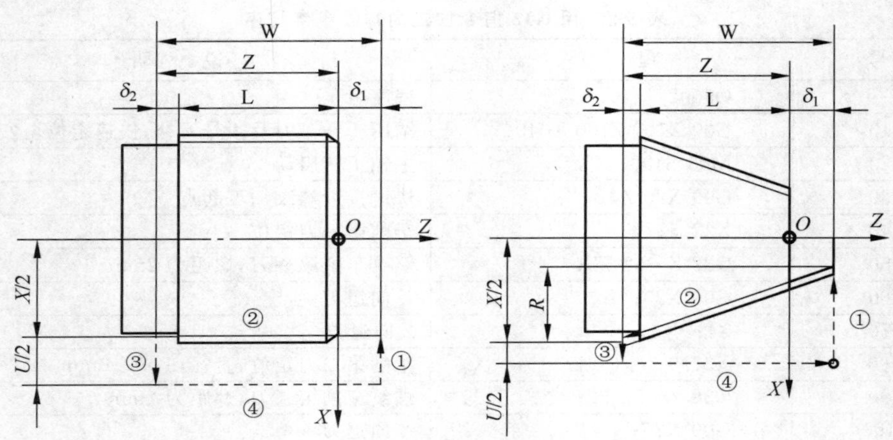


图 5-14　螺纹切削循环指令 G92

2）编程实例

**例 3**：用 G92 编制图 5-12 所示外螺纹的加工程序。其中，螺纹外径已车至 $\phi$29.8mm，4mm×2mm 的退刀槽已加工，零件材料为 45 钢。

螺纹加工尺寸计算、切削量的确定与例 1 相同，参考程序见表 5-9。

**表 5-9　用 G92 指令加工圆柱螺纹参考程序**

| 序号 | 程　序 | 说　明 |
|---|---|---|
| | O5003 | 程序名 |
| N10 | G00 X100 Z100 T0404； | 调用 4 号车刀及 4 号刀补，快速定位至安全点 |
| N20 | M03 S400； | 主轴正转启动 |
| N30 | G00 X32 Z4； | 快速接近螺纹加工起点 |
| N40 | G92 X29.1 Z−28 F2； | 螺纹车削第一刀，切深 0.9mm，螺距为 2mm |
| N50 | X28.5； | 进第二刀，切深 0.6mm |
| N60 | X27.9； | 进第三刀，切深 0.6mm |
| N70 | X27.5； | 进第四刀，切深 0.4mm |
| N80 | X27.4； | 进第五刀，切深 0.1mm |

续表

| 序号 | 程 序 | 说 明 |
|---|---|---|
| N90 | X27.4; | 光切一刀,切深 0mm |
| N100 | G00 X100 Z100 M05; | 返回换刀点,主轴停止 |
| N110 | M30; | 程序结束 |

**例 4**:用 G92 编制图 5-13 所示内螺纹的加工程序。其中,内螺纹底孔 $\phi$22mm、$C$1.5 倒角已加工,零件材料为 45 钢,用 G92 编制该螺纹的加工程序。

螺纹加工尺寸计算、切削量的确定与例 2 相同,参考程序见表 5-10。

**表 5-10 用 G92 指令加工内螺纹参考程序**

| 序号 | 程 序 | 说 明 |
|---|---|---|
| | O5004 | 程序名 |
| N10 | G00 X100 Z100 T0404; | 调用 4 号车刀及 4 号刀补,快速定位至安全点 |
| N20 | M03 S400; | 主轴正转启动 |
| N30 | G00 X20 Z4; | 快速接近螺纹加工起点 |
| N40 | G92 X22.3 Z−52 F2; | 螺纹车削第一刀,切深 0.9mm,螺距为 2mm |
| N50 | X22.9; | 进第二刀,切深 0.6mm |
| N60 | X23.5; | 进第三刀,切深 0.6mm |
| N70 | X23.9; | 进第四刀,切深 0.4mm |
| N80 | X24; | 进第五刀,切深 0.1mm |
| N90 | X22; | 光切一刀,切深为 0mm |
| N100 | G00 X100 Z100 M05; | 返回换刀点,主轴停止 |
| N110 | M30; | 程序结束 |

### 3. 螺纹切削复合循环指令 G76

G76 指令用于多次自动循环切削螺纹,经常用于加工不带退刀槽的圆柱螺纹和圆锥螺纹。

1) 指令格式

```
G76 P(m)(r)(a) Q(Δdmin) R(d);
G76 X(U)__ Z(W)__ R(i) P(k) Q(Δd) F(L);
```

格式中,

m:精车重复次数,从 1～99,该参数为模态量。

r:螺纹尾端倒角值,该值的大小可设置在 0.0$L$～9.9$L$,系数应为 0.1 的整数倍,用 00～99 的两位整数表示,其中 $L$ 为螺距。该参数为模态量。

a:刀具角度,可从 80°、60°、55°、30°、29°和 0°六个角度中选择,用两位整数表示。该参数为模态量。

m、r 和 a 用地址 P 需同时指定,例如:m=2,r=1.2$L$,a=60°,表示为 P021260。

$\Delta d_{min}$:最小车削深度,用半径编程指定。车削过程中每次的车削深度为 $\Delta d\sqrt{n}-\Delta d\sqrt{n-1}$,当计算深度小于这个极限值时,车削深度锁定在这个值。该参数为模态量。

d:精车余量,用半径编程指定。该参数为模态量。

X(U)、Z(W)：螺纹终点坐标。

i：螺纹锥度值，用半径编程指定。如果 R=0 则为直螺纹。

k：螺纹高度，用半径编程指定。

Δd：第一次车削深度，用半径编程指定。

L：螺距。

在上述指令中，Q、R、P 地址后的数值应以无小数点形式表示。

G76 指令的进刀轨迹及各参数如图 5-15 所示。

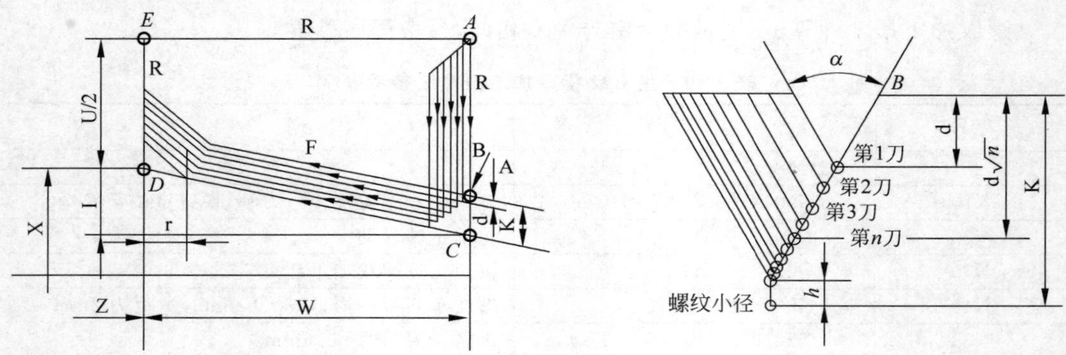


图 5-15 螺纹切削复合循环指令 G76

2）编程实例

**例 5**：用 G76 编制图 5-12 所示外螺纹的加工程序。其中，螺纹外径已车至 $\phi$29.8mm，4mm×2mm 的退刀槽已加工，零件材料为 45 钢。

螺纹加工尺寸计算、切削量的确定与例 1 相同，还需计算以下参数：

精车重复次数 m=2，螺纹尾倒角量 r=0，刀尖角度 a=60°，表示为 P020060。

最小车削深度 $\Delta d_{min}$=0.1mm，表示为 Q100。

精车余量 d=0.05mm，表示为 R50。

螺纹终点坐标 X=27.4，Z=−28。

螺纹部分的半径差 i=0，R0 可省略。

螺纹高度 k=1.3，表示为 P1300。

第一次车削深度 Δd=0.5mm，表示为 Q500。

螺距 L=2，表示为 F2。

参考程序见表 5-11。

**表 5-11 用 G76 指令加工圆柱螺纹参考程序**

| 序号 | 程　序 | 说　明 |
|---|---|---|
| | O5005 | 程序名 |
| N10 | G00 X100 Z100 T0404； | 调用 4 号车刀及 4 号刀补，快速定位至安全点 |
| N20 | M03 S400； | 主轴正转启动 |
| N30 | G00 X32 Z4； | 快速接近螺纹加工起点 |
| N40 | G76 P020060 Q100 R50； | 螺纹车削复合循环 |

续表

| 序号 | 程　　序 | 说　　明 |
|---|---|---|
| N50 | G76 X27.4 Z－28 P1300 Q500 F2； | 螺纹车削复合循环 |
| N60 | G00 X100 Z100 M05； | 返回换刀点，主轴停止 |
| N70 | M30； | 程序结束 |

**例 6**：用 G76 编制图 5-13 所示内螺纹的加工程序。其中，内螺纹底孔 $\phi$22mm、C1.5 倒角已加工，零件材料为 45 钢。

螺纹加工尺寸计算、切削量的确定与例题 5-2 相同，还需计算以下参数：

精车重复次数 m＝2，螺纹尾倒角量 r＝0，刀尖角度 a＝60°，表示为 P020060。

最小车削深度 $\Delta d_{min}$＝0.1mm，表示为 Q100。

精车余量 d＝0.05mm，表示为 R50。

螺纹终点坐标 X＝24，Z＝－52。

螺纹部分的半径差 i＝0，R0 可省略。

螺纹实际高度 k＝1，表示为 P1000。

第一次车削深度 Δd＝0.5mm，表示为 Q500。

螺距 L＝2，表示为 F2。

参考程序见表 5-12 所示。

**表 5-12　用 G76 指令加工内螺纹参考程序**

| 序号 | 程　　序 | 说　　明 |
|---|---|---|
| | O5006 | 程序名 |
| N10 | G00 X100 Z100 T0404； | 调用 4 号车刀及 4 号刀补，快速定位至安全点 |
| N20 | M03 S400； | 主轴正转启动 |
| N30 | G00 X20 Z4； | 快速接近螺纹加工起点 |
| N40 | G76 P020060 Q100 R50； | 螺纹车削复合循环 |
| N50 | G76 X24 Z－52 P1000 Q500 F2； | 螺纹车削复合循环 |
| N60 | G00 X100 Z100 M05； | 返回换刀点，主轴停止 |
| N70 | M30； | 程序结束 |

## 三、英制管螺纹的编程实例

如图 5-16 所示，管螺纹接头已完成螺纹的外径加工，编写螺纹的加工程序，零件材料为 45 钢。

### 1. 图样分析

该零件是在一外径为 $\phi$35mm、孔为 $\phi$18mm 的管料上加工 $R2\frac{3}{4}$ 英制密封管螺纹，螺纹长度为 15mm。由于螺纹终点没有退刀槽，故默认为 3mm 退刀槽的加工距离，即螺纹的实际加工长度为 8mm。

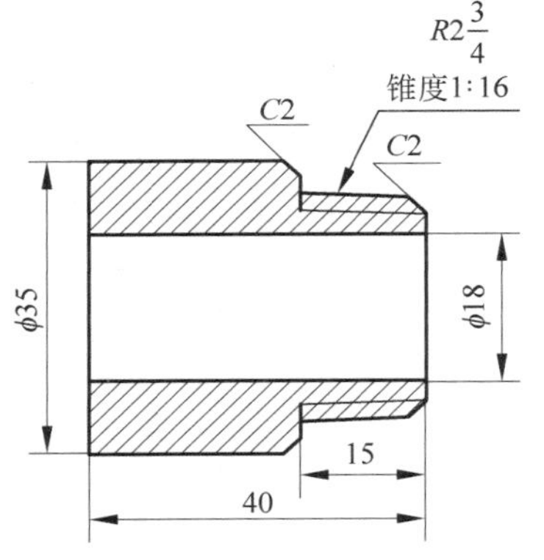


图 5-16　螺纹接头

**2. 节点计算**

查表 5-5 可得相关的数据：螺距 $P=1.814$mm，牙高 $h=1.162$mm；基准距离为 9.5mm；基准平面内小径 $d_1=24.117$mm，大径 $d=26.441$mm。通过绘图软件计算各节点坐标及螺纹坐标，如图 5-17 所示。

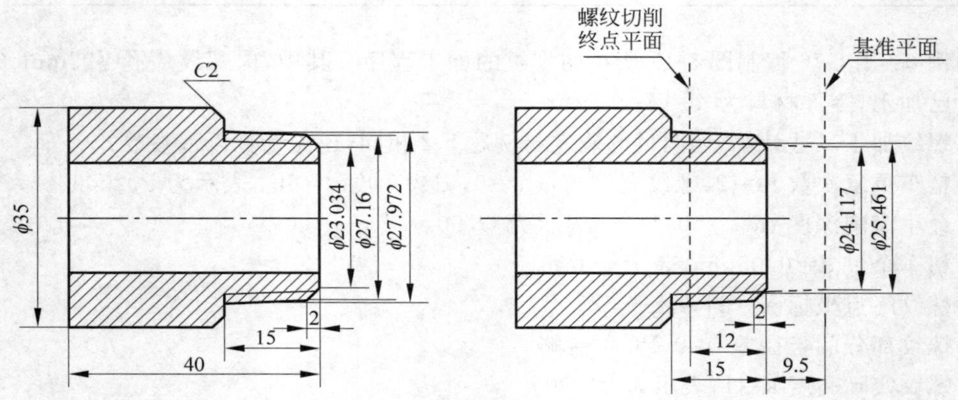


图 5-17 节点计算及螺纹坐标

**3. 确定螺纹加工参数**

使用 G76 螺纹切削复合循环编程加工，具体加工参数如下。

主轴转速 $n\leqslant\dfrac{1200}{P}-K=\dfrac{1200}{1.814}-80=581$(r/min)，为保证加工安全，初学者可选用较小转速，取 $n=500$r/min。

精车重复次数 m=2，螺纹尾倒角量 r=0，刀尖角度 a=55°，表示为 P020055。

最小车削深度 $\Delta d_{min}=0.1$mm，表示为 Q100。

精车余量 d=0.05mm，表示为 R50。

螺纹起点坐标 X=24.117，Z=9.5。

螺纹终点坐标 X=25.461，Z=−12。

螺纹部分的半径差 i=(24.117−25.461)/2=−0.672。

螺纹高度 k=h=1.162，表示为 P1162。

第一次车削深度 Δd=0.5mm，表示为 Q500。

螺距 L=P=1.814，表示为 F1.814。

参考程序见表 5-13。

**表 5-13 用 G76 指令加工英制管螺纹参考程序**

| 序号 | 程 序 | 说 明 |
|---|---|---|
| | O5007 | 程序名 |
| N10 | G00 X100 Z100 T0404； | 调用 4 号车刀及 4 号刀补，快速定位至安全点 |
| N20 | M03 S500； | 主轴正转启动 |
| N30 | G00 X35 Z9.5； | 快速接近螺纹加工起点 |

续表

| 序号 | 程　　序 | 说　　明 |
|---|---|---|
| N40 | G76 P020055 Q100 R50； | 螺纹车削复合循环 |
| N50 | G76 X25.461 Z−12 R−0.672 P1162 Q500 F1.814； | 螺纹车削复合循环 |
| N60 | G00 X100 Z100 M05； | 返回换刀点，主轴停止 |
| N70 | M30； | 程序结束 |

# 【教】螺栓的加工程序编制

## 一、任务分析

编制图5-1所示导柱零件的数控车加工程序。

### 1. 设备选用

根据零件图要求，结合设备情况，可选用CAK6150/1000(FANUC Series 0*i* Mate-TD)、CAK6150Di(FANUC Series 0*i* Mate-TC)、CAK5085Di(FANUC Series 0*i* Mate-TD)型卧式经济型数控车床。

### 2. 确定切削参数

(1) 车削端面时，$n=800\text{r/min}$，用手轮控制进给速度。

(2) 粗车外圆时，$a_p=1\text{mm}$(单边)，$n=800\text{r/min}$，$v_f=100\text{mm/min}$。

(3) 精车外圆时，$a_p=0.5\text{mm}$，$n=1200\text{r/min}$，$v_f=80\text{mm/min}$。

(4) 螺纹加工尺寸计算。

实际车削时外圆柱面的直径为：$d_{计}=d-0.1P=16-0.1\times2=15.8(\text{mm})$。

螺纹实际牙形高度 $H_{实}=0.65P=0.65\times2=1.3(\text{mm})$。

螺纹实际小径 $d_{1计}=d-1.3P=16-1.3\times2=13.4(\text{mm})$。

升速进刀段和减速退刀段分别取 $\delta_1=5\text{mm}$，$\delta_2=2\text{mm}$。

(5) 确定切削用量。

查表5-6得直径切深为2.6mm，分5刀切削，分别为0.9mm、0.6mm、0.6mm、0.4mm和0.1mm。

主轴转速 $n\leqslant\frac{1200}{P}-K=\frac{1200}{2}-80=520(\text{r/min})$，为保证实习安全，初学者可选用较小转速，取 $n=400\text{r/min}$。

进给量 $f=P=2\text{mm}$。

## 二、程序编制

### 1. 填写工艺卡片

综合前面分析的各项内容，填写表5-14的数控加工工艺卡。

表 5-14 螺栓零件的数控加工工艺卡

| 单位名称 | | | | 产品型号 | | | |
|---|---|---|---|---|---|---|---|
| | | | | 产品名称 | 螺栓 | | |
| 零件号 | SC-4 | 材料 | 45 钢 | 毛坯规格 | 六角棒料 | 设备型号 | |
| 台/件 | 1 件 | | | | 对边 24mm 的六角棒料 | | |
| 工序号 | 工序名称 | 工步号 | 工序工步内容 | 切削参数 | | | 刀具准备 |
| | | | | $n$/(r/min) | $a_p$/mm | $v_f$/(mm/min) | |
| 1 | 备料 | | 对边 24mm 的六角棒料 | | | | |
| 2 | 车 | 1 | 车工件右端面 | 800 | 0.3 | 手轮控制 | 45°端面车刀 |
| | | 2 | 粗车外形轮廓 | 800 | 1～1.5 单边 | 100 | 90°外圆粗车刀 |
| | | 3 | 精车外形轮廓 | 1200 | 0.5 | 80 | 90°外圆精车刀 |
| | | 4 | 车削 M16 外螺纹 | 400 | — | 2mm/r | 60°外螺纹车刀 |
| | | 5 | 切断 | 400 | | 手轮控制 | 切断刀 |
| 3 | 车 | 6 | 掉头车工件左端面并保证总长 | 800 | | 手轮控制 | 45°端面车刀 |
| | | 7 | 车削 30°倒角 | 800 | 1～1.5 单边 | 100 | 90°外圆粗车刀 |

**2. 螺栓零件的程序编制**

以沈阳数控车 CAK6150Di(FANUC Series 0*i* Mate-TC 系统)为例，编写加工程序。螺栓零件的加工程序见表 5-15。

表 5-15 螺栓零件程序卡

| 序号 | 程 序 | 说 明 |
|---|---|---|
| | O5008 | 第一次装夹加工程序名 |
| N10 | G00 X100 Z100 T0202； | 调用 2 号车刀及 2 号刀补，快速定位至安全点 |
| N20 | M03 S800； | 主轴正转启动，转速为 800r/min |
| N30 | G00 X28 Z3； | 快速接近循环点 |
| N40 | G71 U1 R0.5； | 粗加工复合循环 |
| N50 | G71 P60 Q130 U0.5 W0.05 F100； | |
| N60 | G00 X14； | 精加工程序段 |
| N70 | G01 Z0； | |
| N80 | X15.8 Z−1； | |
| N90 | Z−38； | |
| N100 | X16； | |
| N110 | Z−64； | |
| N120 | G02 X18 Z−65 R1； | |
| N130 | G01 X28； | |
| N140 | G00 X100 Z100； | 快速退刀至换刀点 |
| N150 | T0202； | 调用 2 号车刀及 2 号刀补 |
| N160 | M03 S1200； | 主轴正转启动，转速为 1200r/min |

续表

| 序号 | 程　　序 | 说　　明 |
|---|---|---|
| N170 | G00 X28 Z3； | 快速接近循环点 |
| N180 | G70 P60 Q130 F80； | 精车循环 |
| N190 | G00 X100 Z100 M05； | 返回换刀点，主轴停止 |
| N200 | T0303； | 调用 3 号车刀及 3 号刀补 |
| N210 | M03 S400； | 主轴正转启动，转速为 400r/min |
| N220 | G00 X18 Z4； | 快速接近螺纹加工起点 |
| N230 | G92 X15.1 Z－28 F2； | 螺纹车削第一刀，切深 0.9mm，螺距为 2mm |
| N240 | X14.5； | 进第二刀，切深 0.6mm |
| N250 | X13.9； | 进第三刀，切深 0.6mm |
| N260 | X13.5； | 进第四刀，切深 0.4mm |
| N270 | X13.4； | 进第五刀，切深 0.1mm |
| N280 | X13.4； | 光切一刀，切深 0mm |
| N290 | G00 X100 Z100 M05； | 返回换刀点，主轴停止 |
| N300 | M30； | 程序结束 |
|  | O5009 | 调头后装夹加工程序名 |
| N10 | G00 X100 Z100 T0202； | 调用 2 号车刀及 2 号刀补，快速定位至安全点 |
| N20 | M03 S800； | 主轴正转启动，转速为 800r/min |
| N30 | G00 X30 Z3； | 快速接近工件 |
| N40 | X24； | 快速接近 *X* 向加工起点 |
| N50 | G01 　Z0 F80； | 到达加工起点 |
| N60 | X29.2 Z－1.5； | 加工 30°倒角，倒角终点延长至(29.2，－1.5)处 |
| N70 | G00 X100 Z100 M05； | 返回换刀点，主轴停止 |
| N80 | M30； | 程序结束 |

## 【练】综合训练

### 一、填空题

1. 在数控车床上加工螺纹时的进刀方法通常有________、________。

2. 螺纹的螺距 $P=1.5$mm 时，螺纹走刀次数是________次，分层切削余量为________。

3. G32 指令是________指令，其格式中的 X(U)是指________，Z(W)是指________，F 是指________。

### 二、判断题

1. 当螺距 $P<3$mm 时，采用直接法进刀；螺距 $P\geq 3$mm 时，采用斜进法进刀。　　(　　)

2. 螺距为 3mm 的普通螺纹，至少需 7 次走刀完成螺纹加工。　　(　　)

3. G32 进刀方式为斜进式走刀。　　(　　)

4. 在 G92 指令中，R 为圆锥螺纹终点半径与起点半径的差值。　　(　　)

三、选择题

1. 对于 G32 指令编程格式正确的是（　　）。

A. G32 X __ Z __ F __；　　B. G32 U __ W __ F __；

C. G32 Z __ W __ F __；　　D. G32 X __ U __ F __；

2. G92 X(U)__ Z(W)__ R __ F __；编程说明正确的是（　　）。

A. X、Z 为刀具目标点绝对坐标值

B. U、W 为刀具坐标点相对于起始点的增量坐标值

C. F 为循环切削过程中的切削速度

D. 只能车削圆柱螺纹

四、简答题

1. 试叙述螺纹加工复合循环 G76 指令格式中，各参数的含义。

G76 P(m)(r)(a) Q(Δdmin) R(d)；

G76 X(U)__ Z(W)__ R(i) P(k) Q(Δd) F(L)；

2. 如图 5-18 所示，编写锥螺纹的加工程序，零件材料为 45 钢。

3. 如图 5-19 所示，毛坯为 $\phi$35mm 的 45 钢长棒料，编写完整的圆柱螺纹加工程序。

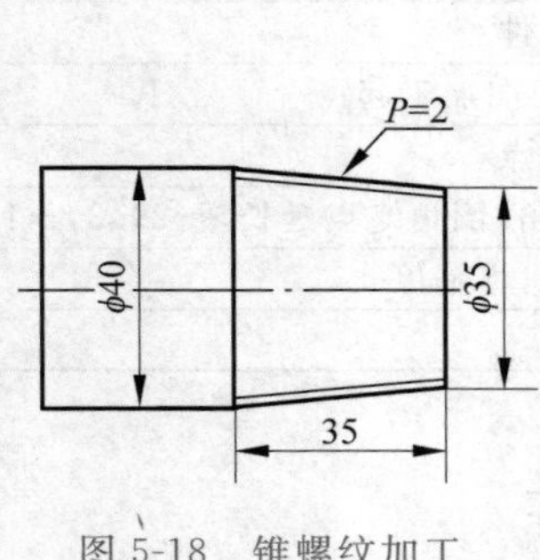

图 5-18　锥螺纹加工

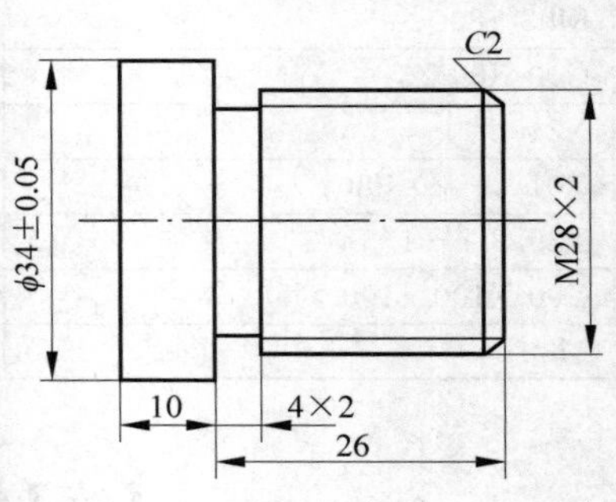

图 5-19　圆柱螺纹加工

## 任务 3　螺栓的车削

（1）知道车削螺纹类零件的相关知识。

（2）能车削出合格的螺纹类零件。

对螺栓进行车削加工工艺路线拟定并完成零件加工，零件图样如图 5-1 所示。

# 【学】螺纹类零件车削的基础知识

## 一、螺纹类零件车削刀具的选用

螺纹车刀属于成形刀具，要保证螺纹牙形的精度，必须正确刃磨或选用合适的螺纹车刀。若车削普通三角形螺纹则选用60°螺纹刀；若车削英制螺纹则选用55°螺纹刀；若车削梯形螺纹则选用30°螺纹刀。对螺纹车刀的要求主要有以下几点。

(1) 车刀的刀尖角一定要等于螺纹的牙形角。

(2) 精车时车刀的纵向前角应等于0°，粗车时允许有5°～15°的纵向前角。

(3) 因受螺纹升角的影响，车刀两侧的静止后角应不相等，进给方向后面的后角较大，一般应保证两侧面均有3°～5°的工作后角。

(4) 车刀两侧刃的直线性要好。

制造螺纹车刀常用的材料有高速钢和硬质合金两种。

高速钢螺纹车刀刃磨方便、切削刃锋利、韧性好，能承受较大的切削冲击力，加工的螺纹表面粗糙度小，但它的耐热性差，不宜高速车削。

硬质合金螺纹车刀的硬度高、耐磨性好、耐高温，但抗冲击能力差。

数控车床一般选用硬质合金可转位螺纹车刀，如图5-20所示。

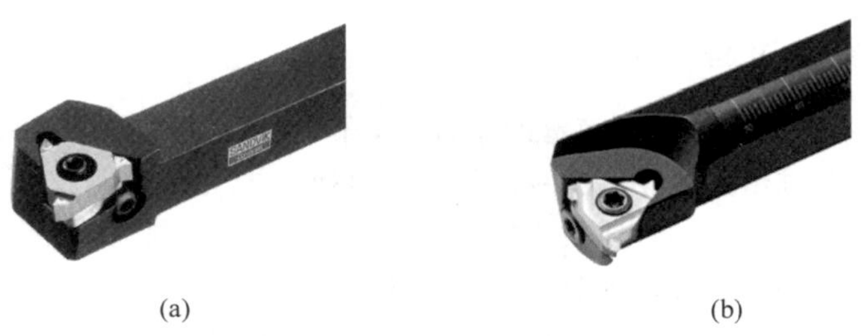

(a)　　(b)

图5-20　硬质合金可转位螺纹车刀

## 二、工件和刀具装夹

### 1. 工件装夹

工件安装要牢固平稳，还要考虑工件本身的刚性。刚性不足，则不能承受车削时的切削力，同时会产生过大的挠度，从而改变了车刀与工件的中心高度，以致工件被抬高了，形成背吃刀量突增，出现扎刀现象。此时应把工件装夹安装牢固，可使用尾座顶尖等工具辅助装夹，以增加工件的刚性。

### 2. 刀具安装

在安装螺纹车刀时，首先要保证刀尖与车床的回转轴线等高，螺纹刀的刀尖角的角平分线与回转轴线垂直，装刀时可用对刀样板来装刀，以保证牙形的准确对称，如图5-21所示。螺纹车刀安装高度过高或过低都会出现扎刀现象。安装过高，则吃刀到一定深度时，后刀面顶住工件，增大摩擦力，甚至把工件顶弯，造成扎刀；安装过低，则切屑不易排出，车刀径向力的方向是工件中心，加上横进丝杠与螺母间隙的影响，致使吃刀深度不断自动趋向加深，从而把工件顶起，出现扎刀。螺纹车刀的安装要尽量减少刀头伸出长度，一般为刀杆厚度的 1.5 倍左右，以防止刀杆刚性不足而产生振动。

## 三、螺纹车刀的对刀

以外螺纹车刀对刀为例，对刀时，将螺纹车刀在手轮模式下移动到图 5-22 所示中的位置 A，然后再在 OFS/SET、补正/形状界面的对应番号下，输入 X(试切后的外圆直径)，然后按下“测量”软键；移动光标位置，再输入 Z0.0，按下“测量”软键，对刀完成。具体的对刀操作步骤请参考项目 1 任务 5 螺纹车刀对刀操作。

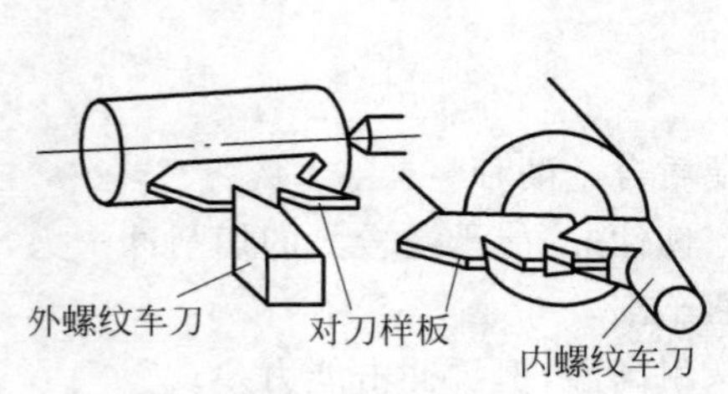


图 5-21 螺纹车刀的安装

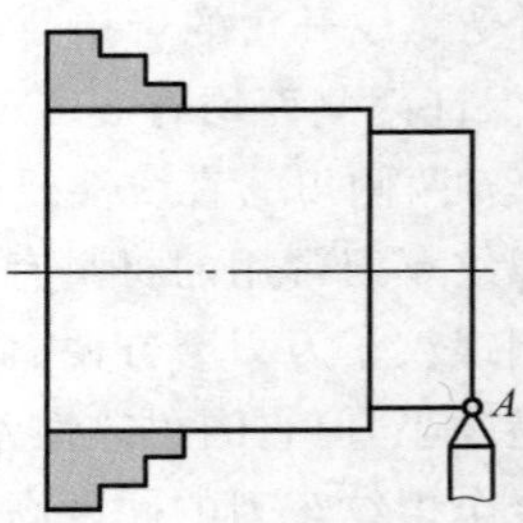


图 5-22 螺纹车刀的对刀

## 四、螺纹加工过程控制

一般的数控系统在螺纹螺距确定的条件下，螺纹切削时 $X$ 轴、$Z$ 轴的移动速度由主轴转速决定，与切削进给速度倍率无关，即车床面板上的进给控制按钮在螺纹加工时无效，主轴倍率控制有效。主轴转速发生变化时，由于 $X$ 轴、$Z$ 轴加减速难以完全一致，会使螺距产生误差。因此，螺纹切削时不可进行主轴转速调整，更不要停止主轴，主轴停止将可能导致刀具和工件损坏。为了保证表面切削质量和减少刀具磨损，螺纹加工中一般应采用液体冷却和润滑。

# 【教】螺栓的车削加工

## 一、任务分析

车削图 5-1 所示螺栓零件。

**1. 确定装夹方案**

根据零件图 5-1 所示，螺栓零件上有 1 个三角螺纹、2 个端面、1 个外圆柱面、2 处倒角及 1 处倒圆角，无形位公差要求，但要求保证外螺纹的加工精度和表面粗糙度，因此，该零件可采用三爪自定心卡盘装夹。

**2. 确定定位基准**

(1) 一次装夹，用六角棒料毛坯外形作为定位基准。

(2) 二次装夹(掉头)，用 $\phi16$mm 外圆作为定位基准。

**3. 确定刀具**

综合表 5-14 所分析的内容，填写表 5-16 刀具卡。

表 5-16　刀具卡

| 实 训 课 题 | | | 螺栓的车削 | 零件名称 | 螺栓 | 零件图号 | SC-4 |
|---|---|---|---|---|---|---|---|
| 刀号 | 刀位号 | 偏置号 | 刀具名称及规格 | 材质 | 数量 | 刀尖半径 | 假想刀尖 |
| T0101 | 01 | 01 | 45°端面车刀 | 硬质合金 | 1 | 0.8 | |
| T0202 | 02 | 02 | 90°右偏外圆车刀 | 硬质合金 | 1 | 0.4 | |
| T0303 | 03 | 03 | 60°外螺纹车刀 | 硬质合金 | 1 | 0.2 | |
| T0404 | 04 | 04 | 切断车刀(宽 4mm) | 硬质合金 | 1 | 0.2 | |

## 二、加工路线拟定

根据零件图样要求、毛坯情况，确定导柱加工路线的方案如下。

**1. 检查阶段**

(1) 检查毛坯的材料、大小和长度是否符合要求。

(2) 检查车床的开关按钮有无异常。

(3) 开启电源开关。

**2. 准备阶段**

(1) 程序录入。

(2) 程序模拟。

(3) 夹持六角棒料毛坯外形，留在卡盘外的长度大于 100mm。

(4) 按表 5-16 的要求，分别安装 45°硬质合金可转位端面刀、90°硬质合金可转位外圆刀、硬质合金可转位切断刀、60°硬质合金可转位外螺纹车刀到相应的刀位。

(5) 用 45°端面车刀手动车削右端面(车平即可)。

(6) 对刀：参考项目 1 任务 5 中的试切对刀法，分别进行外圆精车刀、外圆粗车刀、切断刀的对刀操作，对刀完成后请依次检验以上刀具的对刀正确性。

**3. 加工阶段**

螺栓零件的加工流程见表 5-17。

表 5-17　螺栓零件的加工流程

| 序号 | 加工步骤 | 加 工 图 示 | 加工刀具 | 加工方式 | 操 作 要 点 |
|---|---|---|---|---|---|
| 1 | 车右端面 | 三爪卡盘卡爪；85；24 | | 手动 | 对刀操作前完成 |

续表

| 序号 | 加工步骤 | 加工图示 | 加工刀具 | 加工方式 | 操作要点 |
|---|---|---|---|---|---|
| 2 | 粗车外形轮廓(含M16螺纹大径外圆、$\phi$16mm外圆、$C1$倒角、$R1$圆角),留0.5mm精车余量 | 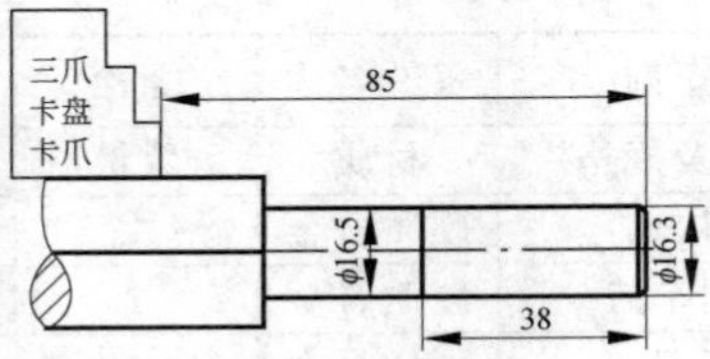 三爪卡盘卡爪 85 $\phi$16.5 $\phi$16.3 38 | 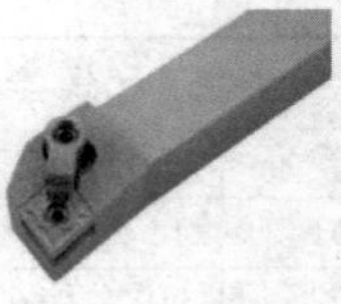 $r$0.4mm | 自动 | 游标卡尺检测各外圆是否有0.5mm的余量 |
| 3 | 精车外形轮廓(含M16螺纹大径外圆、$C1$倒角、$R1$圆角),并控制至公差尺寸要求 | 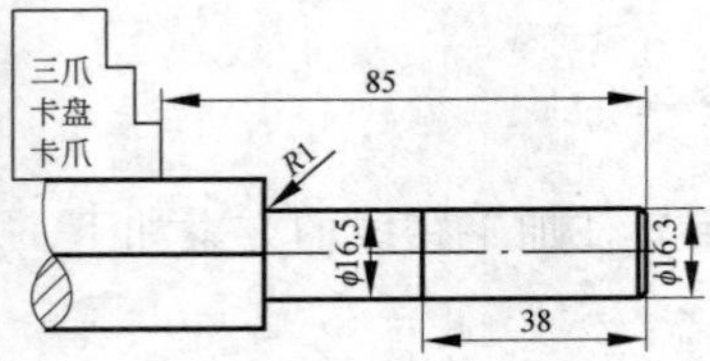 三爪卡盘卡爪 85 R1 $\phi$16.5 $\phi$16.3 38 |  $r$0.4mm | 自动 | 千分尺检测$\phi$15.8mm外圆,如尺寸偏大,则应在W01处把多余的直径余量减去后,再次精车直至符合尺寸要求 |
| 4 | 加工M16外螺纹,保证螺纹加工精度及长度为38mm | 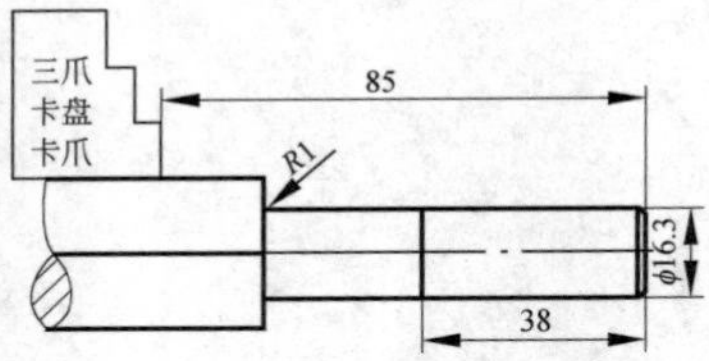 三爪卡盘卡爪 85 R1 $\phi$16.3 38 |  60°刀尖 | 自动 | 螺纹车削时,利用螺纹环规检测螺纹是否加工到位 |
| 5 | 切断,保证工件总长为75.5mm | 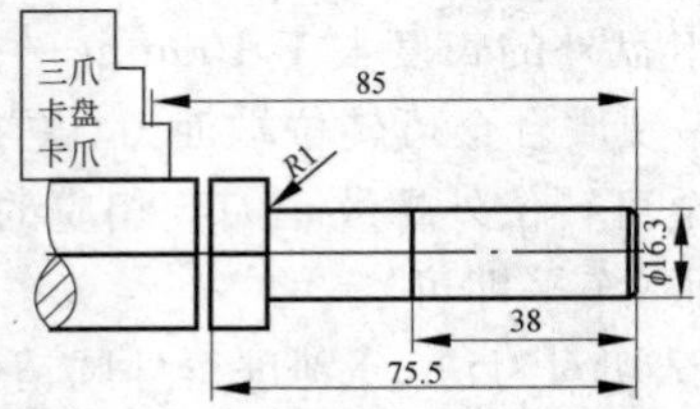 三爪卡盘卡爪 85 R1 $\phi$16.3 38 75.5 | 刀宽4mm | 手动 | 关闭车床安全门,匀速摇动手轮切断工件 |
| 6 | 掉头,夹持$\phi$16mm外圆柱面 | 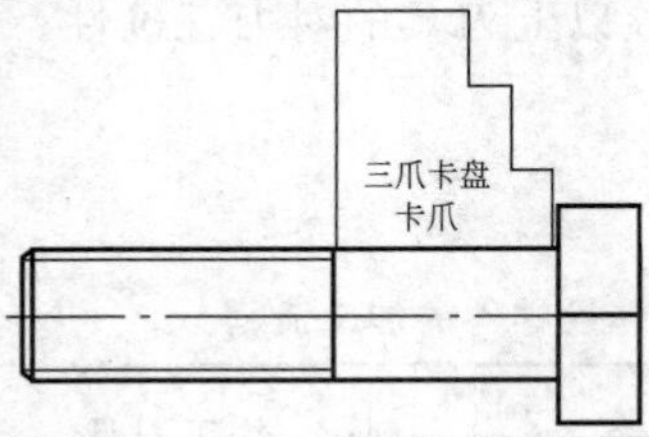 三爪卡盘卡爪 | — | 手动 | 卡盘的三爪装夹时,使用黄铜片或套筒夹持工件,并使用百分表校正工件同轴度 |
| 7 | 车削左端面,并保证工件总长为75mm | 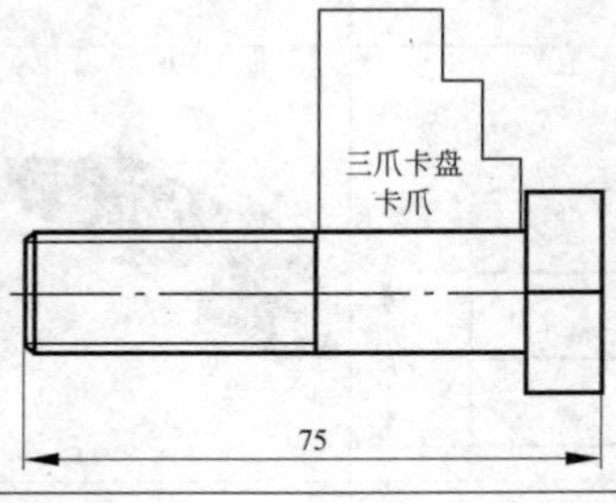 三爪卡盘卡爪 75 |  | 手动 | 测量六角头两端面长度是否为10mm,间接保障总长为75mm |

续表

| 序号 | 加工步骤 | 加 工 图 示 | 加工刀具 | 加工方式 | 操 作 要 点 |
|---|---|---|---|---|---|
| 8 | 车削 30°倒角，保证加工精度和表面粗糙度 | 三爪卡盘卡爪<br>30° | $r0.4\text{mm}$ | 自动 | 车削 30°倒角 |
| 9 | 停车，拆卸工件，清洁车床及车间 | | | | |

**4. 检测阶段**

(1) 按照零件图样尺寸要求，对工件进行检测。

(2) 上油

(3) 入库。

## 【做】进行螺栓的车削

按照表 5-18 的相关要求，进行螺栓零件的车削。

**表 5-18　螺栓零件车削过程记录卡**

<table>
<tr><td colspan="2">一、车削过程<br>螺栓零件的车削过程为________________。<br>① 检查阶段　② 准备阶段　③ 加工阶段　④ 检测阶段</td></tr>
<tr><td>二、所需设备、工具和卡具</td><td>三、加工步骤</td></tr>
<tr><td colspan="2">四、注意事项<br>(1) 螺纹车削加工时，应选用合适的螺纹车削用量，避免因车削用量选用不当而导致的加工问题。<br>(2) 螺纹车削加工前，应考虑工件是否具有足够的刚性，承受车削时的车削力，如发现刚性不足，可采用“一夹一顶”的装夹方式以提高工件的刚性</td></tr>
<tr><td colspan="2">五、检测过程分析</td></tr>
<tr><td>出现的问题：</td><td>原因与解决方案：</td></tr>
</table>

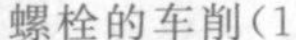

螺栓的车削(1)

螺栓的车削(2)

螺栓的车削(3)

## 【评】螺栓车削方案评价

根据表 5-18 中记录的内容，对螺栓车削过程进行评价。螺栓车削过程评价见表 5-19。

表 5-19 螺栓车削过程评价

| 项目 | 内 容 | 分值 | 评价方式 | | | 备 注 |
|---|---|---|---|---|---|---|
| | | | 自评 | 互评 | 师评 | |
| 车削项目 | M16 螺纹 | 25 | | | | 按照操作规程完成零件的车削 |
| | M16 螺纹长度 38mm | 5 | | | | |
| | $C1$ 倒角 1 处、$R1$ 倒角 1 处 | 4 | | | | |
| | 30°倒角 1 处 | 2 | | | | |
| | 总长 75mm | 4 | | | | |
| 车削步骤 | 刀具选择是否正确 | 10 | | | | 是否按要求进行规范操作 |
| | 车削过程是否正确 | 20 | | | | |
| 职业素养 | 卡具维护和保养 | 10 | | | | 按照 7S 管理要求规范现场 |
| | 工具定置管理 | 10 | | | | |
| | 安全文明操作 | 10 | | | | |
| 合 计 | | 100 | | | | |
| 综合评价 | | | | | | |

## 【练】综合训练

一、填空题

1. 车削普通三角螺纹选用________螺纹刀，车削英制螺纹选用________螺纹刀，车削梯形螺纹选用________螺纹刀。

2. 制造螺纹车刀常用的材料有________和________两种。

3. 螺纹车削加工时，应保证工件装夹牢固，可使用________等，以增加工件刚性。

二、判断题

1. 车刀的刀尖角不一定要等于螺纹的牙形角。 ( )

2. 高速钢螺纹车刀刃磨方便、切削刃锋利、韧性好，能承受较大的切削冲击力，加工的螺纹表面粗糙度小，是最好的螺纹车刀。（　　）

3. 在安装螺纹车刀时，首先要保证刀尖与车床的回转轴线等高，螺纹车刀刀尖角的角平分线与回转轴线垂直。（　　）

三、选择题

1. 螺纹车刀安装高度________会出现扎刀现象。

A. 过高　　B. 过低　　C. 与回转轴线登高

2. 螺纹车刀的安装要尽量减少刀头伸出长度，一般为刀杆厚度的________左右，防止刀杆刚性不足而产生振动。

A. 1倍　　B. 1.5倍　　C. 2倍　　D. 2.5倍

四、简答题

1. 叙述外螺纹刀对刀的步骤。

2. 叙述螺纹加工过程中的注意事项。

# 任务4　螺栓的质量检测与分析

(1) 知道螺纹类零件的检测方法。

(2) 掌握螺栓的检测方法及注意事项。

对螺栓进行质量检测与分析，零件图样如图5-1所示。

## 【学】螺纹类零件检测的基础知识

### 一、螺纹的测量

标准螺纹应具有互换性，特别对螺距、中径尺寸要严格控制，否则螺纹副无法配合。根据不同的质量要求和生产批量的大小，相应地选择不同的测量方法，常见的测量方法有单项测量法和综合测量法两种。

**1. 单项测量法**

单项测量法是选择合适的量具来测量螺纹的某一项参数的精度的方法，常见的有测量螺纹的顶径、螺距、中径。

(1) 顶径测量。由于螺纹的顶径公差较大，一般只需要用游标卡尺测量即可。

(2) 螺距测量。如图5-23所示，使用螺距规可准确测量螺纹的螺距，测量时，应将螺距规沿着通过工件轴线的平面方向嵌入牙槽中，如完全吻合，则说明被测螺距是正确的，如图 5-24 所示。

图 5-23 螺距规

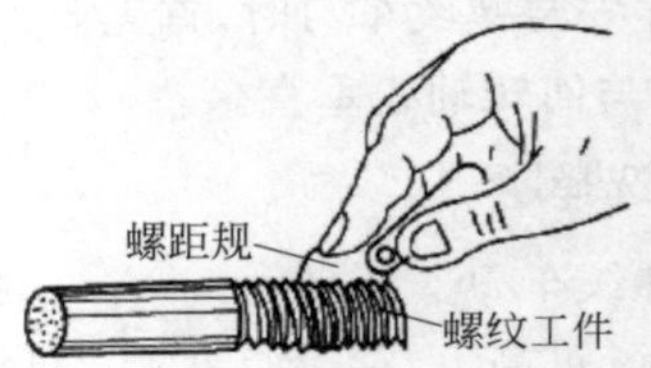


图 5-24 螺距规测量螺距

(3) 中径测量。三角形螺纹的中径可用螺纹千分尺测量，如图 5-25 所示。螺纹千分尺的结构和使用方法与一般的千分尺相似，其度数原理与一般千分尺相同，只是它有两个可以调整的测量头(上测量头、下测量头)。在测量时，两个与螺纹牙形角相同的测量头正好卡在螺纹牙侧，所得到的千分尺读数就是螺纹中径的实际尺寸，如图 5-26 所示。

图 5-25 螺纹千分尺

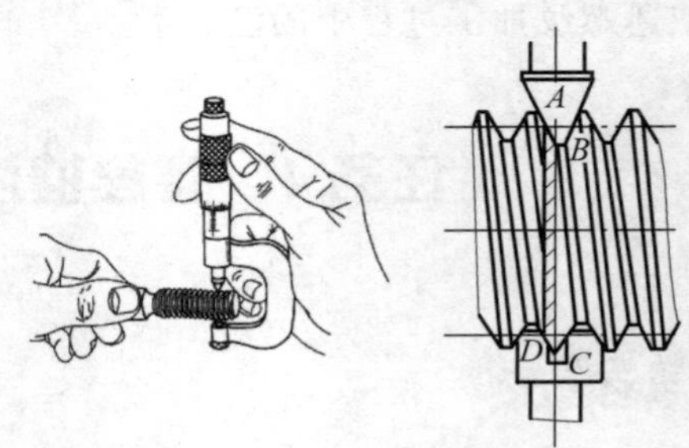


图 5-26 螺纹千分尺测量中径

螺纹千分尺附有两套(60°和 55°牙形角)适用不同螺纹的螺距测量头，可根据需要进行选择。测量头应插入千分尺的轴杆和砧座的孔中，更换测量头后，必须调整砧座的位置，使千分尺对准零位。

**2. 综合测量法**

综合测量法是采用螺纹量规对螺纹各部分主要尺寸同时进行综合检验的一种测量方法。这种方法效率高，使用方便，能较好地保证互换性，广泛应用于对标准螺纹或大批量生产的螺纹工件的测量。

螺纹量规包括螺纹环规和螺纹塞规两种，如图 5-27 所示，而每一种又有通规和止规之分，通规上标注有字母“T”或“GO”，止规上标注有字母“Z”或“NO GO”。螺纹环规用来测量外螺纹，螺纹塞规用来测量内螺纹。螺纹精度是否合格的评判规定如下。

(1) 螺纹环规测量外螺纹。

① 通规测量：合格的外螺纹都应被通规顺利地旋入。

② 止规测量：对于小于或等于 4 牙的外螺纹，止规的旋合量不得多于 2 牙；对于大于 4 牙的外螺纹，止规的旋合量不得多于 3.5 牙。

(2) 螺纹塞规测量内螺纹。

① 通规测量：合格的内螺纹都应被通规顺利地旋入。

(a) 螺纹塞规

(b) 螺纹环规

图 5-27　螺纹量规

② 止规测量：对于小于或等于 4 牙的内螺纹，止规从两端旋合量之和不得多于 2 牙；对于大于 4 牙的内螺纹，止规的旋合量不得多于 2 牙。

## 二、螺纹加工质量分析

螺纹加工中经常遇到的加工和质量问题有多种情况，问题现象、产生的原因以及可以采取的改善措施见表 5-20。

表 5-20　螺纹加工质量分析

| 质量问题 | 产生原因 | 预防措施 |
| --- | --- | --- |
| 切削过程出现振动 | (1) 工件装夹不正确；<br>(2) 刀具安装不正确；<br>(3) 切削参数不正确 | (1) 检查工件安装，提高安装刚性；<br>(2) 调整刀具安装位置；<br>(3) 提高或降低切削速度 |
| 螺纹牙顶呈刀口状 | (1) 刀具角度选择错误；<br>(2) 螺纹外径尺寸过大；<br>(3) 螺纹切削过深 | (1) 选择正确牙形角的刀具；<br>(2) 检查并选择合适的工件外径尺寸；<br>(3) 减小螺纹背吃刀量 |
| 螺纹牙形过平 | (1) 刀具中心高不正确；<br>(2) 螺纹背吃刀量不够；<br>(3) 刀具牙形角度过小；<br>(4) 螺纹外径尺寸过小 | (1) 选择合适的刀具并调整刀具中心的高度；<br>(2) 计算并增加背吃刀量；<br>(3) 选择正确牙形角的刀具；<br>(4) 检查并选择合适的工件外径尺寸 |
| 螺纹牙形底部圆弧过大 | (1) 刀具选择错误；<br>(2) 刀具磨损严重 | (1) 选择正确的刀具；<br>(2) 重新刃磨或更换刀片 |

续表

| 质量问题 | 产生原因 | 预防措施 |
| --- | --- | --- |
| 螺纹牙形底部过宽 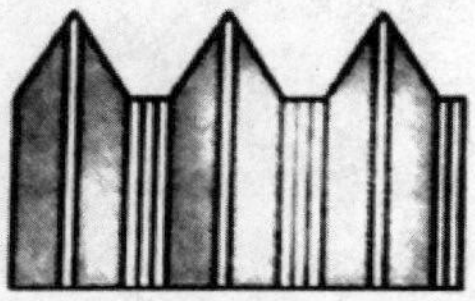 | (1) 刀具选择错误；<br>(2) 刀具磨损严重；<br>(3) 螺纹有乱牙现象 | (1) 选择正确的刀具；<br>(2) 重新刃磨或更换刀片；<br>(3) 检查加工程序中有无导致乱牙的原因；检查主轴脉冲编码器是否松动、损坏；检查 Z 轴丝杠是否有窜动现象 |
| 螺纹牙形半角不正确 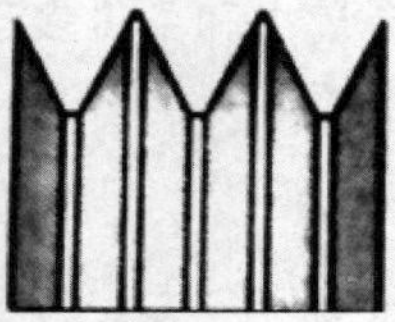 | 刀具安装角度不正确 | 调整刀具安装角度 |
| 螺纹表面质量差 | (1) 切削速度过低；<br>(2) 刀具中心过高；<br>(3) 切削控制较差；<br>(4) 刀尖产生积屑瘤；<br>(5) 切削液选用不合理 | (1) 调高主轴转速；<br>(2) 调整刀具中心高度；<br>(3) 选择合理的进刀方式和切深；<br>(4) 选择合理的切削参数、刀具材质、冷却方法等；<br>(5) 选择合适的切削液并充分喷注 |
| 螺距误差 | (1) 伺服系统滞后效应；<br>(2) 加工程序不正确 | (1) 增加螺纹切削升降速段的长度；<br>(2) 检查修改加工程序 |

## 【教】螺栓的检测过程

### 一、检测原理

**1. 确定方法**

根据零件图 5-1 所示，对螺栓零件上每一项尺寸进行三次检测，然后求取平均值，将最终检测结果填入表 5-21 中。

**2. 确定量具**

0～150mm 游标卡尺 1 把，0～25mm 千分尺 1 把，M16 螺纹环规 1 套。

### 二、检测流程

量取尺寸→记录数值→求平均值→结果填入表 5-21。

表 5-21　螺栓的检测结果

| 尺寸代号 | 实际检测值 | | | 平均值 | 是否合格 |
|---|---|---|---|---|---|
| | 1 | 2 | 3 | | |
| M16 螺纹 | | | | | |
| 螺纹长度为 38mm | | | | | |
| 总长为 75mm | | | | | |
| $R1$ 圆角 | | | | | |
| 未注倒角 | | | | | |
| 30°倒角 | | | | | |
| $Ra3.2\mu m$ | | | | | |
| $Ra6.3\mu m$ | | | | | |
| 不合格的原因及解决措施 | | | | | |

## 【做】进行螺栓的检测

按照表 5-22 的相关要求，进行螺栓零件的检测。

表 5-22　螺栓零件检测过程记录卡

| 一、车削过程<br>1. 螺栓零件的检测过程为____________________________。<br>① 结果填表　② 记录数值　③ 求平均值　④ 量取尺寸<br>2. 螺栓零件检测所需量具有________。(千分尺、螺纹环规、游标卡尺、钢直尺) | |
|---|---|
| 二、所需设备、量具和卡具 | 三、检测步骤 |
| 四、注意事项<br>(1) 不能在游标卡尺尺身处做记号或打钢印。<br>(2) 使用千分尺时，要慢慢地转动微分筒，不要握住微分筒摇。<br>(3) 不允许测量运动的工件。 | |
| 五、检测过程分析 | |
| 出现的问题： | 原因与解决方案： |

螺栓的质量检测与分析(1)

螺栓的质量检测与分析(2)

## 【评】螺栓检测方案评价

根据表 5-22 中记录的内容,对螺栓检测过程进行评价。螺栓检测过程评价见表 5-23。

**表 5-23　螺栓检测过程评价**

| 项目 | 内容 | | 分值 | 评价方式 | | | 备注 |
|---|---|---|---|---|---|---|---|
| | | | | 自评 | 互评 | 师评 | |
| 项目 | 螺纹 | M16 | 24 | | | | 备　注 |
| | 长度尺寸 | 75mm | 10 | | | | |
| | | 38mm | 10 | | | | |
| | 倒角 | $R1$ 圆角 1 处 | 2 | | | | |
| | | 未注倒角 1 处 | 2 | | | | |
| | | 30°倒角 1 处 | 4 | | | | |
| | | $Ra3.2\mu m$ | 4 | | | | |
| | | $Ra6.3\mu m$ | 4 | | | | |
| 检测步骤 | 量具选择是否正确 | | 10 | | | | 是否按要求进行规范操作 |
| | 检测过程是否正确 | | 10 | | | | |
| 职业素养 | 量具维护和保养 | | 5 | | | | 按照 7S 管理要求规范现场 |
| | 工具定置管理 | | 5 | | | | |
| | 安全文明操作 | | 10 | | | | |
| 合　计 | | | 100 | | | | |
| 综合评价 | | | | | | | |

## 【练】综合训练

一、填空题

1. 常见的螺纹测量方法有________和________两种。

2. 单项测量法中,常见的有测量螺纹的________、________、________。

二、判断题

1. 由于螺纹的顶径公差较大，一般只需要用游标卡尺测量即可。（　　）

2. 螺纹千分尺只能测量 60°普通三角螺纹。（　　）

3. 使用螺纹千分尺时，测量头需插入千分尺的轴杆和砧座的孔中，更换测量头后，必须调整砧座的位置，使千分尺对准零位。（　　）

三、选择题

1. 测量螺纹的螺距时，使用的工具是（　　）。

A. 直钢尺　　B. 螺距规　　C. 游标卡尺　　D. 千分尺

2. 螺纹量规包括螺纹环规和螺纹塞规两种，其中在螺纹环规中的"通规"上标注的字母是（　　）。

A. Z　　B. GO　　C. T　　D. NO GO

四、简答题

1. 简述螺距规检测外螺纹时，如何判断外螺纹符合精度要求？

2. 螺纹切削过程中，出现振动的原因是什么，如何预防？

3. 螺纹切削过程中，出现螺纹牙形过平的原因是什么，如何预防？

# 项目 

# 孔类零件加工

## 教学目标

(1) 知道孔类零件的加工方法。
(2) 能运用 G00、G01、G90、G71 等指令编制孔类加工程序。
(3) 能编制孔类零件的加工程序。
(4) 能加工出合格的端盖零件。
(5) 能对端盖零件进行检测与质量分析。

## 典型任务

对某企业端盖样件进行数控车削加工。

## 任务 1　端盖的加工工艺分析

### 学习目标

(1) 知道盘盖类零件的加工工艺基础知识。
(2) 知道车削内孔的加工工艺知识。
(3) 能制定车削内孔的加工工艺路线。

### 任务描述

对端盖零件进行加工工艺方案设计，零件图样如图 6-1 所示。

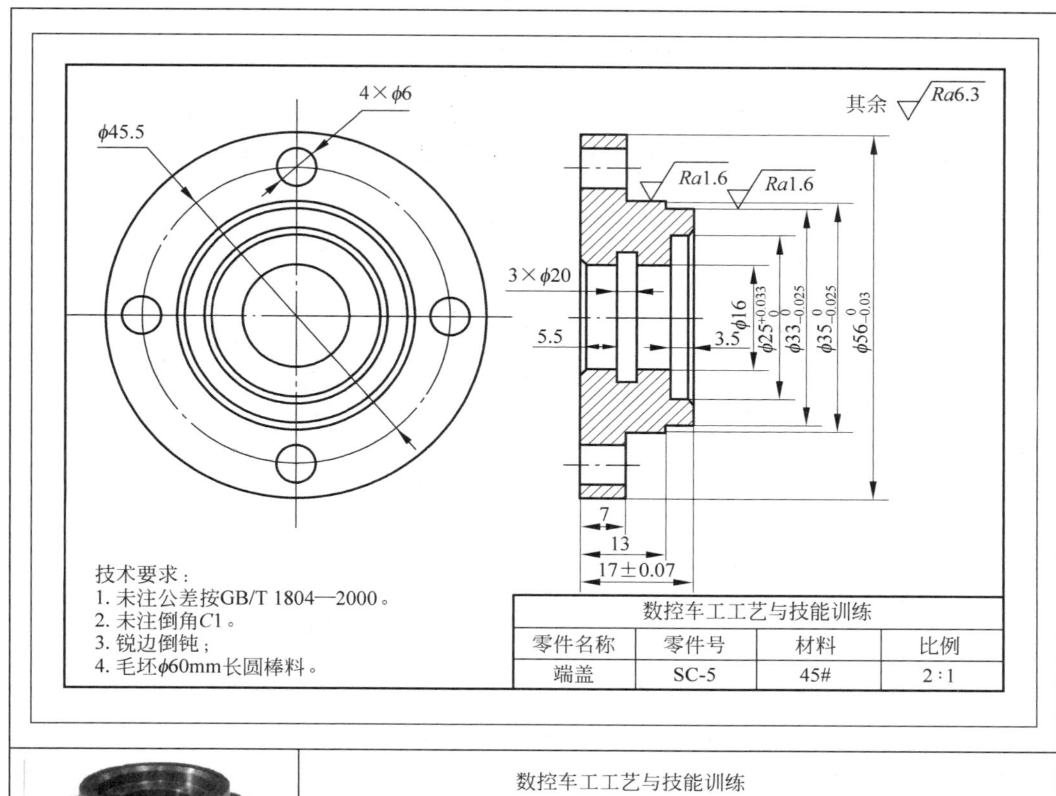

| 数控车工工艺与技能训练 | | | | | |
|---|---|---|---|---|---|
| 名称 | 零件号 | 材料 | 时间 | 毛坯尺寸 | 比例 |
| 端盖 | SC-5 | 45钢 | 12学时 | φ60mm长圆棒料 | 2∶1 |

图 6-1　端盖

端盖是安装在电动机、减速箱等机壳后面的一个后盖。轴承端盖的作用主要有两个：①轴向固定轴承；②起密封保护作用，防止灰尘、杂物等进入轴承。图 6-1 所示为减速箱的轴承端盖。

# 【学】盘盖类零件的加工工艺基础知识

盘盖类零件的基本形状是扁平的盘状，轴向尺寸比其他两个方向的尺寸小。一般有端盖、阀盖、齿轮等零件，它们的主要结构大体上由回转体上各种形状的凸缘、均布的圆孔和肋、轮辐等组成。这类零件在机器中主要起支撑、轴向定位及密封作用。

## 一、盘盖类零件知识

### 1. 盘盖类零件常见的结构

1）透盖零件

透盖零件是长圆形薄盘，两端有两个通孔，用于定位或固定，正中是一圆柱孔凸台和带锥度的通孔，起支撑和定位作用，如图 6-2 所示。

2）齿轮油泵的端盖

齿轮油泵的端盖在油泵中起密封作用，中间有两个孔用于支撑齿轮轴，结构特点呈椭圆形，一端有凸台、两个支撑孔、两个定位孔和六个连接孔，如图 6-3 所示。

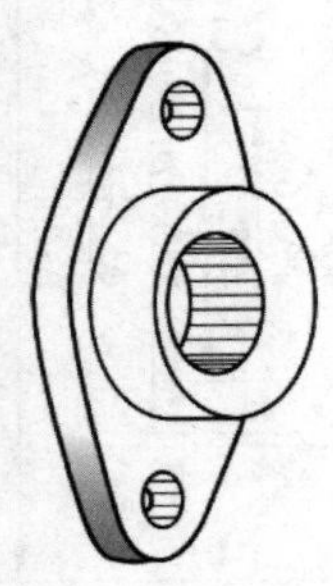

图 6-2 透盖零件

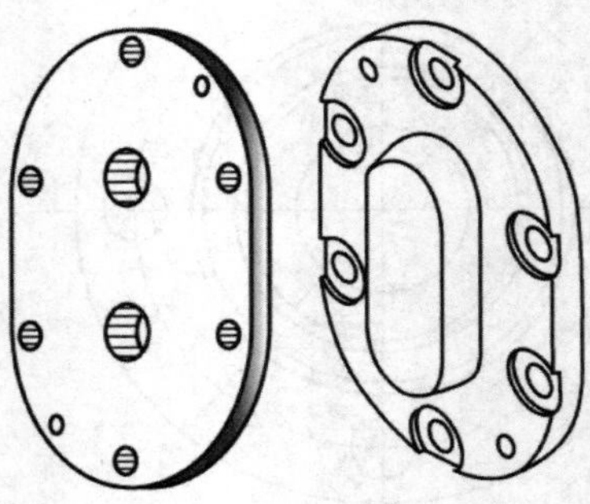

图 6-3 齿轮油泵端盖

3）法兰盘

法兰盘主要用于轴与轴间或轴与轴上的零件间的连接，如图 6-4 所示。

**2. 盘盖类零件常见的工艺结构**

盘盖类零件的基本结构是由薄盘与同轴或偏心的回转体组成，以倒角和倒圆、退刀槽和越程槽为主，有的零件上有凸台、凹坑等。

1）铸造圆角、倒角

为了去除零件在机械加工时形成的锐边、毛刺，常在轴孔的端部加工 45°或 30°倒角；在轴肩处为了避免应力集中，常采用圆角过渡，称为倒圆，如图 6-5 所示。

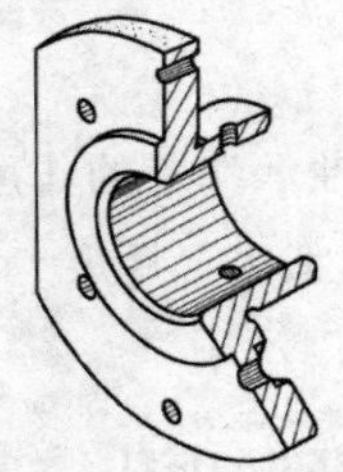

图 6-4 法兰盘

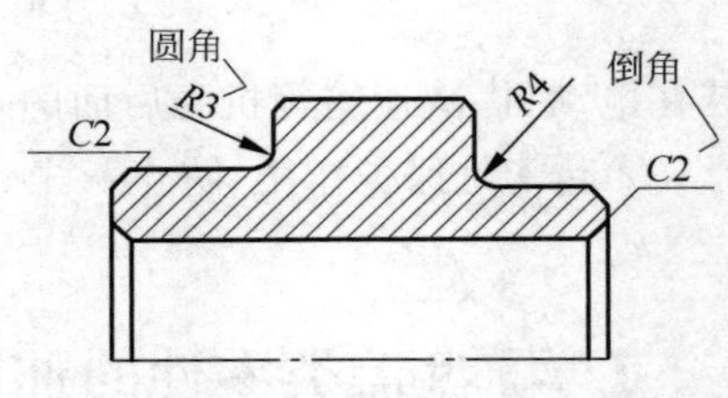


图 6-5 圆角与倒角

2）退刀槽和砂轮越程槽

零件在车削或磨削时，为保证加工质量，便于车刀的进入或退出，以及砂轮的越程需要，常在轴肩处、孔的台肩处预先车削出退刀槽或砂轮越程槽，如图 6-6 所示。

3）凸台、凹坑

为减少加工面积，并保证接触面的接触良好，常在零件的接触部位设置凸台或凹坑，如图 6-7 所示。

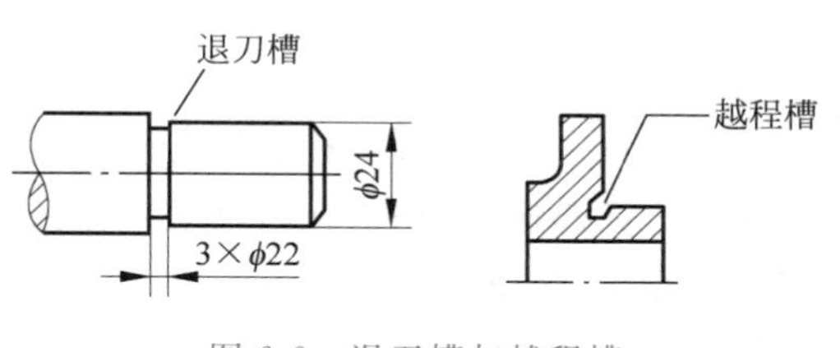

图 6-6　退刀槽与越程槽

图 6-7　凸台与凹坑

## 二、孔加工工艺

孔加工有两种情况，一种是在实体工件上加工孔，另一种是在有工艺孔的工件上再加工孔。前者一般采用钻孔、扩孔、镗孔或铰孔的方法加工，后者可根据孔的质量要求直接进行粗镗、精镗或铰孔等方法加工。

### 1. 钻孔加工

对于精度要求不高的内孔，用麻花钻直接钻出，表面粗糙度 $Ra$ 的值可以达到 50～12.5μm；对于精度要求较高的孔，还需经过镗孔或铰孔。

在车床上面钻孔一般采用麻花钻加工。根据麻花钻柄部的结构不同，麻花钻可分为直柄和锥柄两种。

直柄麻花钻可用钻夹头装夹，再利用钻夹头的锥柄插入车床尾座套筒内操作使用，如图 6-8 所示。

(a) 直柄麻花钻　　(b) 钻夹头及锁紧板手

图 6-8　直柄麻花钻与钻夹头

锥柄麻花钻的锥柄部一般为莫氏锥柄，常见于直径大于 13mm 的麻花钻。装夹时，需要选用适合车床尾座锥孔的莫氏锥套转换莫氏锥度，如图 6-9 所示。常用的莫氏锥度有 0、1、2、3、4、5、6 七个型号。

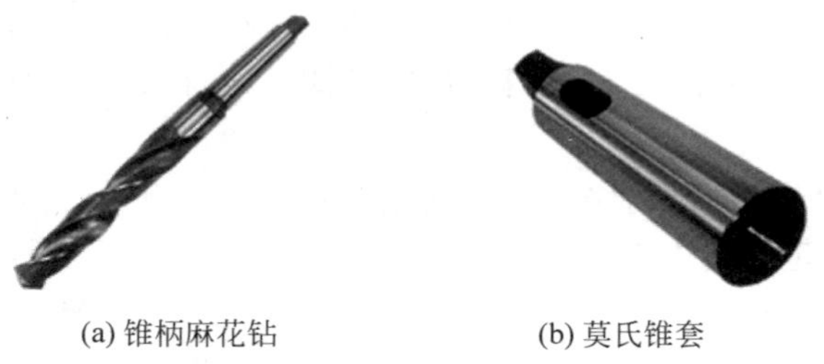
(a) 锥柄麻花钻　　(b) 莫氏锥套

图 6-9　锥柄麻花钻与莫氏锥套

钻孔时要注意以下几点。

(1) 钻孔前工件端面要车平，以利于钻头对准定心。

(2) 钻削直径较小的孔时，可先用中心钻钻中心孔定位，再用麻花钻钻孔，以便使加工出的孔与外圆同轴。为了保证钻孔时钻头的定心作用，钻头在刃磨时应修磨横刃。

(3) 钻削钢料时，为了不使钻头发热，应使用切削液。

(4) 钻较深孔时，切屑不易排出，必须采取啄式钻孔，经常退出钻头，清除切屑和冷却钻头。

(5) 当将要钻穿通孔时，因为钻头横刃不再参加切削，阻力大大减小，进刀时就会觉得手轮摇起来很轻松，这时，必须减小进给量，否则会使钻头的切削刃"咬"在工件孔内，损坏钻头，或使钻头的锥柄在尾座锥孔内打滑，把锥孔和锥柄咬毛。

**2. 内孔车削**

内孔车削时，一般选用镗孔车刀，如图 6-10 所示。镗孔时，单刃镗刀的刀头截面尺寸要小于被加工的孔径，而刀杆的长度要大于孔深，因而刀具刚性差。切削时在径向力的作用下，容易产生变形和振动，影响镗孔的质量。因此，镗孔时多采用较小的切削用量，以减小切削力的影响。

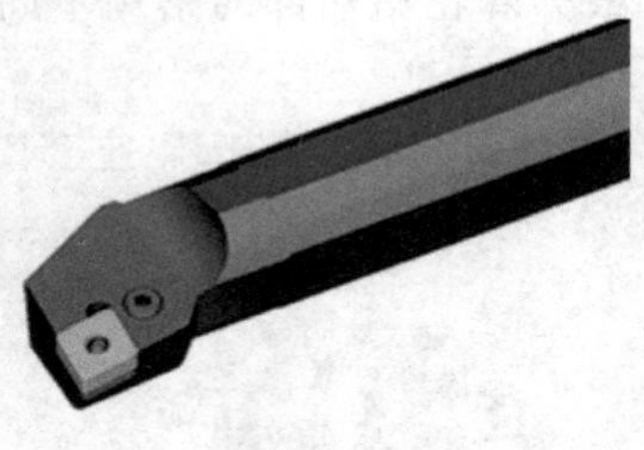

(a) 镗孔车刀

(b) 内孔车削示意图

图 6-10 内孔车削

镗孔车刀安装时，应尽量增加刀杆的截面积，尽可能缩短刀杆的伸出长度(只需略大于孔深)，以增加镗孔车刀刚度。

车削过程中，要及时排出内孔中的切屑，主要是控制切屑的流出方向。精车孔时应采用正刃倾角内孔车刀，以使切屑流向待加工表面。

(1) 内孔车削时的注意事项如下。

① 内孔车刀刀尖应与工件中心等高或略高(0.1～0.3mm)，如果装得低于中心，由于切削抗力的作用，易使刀柄压低而产生扎刀现象，并可能造成孔径扩大。

② 刀柄尽可能伸出得短些，以防止产生振动，一般比被加工孔长 5～8mm。

③ 刀柄基本平行于工件轴线，以防止车削到一定深度时刀柄后半部分碰到工件孔壁。

④ 盲孔加工安装车刀时，内偏刀的主切削刃应与孔底平面成 3°～5°的角，并且在车削平面时要求横向有足够的退刀余地。

(2) 下面介绍深孔加工知识。

深孔一般是指孔深 $L$ 与直径 $D$ 之比大于或等于 5 的孔，深孔按孔深与孔径之比($L/D$)

的大小通常可分为一般深孔、中等深孔及特殊深孔三种。$L/D$ 的比值越大加工起来就越困难，如图 6-11 所示。

加工深孔在车床上属于难度较大的工艺之一。加工深孔主要有以下几种方式。

① $L/D \geqslant 5$，属于一般深孔，常在钻床或车床上用接长麻花钻加工。它的难度在排屑和冷却方面。为了排屑顺利，铁屑要成为细条状直接窜出来并带出较小的碎片，同时使冷却液更易进入孔中，如图 6-12 所示。

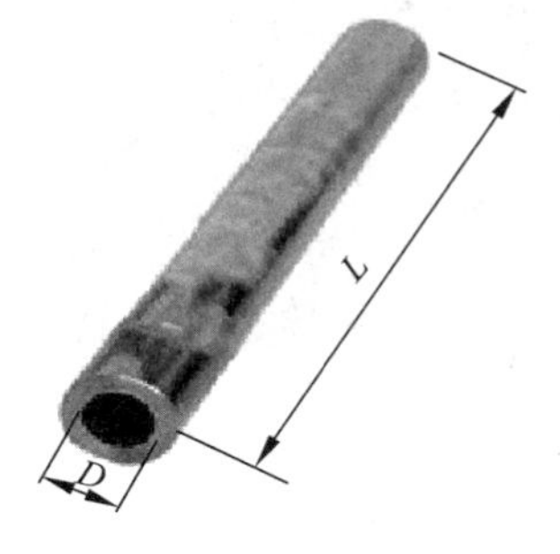


图 6-11　深孔

图 6-12　铁屑细条状

② $L/D = 20 \sim 30$，属于中等深孔，常在车床上加工。

③ $L/D = 30 \sim 100$，属于特殊深孔，必须使用深孔钻在深孔钻床或专用设备上加工。

**3. 薄壁套的加工难点及改善措施**

1）薄壁套的加工难点

（1）因工件壁薄，三爪卡盘夹紧后工件容易产生变形，如图 6-13 所示。

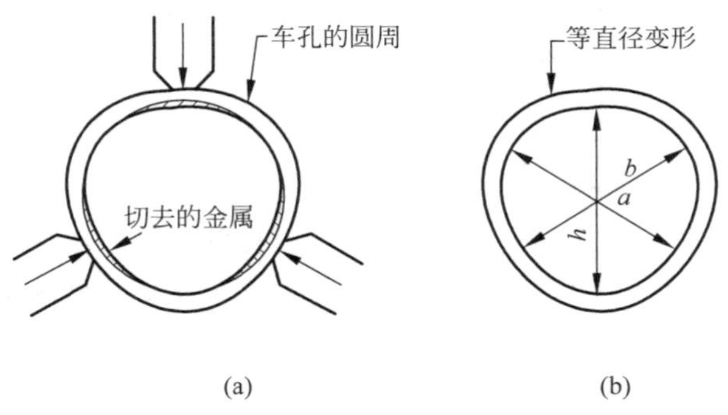


图 6-13　内孔薄壁变形

（2）因工件较薄，切削热会引起工件热变形，从而使工件尺寸难以控制。

（3）在切削力（特别是径向切削力）的作用下，容易产生振动和变形，影响工件的尺寸精度、形状、位置精度和表面粗糙度。

2）改善措施

（1）合理选择刀具几何角度和切削参数。首先，应控制主偏角，使切削力朝向工件刚性差的方向减小，刃倾角取正值；其次，车削按同种材料车削加工的背吃刀量与进给量在选取范围中取较小值，切削速度取正常值。

(2) 粗精加工分开。

(3) 增加辅助支承面,采用开缝套筒(如图 6-14 所示)或一些特制的软卡爪。使接触面增大,让夹紧力均布在工件上,从而使工件夹紧时不易变形。

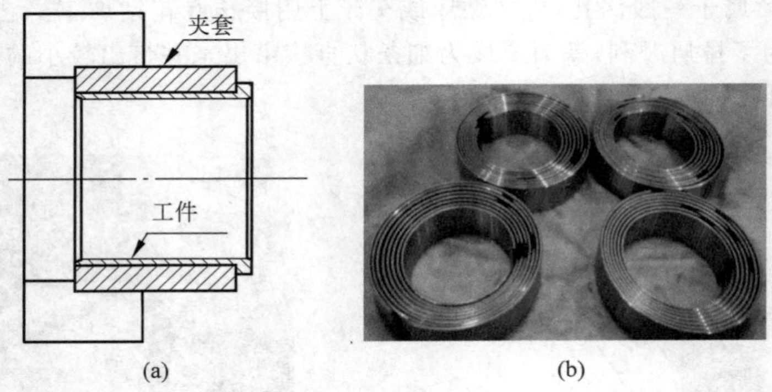


图 6-14 开缝套筒

(4) 将局部夹紧机构改为均匀夹紧机构,以减小变形。

(5) 适当增加工艺加强肋。在夹紧部位铸出工艺加强肋,以减小安装变形,提高加工精度,如图 6-15 所示。

**4. 加工孔时刀具的进退刀方式**

加工孔时刀具的进退刀方式如图 6-16 所示。

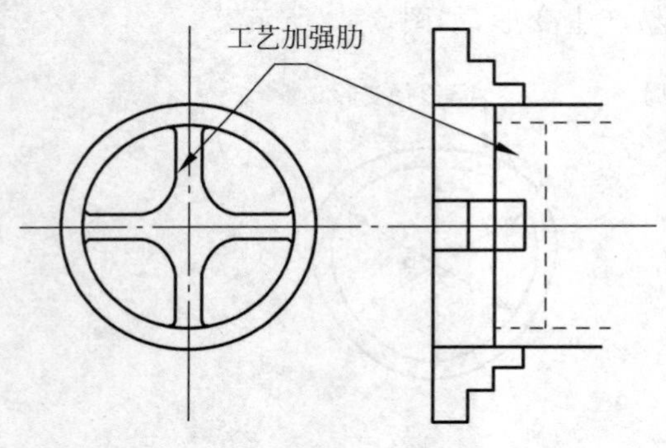


图 6-15 工艺肋

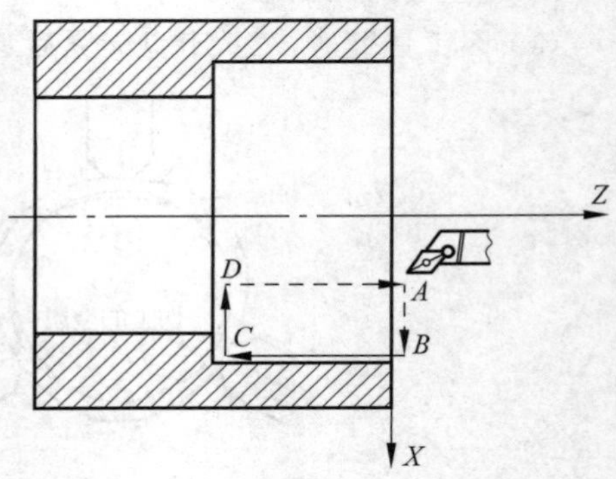


图 6-16 刀具的进退刀方式

(1) $A \to B$ 沿 $+X$ 方向快速进刀。

(2) $B \to C$ 刀具以指令中指定的 $F$ 值进给切削。

(3) $C \to D$ 刀具沿 $-X$ 方向退刀。

(4) $D \to A$ 刀具沿 $+Z$ 方向快速退刀。

## 三、内沟槽车削

**1. 内沟槽的种类**

如图 6-17 所示,内沟槽种类如下。

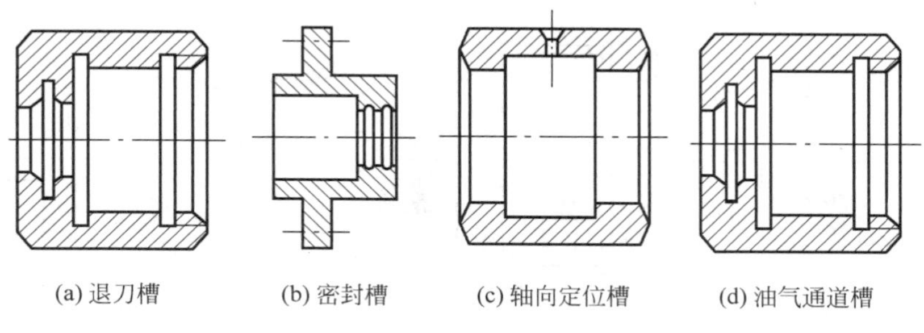


图 6-17　内沟槽种类

1）退刀槽

车内螺纹、车孔和磨孔时作退刀槽用或为了拉油槽方便，两端开有退刀槽。

2）密封槽

在 T 形槽中嵌入油毛毡，防止轴上的润滑剂溢出。

3）轴向定位槽

在轴承座内孔中的适当位置开槽放入孔用弹性挡圈，以实现滚动轴承的轴向定位。有些较长的轴套，为了加工方便和定位良好，往往在长孔中间开有较长的内沟槽。

4）油气通道槽

在各种液压和气压滑阀中开内沟槽以通油或通气。这类油气通道槽要求有较高的轴向位置。

**2. 内沟槽的车削方法**

内槽车刀与外沟槽车刀几何形状类似，只是装夹方向相反，且在内孔中加工，如图 6-18 所示。

车削沟槽的方法有三种，如图 6-19 所示。

(1) 宽度较小和精度要求不高的内沟槽，槽宽多少，槽刀主切削刃宽度要等于槽宽，采用直进法一次车出。

(2) 要求较高或较宽的内沟槽，可采用直进法分几次车出。粗车时，槽壁和槽底留精车余量，槽刀轴向移动的步距可小于槽宽宽度，然后根据槽宽、槽深进行精车。

(3) 若内沟槽深度较浅，宽度很大，可用内圆车刀先车出凹槽，再用内沟槽车刀车削沟槽两端垂直面。

图 6-18　内槽车刀

## 【教】端盖加工工艺方案设计

### 一、任务分析

设计图 6-1 所示端盖零件的数控车加工工艺方案。

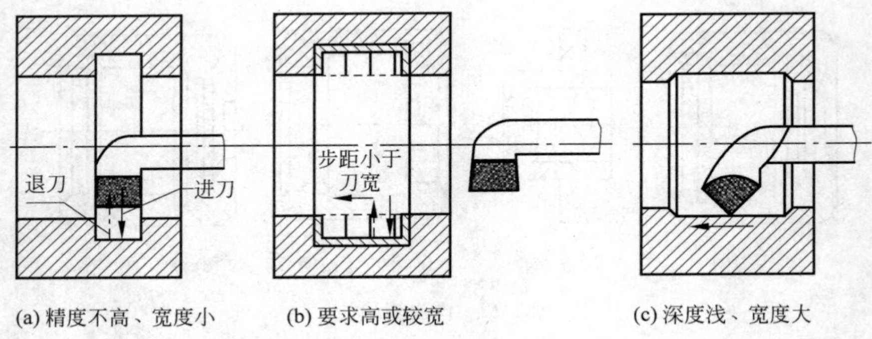


(a) 精度不高、宽度小　　(b) 要求高或较宽　　(c) 深度浅、宽度大

图 6-19　车内沟槽的方法

**1. 图样分析**

端盖零件需要加工左右两个端面和车削 $\phi$33mm、$\phi$35mm 和 $\phi$56mm 的外圆柱面及内孔 $\phi$25mm、$\phi$16mm 和内槽 3×$\phi$20mm，钻 4 个圆孔，倒角 *C*1 两处，其余锐边倒钝。其外圆柱表面粗糙度均为 *Ra*1.6μm，其余为 *Ra*6.3μm。同时还需要保证长度尺寸 17mm±0.07mm。总之，端盖零件结构简单，但尺寸精度和表面粗糙度要求较高，因此，该零件可采用三爪自定心卡盘装夹。

**2. 确定工件毛坯**

工件各台阶之间直径相差较小，毛坯可采用棒料，下料后便可加工，因此工件毛坯为 45 钢，规格为 $\phi$60mm 长圆棒料。

## 二、工艺方案设计

根据端盖零件图样要求，确定工艺方案如下。

(1) 用三爪自定心卡盘夹持 $\phi$60mm 毛坯外圆，使工件伸出卡盘长度大于 25mm，一次装夹完成 $\phi$33mm、$\phi$35mm、$\phi$56mm 外圆的车削。

(2) 用麻花钻钻孔，孔深大于 20mm，再车内孔 $\phi$25mm、$\phi$16mm、内沟槽 3×$\phi$20mm。

(3) 切断掉头装夹 $\phi$56mm 外圆，车削左端面及 *C*1 内倒角 1 处，并保证总长 17±0.07mm。

(4) 钳工台画线，找正圆周四个小孔 $\phi$6mm 的中心位置，在台式钻床上钻削四个小孔 $\phi$6mm。

## 【练】综合训练

**一、判断题**

1. 一般的盘盖类零件有端盖、阀盖、齿轮等。　　(　　)

2. 零件在车削或磨削时，不需在轴肩处、孔的台肩处预先车削出退刀槽或砂轮越程槽。　　(　　)

3. 莫氏锥度分为 0、1、2、3、4、5、6 七个型号。　　(　　)

二、选择题

1. 车孔的关键技术是解决(　　)问题。

A. 车刀的刚性　　B. 排屑

C. 车刀的刚性和排屑　　D. 冷却

2. 在孔即将钻通时,应(　　)进给速度。

A. 提高　　B. 降低　　C. 均匀　　D. 先提高后降低

三、简答题

1. 车削内沟槽有几种方法?

2. 车削内孔要注意什么?

# 任务2　端盖的加工程序编制

(1) 学会内孔加工程序编写时 G71、G90 指令的运用。

(2) 能确定车削孔类零件时切削参数。

(3) 能制定端盖零件的加工工艺。

(4) 能编写端盖零件的加工程序。

任务描述

对端盖零件进行加工工艺卡片的制定及程序的编写,零件图样如图 6-1 所示。

## 【学】孔类零件加工程序编制的基础知识

### 一、切削用量的确定

切削用量包括切削速度(主轴转速)、背吃刀量、进给速度。一般情况下,加工内孔不论粗加工或精加工都要求刀具的耐用度。在这种前提下,首先必须尽量先考虑增大背吃刀量,其次再考虑增大进给量,最后再考虑增大主轴转速。实践证明,这样的选择可以提高劳动生产率。加工内孔的切削用量要比车外圆时适当减小些。

### 二、内孔编程指令

**1. 内径切削循环指令 G90**

1) 指令格式

```
G90 X(U)__ Z(W)__ F __;
```

2）注意事项

（1）在使用内径切削循环指令 G90 时，循环起刀点 X 一定要在底孔以内；退刀点 X 设置在毛坯孔内，不得大于底孔的直径，否则会出现撞刀现象。

（2）内孔车刀 $Z$ 向的进刀距离不得大于所要加工内孔的深度。

（3）加工内孔时，进给速度 F 与退刀速度不要过快，以免造成切削时产生的铁屑划伤已加工表面。

3）编程实例

编写如图 6-20 所示内孔的加工程序，已经预钻 $\phi$27mm 底孔。

```
00001
T0202;
M03 S800;
G99;
G00 X26.0 Z2.0;(起刀点设置比底孔稍小)
G90 X28.0 Z-41.0 F0.1;
    X29.0;
    X30.0;
G00 Z100.0;
G00 X100.0
M05;
M30;
```

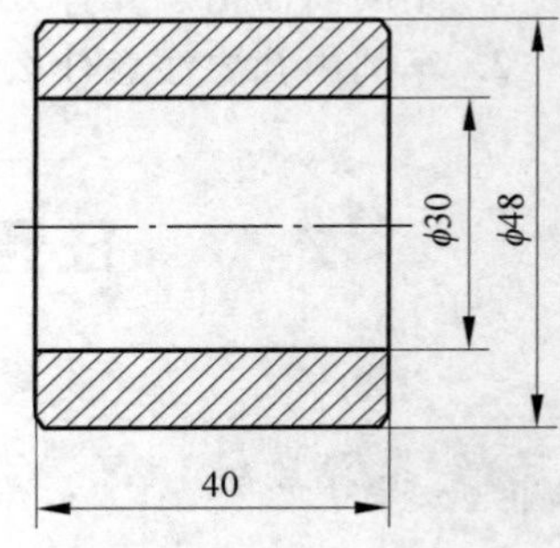

图 6-20　G90 车削内孔

**2. 内孔粗车循环指令 G71**

1）指令格式

```
G71 UΔu RΔe;
G71 Pns Qnf UΔu WΔw Ff;
Nns ...
  ......
Nnf ...
```

2）注意事项

车削内孔的指令与外圆车削的指令基本相同，但也有区别，编程时应注意以下几个方面。

（1）粗车循环指令 G71，在加工外径时余量 U 为正，但在加工内轮廓时余量 U 为负，否则零件会因孔径变大而报废。

（2）加工内轮廓时，切削循环起刀点选择要慎重，一定要在底孔以内。如钻孔直径为 $\phi$20mm，循环起刀点 $X$ 的坐标值可以选择小于或等于 20。

（3）若精加工循环指令 G70 半径补偿加工，加工内轮廓时，半径补偿指令为 G41，刀尖方位号为 2。

（4）镗刀时，一定要在钻好内孔的条件下进行操作，且选择镗刀杆直径要小于钻好的孔径，以免发生干涉。

3）编程实例

编写如图 6-21 所示零件的内孔加工程序，已经预钻 $\phi$22mm 底孔。

```
O0002
M03 S800;
T0202;
G99;
 G00  X21.0 Z2.0;
 G71 U1.0 R0.5;
 G71 P1 Q2 U-0.5 W0.05 F0.15;
N1   G00 X36.0;
     G01 Z0 F0.1;
      X32.0 Z-2.0;
      Z-20.0;
      X25.0;
      Z-43.0;
      X29.0 Z-45.0;
N2   X21.0;
G41 G00 X21.0 Z2.0;
G70 P1 Q2;
G40 G00 X100.0 Z50.0;
M05;
M30;
```

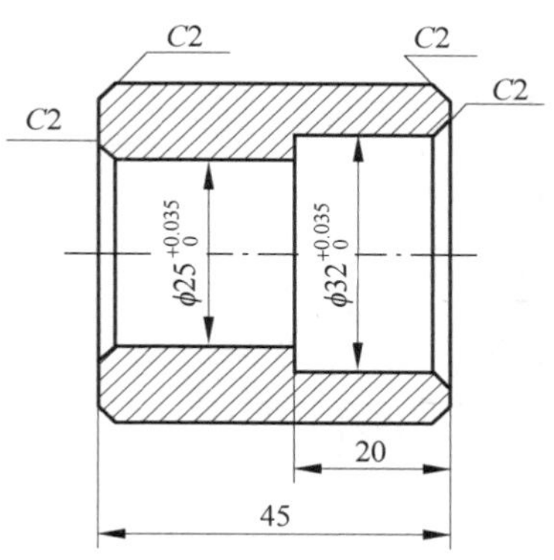

图 6-21　内孔复合循环切削

## 【教】端盖的加工程序编制

### 一、任务分析

编制如图 6-1 所示端盖零件的数控车削加工程序。

#### 1. 设备选用

根据零件图要求结合设备情况，可选用 CAK6150/1000(FANUC Series 0*i* Mate-TD)、CAK6150Di(FANUC Series 0*i* Mate-TC)、CAK5085Di(FANUC Series 0*i* Mate-TD)型卧式经济型数控车床。

#### 2. 确定切削参数

(1) 车削端面时，$n$=800r/min，用手轮控制进给速度。

(2) 粗车外圆时，$a_p$=1mm(单边)，$n$=800r/min，$f$=0.2mm/r。

(3) 精车外圆时，$a_p$=0.5mm，$n$=1200r/min，$f$=0.1mm/r。

(4) 粗车内孔时，$a_p$=1mm(单边)，$n$=700r/min，$f$=0.15mm/r。

(5) 精车内孔时，$a_p$=0.5mm，$n$=1000r/min，$f$=0.08mm/r。

(6) 车内沟槽时，$a_p$=2mm(单边)，$n$=800r/min，$f$=0.05mm/r。

### 二、程序编制

#### 1. 填写工艺卡片

综合前面分析的各项内容，填写表 6-1 的数控加工工艺卡。

表 6-1　端盖零件的数控加工工艺卡

| 单位名称 | | | | 产品型号 | | | |
|---|---|---|---|---|---|---|---|
| | | | | 产品名称 | 端盖 | | |
| 零件号 | | 材料型号 | 45 钢 | 毛坯规格 | 棒料 | 设备型号 | |
| 数量 | 1 件 | | | | $\phi$60mm 圆棒料 | | |
| 工序号 | 工序名称 | 工步号 | 工序工步内容 | 切削参数 $n$/(r/min) | $a_p$/mm | $f$/(mm/r) | 刀具准备 |
| 1 | 备料 | | $\phi$60mm 长圆棒料 | | | | |
| 2 | 车 | 1 | 车工件右端面 | 800 | 0.3 | 手轮控制 | 45°端面车刀 |
| | | 2 | 粗车 $\phi$33mm、$\phi$35mm 和 $\phi$56mm 外圆、倒角 | 800 | 1 | 0.2 | 93°外圆车刀 |
| | | 3 | 精车 $\phi$33mm、$\phi$35mm 和 $\phi$56mm 外圆 | 1500 | 0.5 | 0.1 | 93°外圆车刀 |
| | | 4 | 钻孔 $\phi$13mm | 500 | | 手动 | $\phi$13mm 麻花钻 |
| | | 5 | 粗镗 $\phi$25mm、$\phi$16mm | 700 | 1 | 0.15 | 75°镗孔车刀 |
| | | 6 | 精镗 $\phi$25mm、$\phi$16mm | 1500 | 0.5 | 0.08 | 75°镗孔车刀 |
| | | 7 | 车削内沟槽 3mm × $\phi$20mm | 800 | 3 | 0.05 | 3mm 内沟槽刀 |
| | | 8 | 切断 | 400 | | 手轮控制 | 4mm 切断刀 |
| 3 | 车 | 9 | 掉头车削工件左端面并保证总长 | 800 | | 手轮控制 | 93°外圆车刀 |
| 4 | 钻 | 1 | 钻孔 4×$\phi$6mm 的孔 | | | 手动 | 立式钻床 |

**2. 端盖零件的程序编制**

以沈阳数控车床 CAK6150Di(FANUC Series 0*i* Mate-TD 系统)为例，编写加工程序。端盖零件加工程序卡见表 6-2。

表 6-2　端盖零件程序卡

| 序号 | 程　序 | 说　明 |
|---|---|---|
| | O0001 | 程序名 |
| N10 | M03 S800; | 主轴正转启动 |
| N20 | G00 X100.0 Z100.0 T0101; | 调用 1 号车刀及 1 号刀补，快速定位至安全点 |
| N30 | M08; | 冷却液开 |
| N40 | G00 X65.0 Z2.0; | 快速接近循环点 |
| N50 | G71 U1.0 R1.0; | 粗加工循环 |
| N60 | G71 P70 Q170 U0.5 W0.03 F0.2; | |
| N70 | G0 X32.4; | 锐角倒钝，倒圆角 $R$0.3 |
| N80 | G01 Z0; | |
| N90 | G03 X33.0 Z−0.3 R0.3; | |
| N100 | G01 Z−4.0; | 加工 $\phi$33mm |
| N110 | X34.4; | 锐角倒钝，倒圆角 $R$0.3 |
| N120 | G03 X35.0 Z−4.3 R0.3; | |

续表

| 序号 | 程　序 | 说　明 |
|---|---|---|
| N130 | Z−10.0; | 加工 $\phi$35mm |
| N140 | X55.4; | 锐角倒钝,倒圆角 $R$0.3 |
| N150 | G03 X56.0 Z−10.3 R0.3; | |
| N160 | G01 Z−21.0; | 加工 $\phi$56mm |
| N170 | X66.0; | |
| N180 | M03 S1500; | 主轴转速为 1500r/min |
| N190 | T0101; | 调用 1 号刀补 |
| N200 | G42 G00 X66.0 Z5.0; | 快速接近循环点 |
| N210 | G70 P1 Q2 F0.1; | 精加工,进给速度为 0.08mm/r |
| N220 | G40 G00.0 X100.0 Z100.0; | 快速退刀至安全点,主轴停止 |
| N230 | M00; | 程序暂停 |
| N240 | M03 S700; | 主轴正转启动 |
| N250 | G00 X100.0 Z100.0 T0202; | 调用 2 号车刀及 2 号刀补,快速定位至安全点 |
| N260 | G00 X15.0 Z5.0; | 快速接近循环起刀点 |
| N270 | G71 U1 R1; | 复合固定粗加工循环加工内圆表面 |
| N280 | G71 P70 Q170 U−0.5 W0.03 F0.15; | |
| N290 | G00 X27.0; | 内倒角 $C$1 |
| N300 | G01 Z0; | |
| N310 | X25.0 Z−1.0; | |
| N320 | G01 Z−4.0; | $\phi$25mm 外圆,长度为 4mm |
| N330 | X16.0; | $\phi$16mm 外圆,长度为 18mm |
| N340 | Z−18.0; | |
| N350 | N2 G0 X15.0; | $X$ 向退到和起刀点一致 |
| N360 | M03 S1500; | 主轴正转至 1500r/min |
| N370 | T0202; | 调用 2 号刀补 |
| N380 | G00 X15.0 Z5.0; | 快速接近起刀点 |
| N390 | G70 P1 Q2 F0.08; | 精加工,进给速度为 0.08mm/r |
| N400 | G00 Z100; | 先 $Z$ 向退刀 |
| N410 | X100 M05; | 快速退刀至安全点,主轴停止 |
| N420 | M00; | 程序暂停 |
| N430 | M03 S800; | 主轴正转启动 |
| N440 | G00 X100.0 Z100.0 T0404; | 调用 4 号车刀及 4 号刀补,快速定位至安全点 |
| N450 | M08; | 开冷却液 |
| N460 | G00 X15.0 Z5.0; | 快速接近循环点起刀点 |
| N470 | G00 Z−11.5; | 定位 $Z$ 方向 |
| N480 | G01 X20.0 F0.05; | 车槽至 $\phi$20mm |
| N490 | X15.0; | $X$ 向退刀 |
| N500 | G00 Z100.0; | 内沟槽刀移到孔外 |
| N510 | G00 X100 Z100; | 快速退刀至安全点 |
| N520 | M05; | 主轴停止 |
| N530 | M30; | 程序结束 |

## 【练】综合训练

一、填空题

1. G90 编程加工内孔时，循环起刀点 X 设置要比毛坯孔________。

2. G71 程序加工内孔，余量 U 必须________。

3. 程序 G90 X(U)__ Z(W)__ F；用于加工________面或________面。

二、判断题

1. 数控车床加工零件，工序比较集中，一次装夹应尽可能完成全部工序。 ( )

2. 内孔车刀装得低于工件中心时，因切削力方向的变化，会使刀尖强度降低，容易造成崩刀。 ( )

三、选择题

1. 镗刀右偏刀的刀尖方位号为( )。

A. 1 B. 2 C. 3 D. 4

2. 镗孔车刀在加工零件内表面时，需调用指令( )进行刀具半径补偿。

A. G41 B. G42 C. G40

四、编程题

如图 6-22 所示，外轮廓 $\phi$40mm 已加工完成，内轮廓 $\phi$18mm 钻孔已完成通孔加工，零件材料为 45 钢，用 G71 编制内轮廓的加工程序。

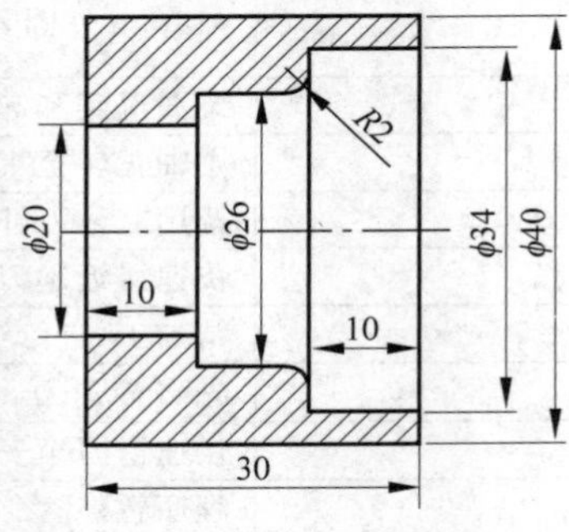


图 6-22 内孔零件图

# 任务 3 端盖的车削

(1) 知道孔类零件的数控车削方法。

(2) 能车削出合格的端盖零件。

对端盖进行数控车削加工工艺路线拟定并完成零件加工。零件图样如图 6-1 所示。

# 【学】孔类零件车削的基础知识

## 一、孔类零件的定位及装夹

加工孔类零件，一般也要加工外圆，轴类零件的定位与装夹可以参考项目 2 的介绍。如果要保证内、外圆的同轴度，只依靠轴类的装夹会比较难以保证。这里介绍以内孔定位的方法。

工件以内孔定位在加工中应用很广泛，如连杆、套筒、齿轮、盘类等零件，常以加工好的内孔作为定位基准定位，其不仅装夹方便，而且能很好地保证内、外圆表面的同轴度。工件以内孔定位，其定位元件主要有定位销、定位心轴。

### 1. 定位销

定位销常用于圆柱孔的定位，是组合定位中最常用的定位元件之一，按其结构类型可以分为固定式和可换式两类。

固定式定位销通过过盈配合压入夹具体中，如图 6-22(a)所示。在大批量生产中需采用图 6-23(b)所示的可换式定位销，在夹具中压有衬套，衬套与定位销间隙配合，定位销下端用螺母锁紧，更换方便，但由于存在装配间隙，会影响定位销的位置精度。

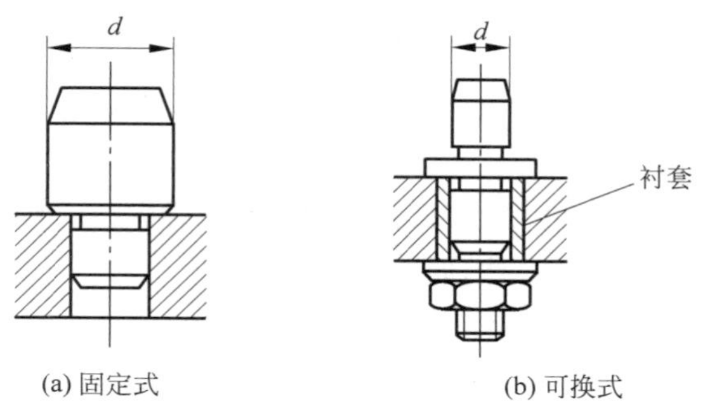


图 6-23 定位销

### 2. 定位心轴

加工齿轮、套类、轮盘等零件时，为了保证外圆轴线和内孔轴线的同轴度要求，常以心轴定位加工外圆和端面。工件的圆柱孔常用间隙配合心轴、过盈配合心轴等定位，而对于圆锥孔、螺纹孔、花键孔则采用相应的圆锥心轴、螺纹心轴、花键心轴定位。

(1) 间隙配合心轴。工件孔和心轴一般采用 H7/h6 或 H7/g6 的间隙配合，工件能很方便地装配，但由于存在配合间隙，其定位精度不高，一般只能保证 0.02mm 左右的同轴度，故在工件同轴度要求不高时采用，如图 6-24(a)所示。

（2）过盈配合心轴。工件孔与心轴是过盈配合，过盈配合心轴多用于加工批量小，工件定位孔的加工精度不低于 IT7 且对定位精度要求较高的精加工和磨削加工，如图 6-24(b)所示。

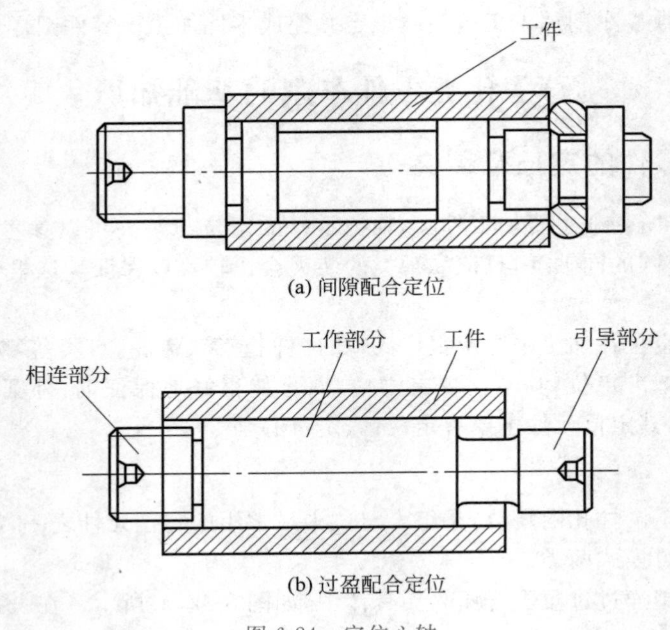


图 6-24 定位心轴

**3. 圆锥心轴**

当工件带有圆锥孔时，一般可用与工件锥度相同的圆锥心轴定位，可以与螺母配合，如图 6-25 所示。

**4. 螺纹心轴**

当工件以内螺纹表面为定位基准时，常采用螺纹心轴定位。使用这种心轴时，工件上要有安放扳手的表面，以便卸下工件，如图 6-26 所示。

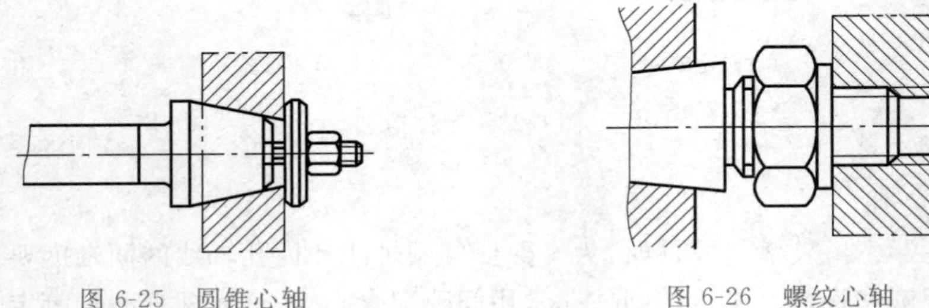

图 6-25 圆锥心轴　　图 6-26 螺纹心轴

## 二、孔类零件车削常用刀具及选用

**1. 刀具介绍**

（1）镗孔车刀。车孔精度一般为 IT7～IT8，表面粗糙度 $Ra$ 的值可以达到 1.6～

3.2μm，精车时表面粗糙度 $Ra$ 的值可以高达 0.8μm。随着加工技术的提高，精车表面粗糙度 $Ra$ 的值甚至可以达到 0.4μm。车孔车刀按加工类型有通孔车刀和盲孔车刀。车削孔类零件常用镗孔车刀的主偏角有 93°、75°。

93°车刀的主偏角较大，作用于工件的径向切削力较小，所以车内孔时，不易将工件顶弯，适用于内孔精加工，如图 6-27 所示。

(2) 75°内孔镗刀刀尖强度高，是强度最好的车刀，如图 6-28 所示。该车刀用于粗车通孔、盲孔和大端面。

(3) 内沟槽车刀。内沟槽车刀与切断刀的几何形状相似，几何角度与切断刀基本相同，所不同的是装夹方向相反，且在内孔中车槽。由于内沟槽通常与孔轴线垂直，因此要求内沟槽车刀的刀体与刀柄轴线垂直，如图 6-29 所示。

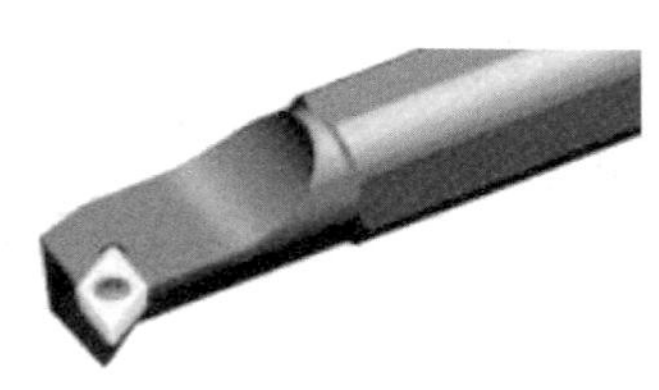

图 6-27　主偏角 93°内孔镗刀

图 6-28　主偏角 75°内孔镗刀

图 6-29　内沟槽车刀

**2. 车刀安装及注意事项**

内孔车刀安装的正确与否，直接影响到车削情况及孔的精度，所以在安装时一定要注意以下几点。

(1) 车刀安装在刀座上，伸出部分不宜过长，一般比被加工孔长 5～6mm。伸出过长会使刀杆刚性变差，切削时易产生振动，影响工件的表面粗糙度。

(2) 车刀刀尖一般应与工件轴线等高，如果装得低于中心，由于切削抗力的作用，容易将刀柄压低而扎刀，并造成孔径扩大。

(3) 刀柄基本平行于工件轴线，否则在车削到一定深度时刀柄后半部分容易碰到工件孔口。

# 【教】端盖的数控车削加工

## 一、任务分析

数控车削图 6-1 所示端盖零件。

**1. 确定装夹方案**

根据零件图 6-1 所示，端盖零件上有 2 个端面、3 个外圆柱面、两处内孔、1 处内切槽及 2 处倒角，且无形位公差要求，但尺寸精度和表面粗糙度要求较高，因此，该零件采用三爪自定心卡盘装夹。

**2. 确定定位基准**

(1) 一次装夹，用 $\phi$60mm 毛坯外圆作为定位基准。

(2) 二次装夹(掉头),用 ϕ56mm 外圆作为定位基准。

### 3. 确定刀具

综合表 6-1 所分析内容,填写表 6-3 的刀具卡。

表 6-3 刀具卡

| 实 训 课 题 | | | 项目 2/任务 3 | 零件名称 | 端盖 | 零件图号 | SC-1 |
|---|---|---|---|---|---|---|---|
| 刀号 | 刀位号 | 偏置号 | 刀具名称及规格 | 材质 | 数量 | 刀尖半径 | 假想刀尖 |
| T0101 | 01 | 01 | 45°端面车刀 | 硬质合金 | 1 | | |
| T0101 | 01 | 01 | 93°右偏外圆车刀 | 硬质合金 | 1 | 0.4 | 3 |
| T0202 | 02 | 02 | 75°镗孔车刀 | 硬质合金 | 1 | 0.4 | 2 |
| T0303 | 03 | 03 | 3mm 内沟槽刀 | 硬质合金 | 1 | | |
| T0404 | 04 | 04 | 切断刀(刀宽 4mm) | 硬质合金 | 1 | | |
| | | | ϕ13mm 麻花钻 | | | | |

## 二、加工路线拟定

根据零件图样要求,确定端盖加工路线方案如下。

### 1. 检查阶段

(1) 检查毛坯的材料、直径和长度是否符合要求。

(2) 检查车床的开关按钮有无异常。

(3) 开启电源开关。

### 2. 准备阶段

(1) 程序录入。

(2) 程序模拟。

(3) 夹持 ϕ60mm 毛坯外圆,留在卡盘外的长度大于 22mm。

(4) 根据表 6-3 刀具卡的要求,分别把 93°右偏刀外圆车刀(粗车刀)、45°端面车刀、75°镗孔车刀安装在对应的刀位上。

(5) 用 45°端面车刀手动车削右端面(车平即可)。

(6) 对刀。由于加工端盖零件的刀具较多,而一般的数控车床刀架只有四工位,所以此环节建议分两步进行:第一步,安装 45°端面车刀,手动车削零件右端面后马上拆卸;第二步,安装外圆车刀、镗孔车刀、内沟槽刀、切断刀至对应刀位,然后参考项目 1 任务 5 中的试切对刀法,分别进行对刀操作。对刀完成后请依次检验以上刀具的对刀正确性,最后分别把外圆车刀的刀尖半径 0.4 与刀尖方位号 03 分别输入至刀偏页面中 G001 对应半径列与 TIP 列中。

### 3. 加工阶段

端盖零件的加工流程见表 6-4。

表 6-4 端盖零件的加工流程

| 序号 | 步骤 | 图示 | 刀具 | 加工方式 | 说明 |
|---|---|---|---|---|---|
| 1 | 车右端面 | 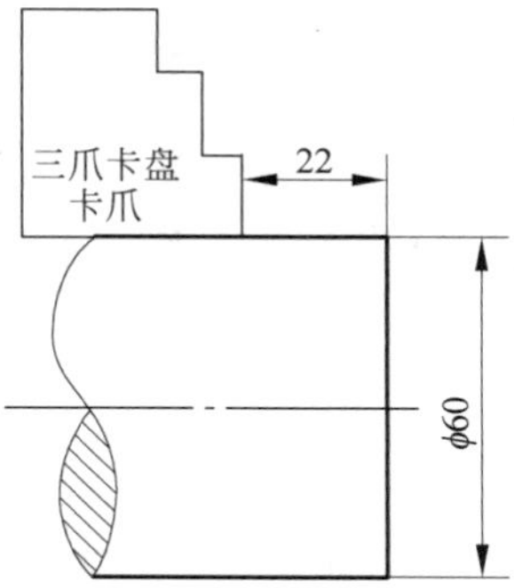 三爪卡盘卡爪 22 $\phi60$ |  | 手动 | 对刀操作前完成 |
| 2 | 粗车 $\phi$33mm、$\phi$35mm、$\phi$56mm 外圆，直径留 0.5mm 的精车余量 | 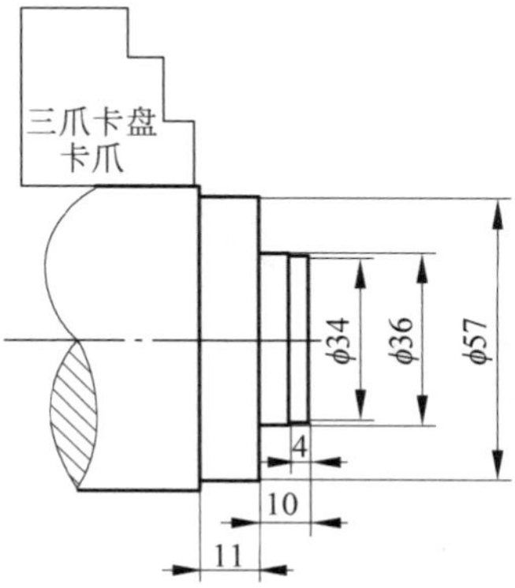 三爪卡盘卡爪 $\phi34$ $\phi36$ $\phi57$ 4 10 11 |  $r$0.4mm | 自动 | 游标卡尺检测各外圆是否有 0.5mm 的余量 |
| 3 | 精车 $\phi$33mm、$\phi$35mm、$\phi$56mm 外圆，至公差尺寸要求 | 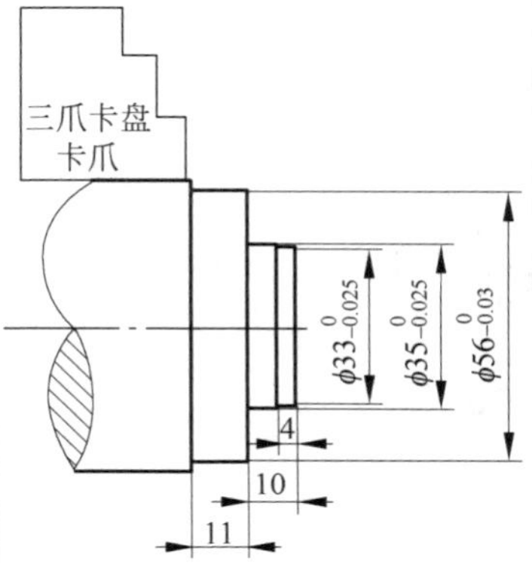 三爪卡盘卡爪 $\phi33_{-0.025}^{0}$ $\phi35_{-0.025}^{0}$ $\phi56_{-0.03}^{0}$ 4 10 11 |  $r$0.4mm | 自动 | 千分尺检测 $\phi$33mm、$\phi$35mm、$\phi$56mm 外圆，如尺寸偏大，则应在 W01 处把多余的直径余量减去后，再次精车至符合尺寸要求 |

续表

| 序号 | 步骤 | 图示 | 刀具 | 加工方式 | 说明 |
| --- | --- | --- | --- | --- | --- |
| 4 | 钻孔 $\phi$13mm | 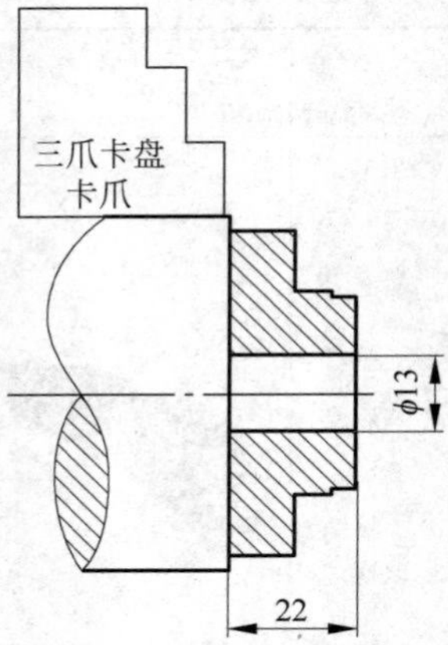 三爪卡盘卡爪 $\phi$13 22 |  $\phi$13mm 麻花钻 | 手动 | 均匀进给，需要冷却液 |
| 5 | 粗车内孔 $\phi$24mm、$\phi$16mm 及倒角 $C$1，$\phi$25mm 直径留 0.5mm 的精车余量 | 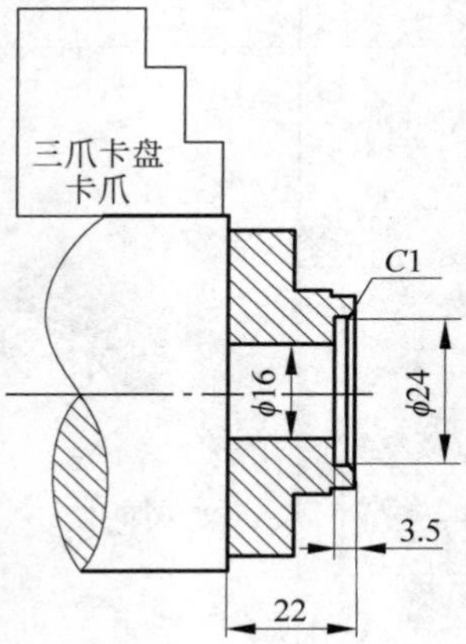 三爪卡盘卡爪 $C$1 $\phi$16 $\phi$24 3.5 22 | 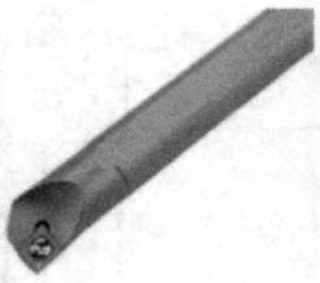 $r$0.4 | 自动 | 游标卡尺检测内孔 $\phi$25mm 是否有 0.5mm 的余量 |
| 6 | 车内孔 $\phi$24mm 及倒角 $C$1，至公差尺寸要求 | 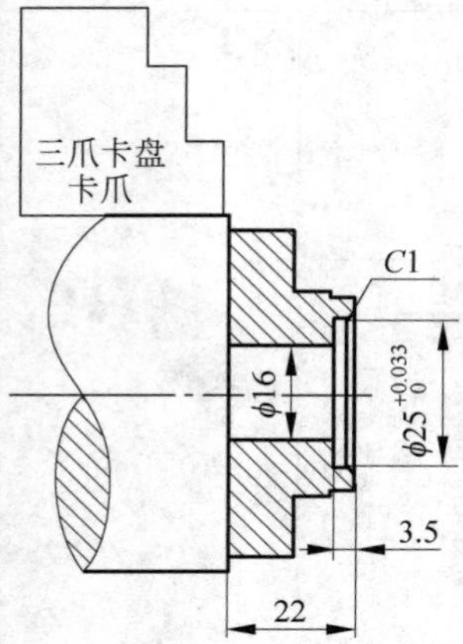 三爪卡盘卡爪 $C$1 $\phi$16 $\phi 25^{+0.033}_{0}$ 3.5 22 | 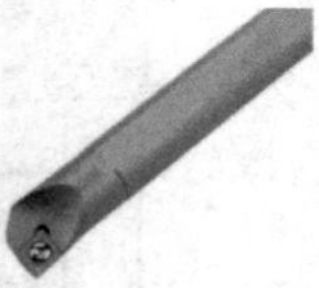 $r$0.4 | 自动 | 内径千分尺检测 $\phi$25mm 内孔，如尺寸偏小，则应在 W02 处加上偏小的直径余量后，再次精车至符合尺寸要求 |

续表

| 序号 | 步　骤 | 图　示 | 刀　具 | 加工方式 | 说　明 |
| --- | --- | --- | --- | --- | --- |
| 7 | 车内沟槽 3mm×$\phi$20mm | 三爪卡盘卡爪<br>3×$\phi$16<br>8.5 |  刀宽 3mm | 自动 | 切内孔槽至尺寸 |
| 8 | 切断，保证工件总长为 17.5mm | 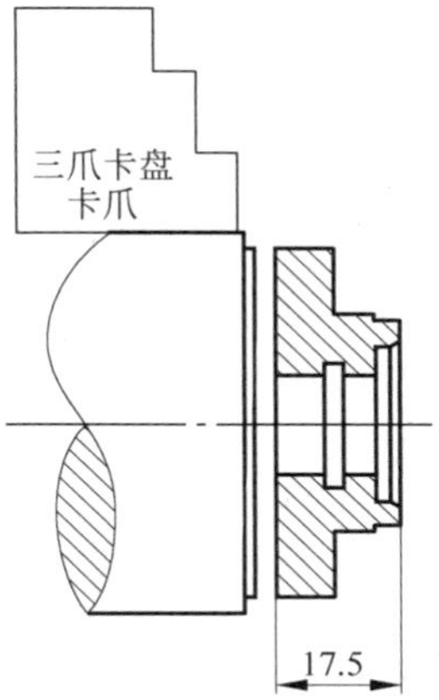 三爪卡盘卡爪<br>17.5 |  刀宽 4mm | 手动 | 关闭车床防护门，匀速摇动手轮切断工件 |
| 9 | 掉头，夹持 $\phi$56mm 外圆 | 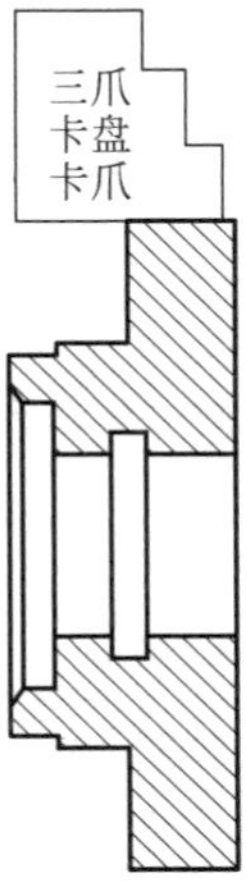 三爪卡盘卡爪 | | | 卡盘的三爪应该顶住 $\phi$56mm 外圆，在三爪外露出长度为 0.5～1mm |

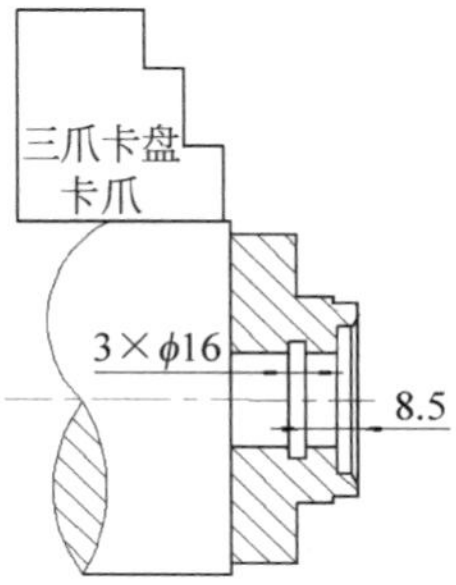

续表

| 序号 | 步　骤 | 图　示 | 刀　具 | 加工方式 | 说　明 |
|---|---|---|---|---|---|
| 10 | 车削左端面，保证工件总长为(17±0.07)mm，并内倒角 $C1$ | 三爪卡盘卡爪<br>17±0.07 |  | 手动 | 测量两端面长度，保证总长为(17±0.07)mm |
| 11 | 钻孔 4×$\phi$6mm |  | $\phi$6mm 麻花钻 | 手动 | 台式钻床钻孔 |
| 12 | 停车，拆卸工件，清洁车床及车间 |  |  |  |  |

**4. 检测阶段**

(1) 按照零件图样尺寸要求，对工件进行检测。

(2) 上油

(3) 入库。

## 【做】进行端盖的数控车削

按照表 6-5 的相关要求，进行端盖零件的数控车削。

表 6-5　端盖零件数控车削过程记录卡

<table>
<tr><td colspan="2">一、车削过程<br>端盖零件的车削过程为____________________。<br>① 检测阶段　② 准备阶段　③ 加工阶段　④ 检查阶段</td></tr>
<tr><td>二、所需设备、工具和卡具</td><td>三、加工步骤</td></tr>
</table>

续表

| 四、注意事项 | |
|---|---|
| (1) 当孔要钻穿时,应减小进给量,防止麻花钻折断。<br>(2) 加工内孔时,编制程序一定要注意起刀点的设置。<br>(3) 车内沟槽时视线受限,可以通过听觉来判断其切削情况。 | |
| 五、检测过程分析 | |
| 出现的问题: | 原因与解决方案: |

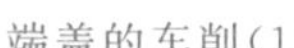
端盖的车削(1)

端盖的车削(2)

端盖的车削(3)

## 【评】端盖数控车削方案评价

根据表 6-6 中记录的内容,对端盖数控车削过程进行评价。端盖数控车削过程评价见表 6-6。

**表 6-6　端盖零件质量检测评价表**

| 项目 | 内　　容 | 分值 | 评价方式 | | | 备　　注 |
|---|---|---|---|---|---|---|
| | | | 自评 | 互评 | 师评 | |
| 车削项目 | $\phi56_{-0.03}^{0}$ mm 外圆,长度为 7mm | 6 | | | | 按照操作规程完成零件的数控车削 |
| | $\phi35_{-0.025}^{0}$ mm 外圆,长度为 13mm | 6 | | | | |
| | $\phi33_{-0.025}^{0}$ mm 外圆 | 4 | | | | |
| | 内径为 $\phi25$mm,深度为 3.5mm | 6 | | | | |
| | 内径为 $\phi16$mm | 4 | | | | |
| | 孔 4×$\phi6$mm | 8 | | | | |
| | 总长为(17±0.07)mm | 6 | | | | |
| 车削步骤 | 刀具选择是否正确 | 10 | | | | 是否按要求进行规范操作 |
| | 车削过程是否正确 | 20 | | | | |
| 职业素养 | 卡具维护和保养 | 10 | | | | 按照 7S 管理要求规范现场 |
| | 工具定置管理 | 10 | | | | |
| | 安全文明操作 | 10 | | | | |
| 合　计 | | 100 | | | | |
| 综合评价 | | | | | | |

## 【练】综合训练

一、判断题

1. 工件主要以定位销、定位心轴等元件作为内孔定位。 ( )
2. 工件孔和心轴一般采用 H7/h6 或 H7/g6 的间隙配合。 ( )
3. 车刀的主偏角越大,作用于工件的径向切削力越小。 ( )

二、选择题

1. 车孔精度一般为( ),表面粗糙度 $Ra$ 的值可达 0.8～1.6μm。

A. IT11～IT12　　B. IT7～IT8
C. IT9～IT10　　D. IT12～IT13

2. 安装内孔镗刀时,刀头长度应( )。

A. 稍大于孔深 3～5mm　　B. 等于内孔深度
C. 稍小于孔深 1～2mm　　D. 稍大于孔深 5～6mm

三、简答题

叙述安装内孔车刀时的注意事项。

# 任务4　端盖的质量检测与分析

(1) 知道孔类零件的检测方法。
(2) 学会端盖的检测方法及注意事项。

对端盖进行质量检测与分析,零件图样如图 6-1 所示。

## 【学】孔类零件检测的基础知识

### 一、检测孔类零件常用量具

测量内孔的常用量具有多种,可以根据零件图纸精度和生产需要选择合适的量具。

1. 内径量表

1) 结构特点

内径量表广泛应用于机械加工行业,是测量内孔尺寸精度较高的量具,可以用于测量或检验零件的内孔、深孔直径及其形状精度,如图 6-30 所示。

国产内径量表的精度为 0.01mm，测量范围有 10～18mm、18～35mm、35～50mm、50～100mm、100～160mm、160～250mm、250～450mm。

2）内径量表的校准

（1）将测头工作面擦净后，用手按动几次活动测头，检查百分表的灵敏度和示值变动量。符合要求时即可进行校对“0”位操作，如图 6-31 所示。

（2）先用量块校准外径千分尺，使零线对齐，如图 6-32 所示。

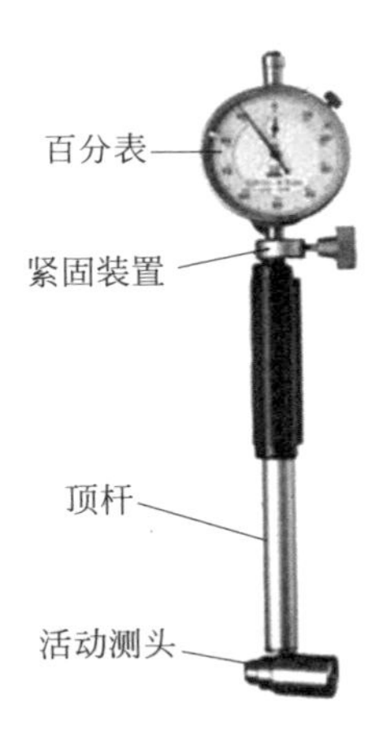


图 6-30 内径量表的结构

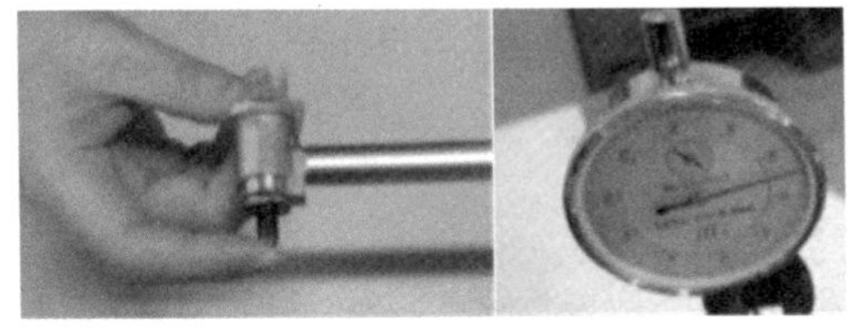

图 6-31 手按活动测头，检查百分表的灵敏度

图 6-32 校准外径千分尺

（3）把外径千分尺调至要测量的内孔基本尺寸，用左手握住内径表杆手柄部位，右手按下定位护桥，把活动测头压下，放入外径千分尺测头内，如图 6-33 所示。

（4）活动测头放入后，前后摆动手并将活动测头压入外径千分尺测针内，左右摆动几次找出指针的拐点（百分表指针旋转方向变化的那一点），转动百分表刻度盘，使“0”线与指针的“拐点”处重合。然后再摆动几次表杆，以确定“0”位是否已校对准确。

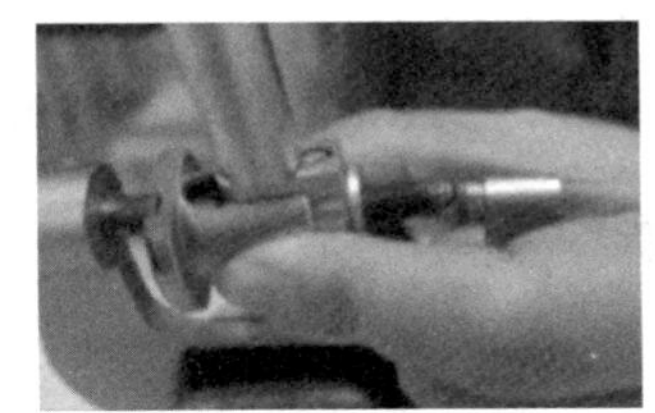

图 6-33 把内径量表放入外径千分尺测头内

3）使用方法

测量时，操作内径量表的方法与校对其“0”位的方法相同，把测头放入被测孔内后（用左手指将活动测头压下，放入被测孔内），轻轻前后摆动几次，如图 6-34 所示，观察指针的拐点位置。当指针恰好在“0”位处拐回，则说明被测孔径与校对环规的孔径相等；当指针顺时针（升表）方向转动超过“0”位时，则说明被测孔径小于校对环规的孔径；当指针逆时针（降表）方向转动未到“0”位时，则说明被测孔径大于校对环规的孔径，如图 6-35 所示。

测量时，用环规校对的“0”位刻度线是读数的基准。指针的拐点位置，不是在“0”位的左边，就是在“0”位的右边，读数时要认真仔细，不要把正、负值搞错。

图 6-34 内径量表使用方法

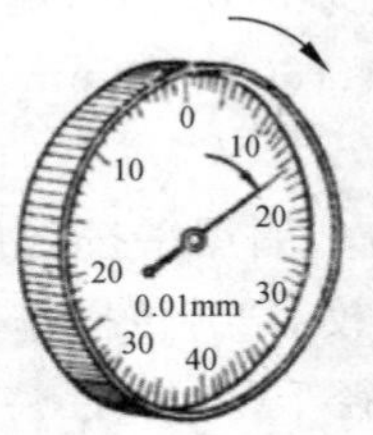


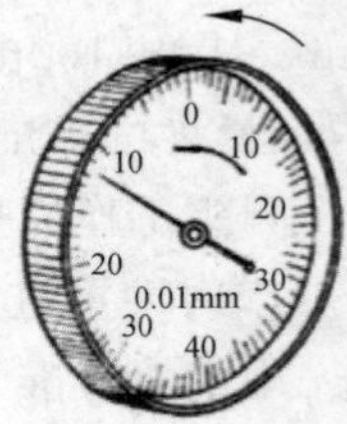


图 6-35 读数要准确

**2. 内径千分尺**

1）结构特点

内径千分尺是根据螺旋副传动原理进行读数的通用内尺寸测量工具，适用于机械加工中测量 IT10 或低于 IT10 级工件的孔径、槽宽及两端面距离等尺寸。主要由微分筒、量爪、测力装置和各种接长杆组成，如图 6-36 所示。

成套的内径千分尺配有调整量具，用于校对微分头零位。测量范围有 5～30mm、25～50mm、50～75mm、75～100mm 等。

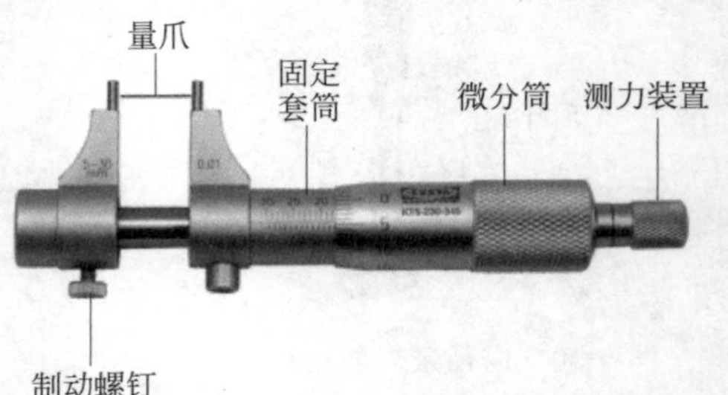


图 6-36 内径千分尺的组成

2）分度原理

固定套筒刻线间距为 1mm，基线上下刻线间距为 0.5mm，微分筒圆周上分布有 50 小格，微分筒旋转一周，固定套筒轴线移动为 0.5mm，螺杆螺距为 0.5mm。因此，每格刻度值＝0.5mm÷50＝0.01mm，也就是说微分筒上每格刻度值为 0.01mm。

3）读数原理

(1) 读出微分筒孔边缘露出的固定套筒最大的毫米刻度线数值为整数。

(2) 读出微分筒上哪一格与固定套筒上的基准线对齐。

(3) 把两个尺寸相加，即最后读数值。

如图 6-37 所示，先读出 17.5mm，因为固定套筒刻度线在微分筒第 4 格与第 5 格之间，可以估读，读出 0.045mm，则最后读数为 17.5＋0.045＝17.545(mm)。

4）内径千分尺校准

内径千分尺测量前先用环规校准，至零线，再使用，如图 6-38 所示。

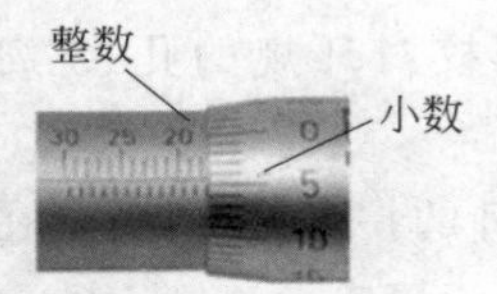


图 6-37 内径千分尺读数

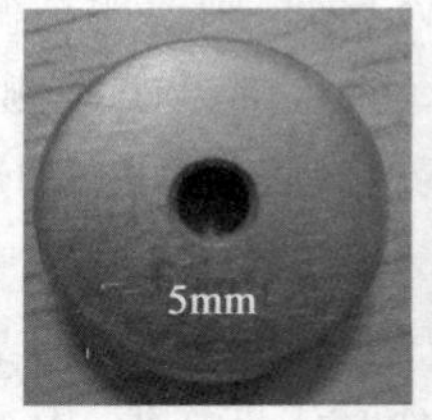

图 6-38 校正内径千分尺至零线

5）使用方法

双手测量时，以左手持内径千分尺的绝热板部分，右手将内径千分尺调得大于待测尺寸。测量时，以内径千分尺固定测杆靠住工件，右手旋转微分筒，至发出2～3声声响为止，即可读出数值。此方法测量工件时需注意以下几点。

（1）测量轴线要与工件被测长度方向一致，不要歪斜，如图6-39所示。

检测内孔时应使内径千分尺的量爪间距略小于被测工件的尺寸，将量爪沿孔的中心线放入，使用固定量爪与孔边接触，然后将量爪在被测工件孔内表面上稍微移动一下，找出最大尺寸。

正确

正确

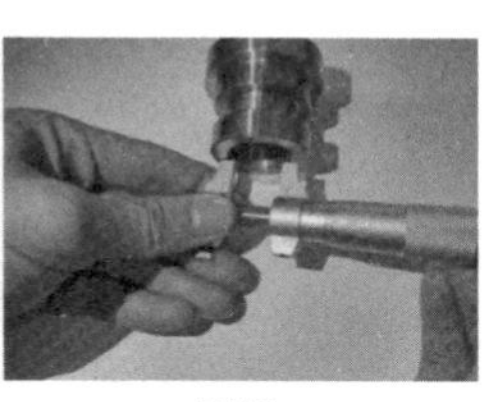
错误

图6-39　检测内部尺寸时量爪的位置

检测沟槽宽度时，要放正内径千分尺的位置，应使内径千分尺两测量刃的连线垂直于沟槽，不能歪斜。否则，量爪若在错误的位置上，也将使测量结果不准确，如图6-40所示。

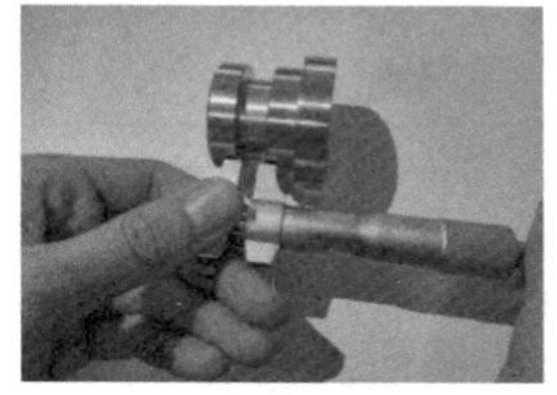
正确

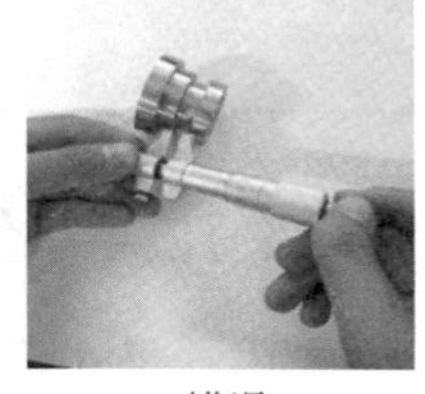
错误

图6-40　检测沟槽宽度时量爪的位置

（2）测尺寸调节千分尺时，要慢慢地转动微分筒或测力装置，不要握住微分筒摇动或摇转尺架，以致精密测微螺杆变形。

（3）测量被加工的工件时，工件要在静态下测量，不要在工件转动时测量，否则易使测量面磨损，测杆弯曲，甚至折断。

**3. 塞规**

塞规由通端、止端和柄部组成。测量时，当通端可塞进孔内而止端进不去时，孔径为合格，如图6-41所示。

**4. 三针内径千分尺**

三针内径千分尺由测微头和各种尺寸的接长杆组成。由于是三点接触，测量精度高，读数和外径千分尺类似，如图6-42所示。随着对工件的精度要求越来越高时，三针内径千分尺的使用越来越普及。

图6-41　塞规

图6-42　三针内径千分尺

测量内孔常用量具的应用特点见表6-7。

表6-7 测量内孔常用量具

| 名称 | 图示 | 特点 |
|---|---|---|
| 游标卡尺 | | 检测精度低，适用于公差较大且孔深浅的检测，检测效率高 |
| 止/通塞规 | | 只能检出孔是否合格，无法检测具体数据。适用孔径较小、精度不高、批量生产的内孔 |
| 内径量表 | | 内径量表是最常用的内孔量具，在测量深孔或批量工件时，它的适用性极好，检测效率较高而且价格低廉 |
| 内径千分尺 | | 测量精度适中，效率高，成本低，但不能测量高精度内孔，是目前主要采用的内孔量具 |
| 三针内径千分尺 | | 测量精度较高，可测量较深内孔，效率高，成本高，是目前主要采用的内孔量具 |

## 二、孔类零件的质量分析

**1. 内孔尺寸精度差的原因与解决的措施**

(1) 测量方法有误。改正测量方法，测量必须仔细。

(2) 刀具伸出太长。重新装刀，刀具重新装到合适的位置。

(3) 工件产生热胀冷缩。不能在工件温度较高时测量，如测量应掌握工件的收缩情况，或浇注切削液，降低工件温度。

**2. 内孔有锥度的原因与解决的措施**

(1) 车刀中途逐渐磨损，应及时更换新刀具，或适当降低切削速度。

(2) 刀柄与孔壁相碰，应正确装刀。

(3) 刀杆刚性差，产生让刀，在满足条件下尽可能采用大刀柄并减小进给量床身导轨磨损严重。

(4) 床身导轨磨损严重，应修整车床导轨。

(5) 主轴轴线歪斜，修正车床主轴。

**3. 孔表面粗糙度不合格的原因与解决的措施**

(1) 切屑流向加工表面拉毛已加工表面，应换用正刃倾角车刀。

(2) 车刀刚性不足或伸出太长而引起振动，应增加车刀刚性和正确装夹车刀。

(3) 产生积屑瘤或刀具磨损，应重新换新刀。

(4) 切削用量选用不当。进给量不宜太大，精车余量和切削速度应选择恰当。

# 【教】端盖的检测过程

## 一、检测原理

### 1. 确定方法

根据零件图 6-1 所示对端盖零件上每一项尺寸进行三次检测，然后求取平均值，将最终检测结果填入表 6-8 中。

表 6-8　端盖的检测结果

| 尺寸代号 | 实际检测值 | | | 平均值 | 是否合格 |
|---|---|---|---|---|---|
| | 1 | 2 | 3 | | |
| 总长(17±0.07)mm | | | | | |
| 外径 $\phi 56_{-0.03}^{0}$ mm | | | | | |
| 外径 $\phi 35_{-0.025}^{0}$ mm | | | | | |
| 外径 $\phi 33_{-0.025}^{0}$ mm | | | | | |
| 内径 $\phi 25_{0}^{+0.033}$ mm | | | | | |
| 内径 $\phi$16mm | | | | | |
| 长 13mm | | | | | |
| 长 7mm | | | | | |
| 长 5.5mm | | | | | |
| 未注倒角 2 处 | | | | | |
| $Ra1.6\mu m$ | | | | | |
| 不合格的原因及解决措施 | | | | | |

### 2. 确定量具

0～150mm 游标卡尺 1 把，0～25mm 内径量表 1 把，25～50mm 外径千分尺 1 把。

## 二、检测流程

量取尺寸→记录数值→求平均值→结果填表。

# 【做】进行端盖的检测

按照表 6-9 所示的相关要求进行端盖零件的检测。

表 6-9　端盖零件检测过程记录卡

| 一、车削过程<br>1. 端盖零件的检测过程为______________________________。<br>① 求平均值　② 记录数值　③ 量取尺寸　④ 结果填表<br>2. 端盖零件检测所需量具有________。(千分尺、内径量表、游标卡尺、钢直尺) |
|---|

续表

<table>
<tr><td>二、所需设备、量具和卡具</td><td>三、检测步骤</td></tr>
<tr><td colspan="2">四、注意事项<br>(1) 不能在游标卡尺尺身处做记号或打钢印。<br>(2) 使用内径千分尺时，要慢慢地转动微分筒，不要握住微分筒摇。<br>(3) 使用内径量表测量工件时，不能使测头突然放在工件的表面上。<br>(4) 不允许测量运动的工件。</td></tr>
<tr><td colspan="2">五、检测过程分析</td></tr>
<tr><td>出现的问题：</td><td>原因与解决方案：</td></tr>
</table>

端盖的质量检测与分析(1)

端盖的质量检测与分析(2)

端盖的质量检测与分析(3)

## 【评】端盖检测方案评价

根据表 6-9 中记录的内容对端盖检测过程进行评价，端盖检测过程的评价见表 6-10。

**表 6-10　端盖检测过程评价表**

| 项　目 | 内　　容 | | 分值 | 评价方式 | | | 备　注 |
|---|---|---|---|---|---|---|---|
| | | | | 自评 | 互评 | 师评 | |
| 检测方法 | 外圆尺寸 | $\phi56_{-0.03}^{\ 0}$ mm | 10 | | | | 严格按照所需量具的操作规程完成端盖的检测 |
| | | $\phi35_{-0.025}^{\ 0}$ mm | 10 | | | | |
| | | $\phi33_{-0.025}^{\ 0}$ mm | 10 | | | | |
| | 内径尺寸 | $\phi25_{\ 0}^{+0.033}$ mm | 10 | | | | |
| | | $\phi$16mm | 4 | | | | |
| | 长度尺寸 | 13mm | 4 | | | | |
| | | 7mm | 4 | | | | |
| | | 5.5mm | 4 | | | | |
| | | 3.5mm | 4 | | | | |
| | | (17±0.07)mm | 4 | | | | |
| | 孔 | 4×$\phi$6mm | 4 | | | | |
| | 倒角 | C1 倒角 2 处 | 4 | | | | |
| | 粗糙度 | $Ra$1.6$\mu$m | 3 | | | | |

续表

| 项　目 | 内　　容 | 分值 | 评价方式 | | | 备　　注 |
|---|---|---|---|---|---|---|
| | | | 自评 | 互评 | 师评 | |
| 检测步骤 | 量具选择是否正确 | 5 | | | | 是否按要求进行规范操作 |
| | 检测过程是否正确 | 5 | | | | |
| 职业素养 | 量具维护和保养 | 5 | | | | 按照 7S 管理要求规范现场 |
| | 工具定置管理 | 5 | | | | |
| | 安全文明操作 | 5 | | | | |
| 合　计 | | 100 | | | | |
| 综合评价 | | | | | | |

## 【练】综合训练

### 一、判断题

1. 游标卡尺检测精度低,适用于公差较大且孔深浅的检测。（　　）
2. 使用内径千分尺,当接近被测尺寸时,不要拧微分筒。（　　）
3. 内径量表具有结构简单、制造维修方便、检测范围大等特点。（　　）

### 二、选择题

1. 读数时,视线必须与内径千分尺的刻度面（　　）,保存读数正确性。

   A. 平行　　B. 垂直

   C. 倾斜　　D. 以上都可以

2. 测量内孔选用量具是（　　）。

   A. 游标卡尺　　B. 内测千分尺

   C. 三针内径千分尺　　D. 以上都可以

### 三、简答题

孔类零件一般存在哪些质量问题？如何改善？

# 项目7

# 槽类零件加工

**教学目标**

(1) 能确定槽类零件切削参数。
(2) 学会槽类零件的数据处理及工艺安排。
(3) 学会端面粗车循环指令 G72 的应用。
(4) 能编制槽类零件的程序。
(5) 能车削出合格的轨道轮零件。
(6) 能对轨道轮零件进行检测与质量分析。

**典型任务**

对某企业轨道轮样件进行数控车削加工。

## 任务1 轨道轮的加工工艺分析

**学习目标**

(1) 知道槽的作用、分类。
(2) 学会编制槽的加工工艺。
(3) 能选择凹槽的加工刀具。
(4) 知道铝合金加工的特点。

对导轨轮零件进行加工工艺方案设计，零件图样如图 7-1 所示。

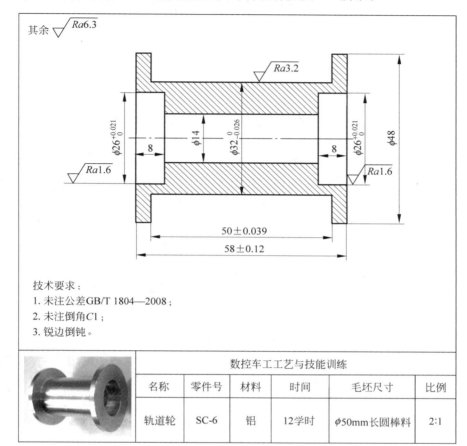

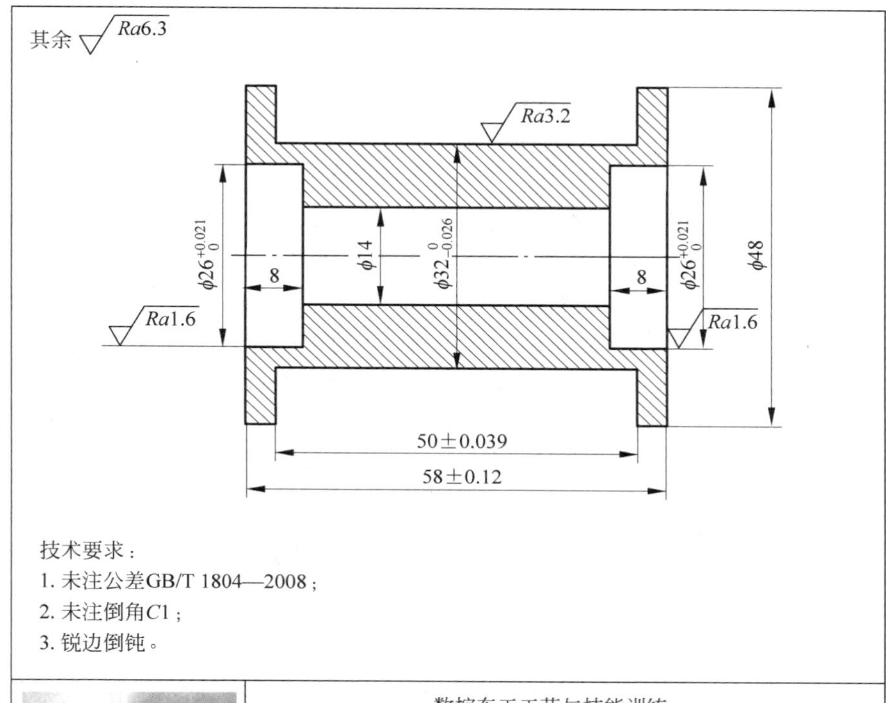


| 数控车工工艺与技能训练 | | | | | |
|---|---|---|---|---|---|
| 名称 | 零件号 | 材料 | 时间 | 毛坯尺寸 | 比例 |
| 轨道轮 | SC-6 | 铝 | 12学时 | φ50mm长圆棒料 | 2:1 |

图 7-1 轨道轮

# 【学】槽类零件的加工工艺基础知识

## 一、槽

在机械加工中，退刀槽通过车削、铣削或磨削等方式加工。

### 1. 槽的作用

(1) 储存油脂。

(2) 安装密封件或挡圈、卡簧等。

(3) 起到清根作用，使配合更好、更紧密。

(4) 减轻工件重量。

**2. 槽的分类**

1）直槽(如退刀槽和越程槽)

直槽是在轴的根部和孔的底部做出的环形沟槽。沟槽的作用是保证加工到位,以及装配时相邻零件的端面靠紧。一般用于车削加工中的槽称为退刀槽,用于磨削加工的槽称为砂轮越程槽。

2）异形槽

异形槽可以储存油脂或安装密封件、挡圈等。

## 二、槽的加工工艺

在数控车床上加工槽常采用多步切槽操作,槽通常适用于内(外)圆柱面、圆锥面、端面,其形状取决于刀具形状。在加工精度要求不高的槽,特别是深切槽时,其切削工艺与切断大致相同,都是尽可能有效且可靠地将工件两部分分开。切槽过程中切削速度降低不利于加工,因为当切削刃接近工件中心时,压力会在切削速度降低时随着刀具的进给而相应增大。

加工中排屑是切槽加工中的重要因素,当刀具切到深处时,受空间限制,断屑更难,此时切削刃的断屑槽不能平稳地排屑,导致加工的表面质量很差,易产生积屑瘤,从而引起崩刀。

**1. 外圆切槽加工**

粗加工多采用多步切槽、陷入车削和坡走车削,精加工单独安排。当槽宽小于槽深采用多步切槽；当槽宽大于槽深采用陷入车削；棒料或细长轴或强度较低的零件采用坡走车削,如图 7-2 所示。

**2. 端面切槽加工**

采用端面切槽刀实现圆形切槽并分多次进刀,保持较低的轴向进给率,避免切屑堵塞；端面槽切削从最大直径开始向内切削以保持最佳的切屑控制,如图 7-3 所示。

**3. 内沟槽加工**

与外圆切槽相同,但需要保持排屑通畅,尽可能减小振动,如图 7-4 所示。

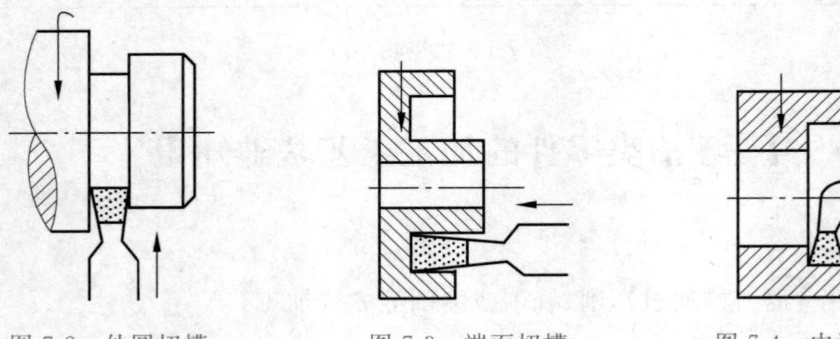

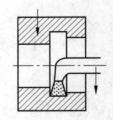

图 7-2　外圆切槽　　图 7-3　端面切槽　　图 7-4　内沟槽加工

## 三、铝合金加工的特点

**1. 硬度低**

相比钛合金与其他淬火钢,铝合金的硬度较低。热处理过,或者压铸铝合金的硬度也很高。普通铝板的 HRC 硬度一般都在 HRC40 以下。因此在加工铝合金时,刀具的负载小。又因为铝合金的导热性能较佳,车削铝合金的切削温度比较低,可以提高其车削速度。

**2. 塑性低**

铝合金的塑性低,熔点也低。加工铝合金时其粘刀问题严重,排屑性能较差,但表面质量比较高。

**3. 刀具易磨损**

加工铝合金时,往往因为粘刀,排屑等问题导致刀具磨损加快。不同材质的刀具加工的效果也不同,选择合适材质的刀具能大大提高切削效果。

# 【教】轨道轮加工工艺方案设计

## 一、任务分析

设计如图 7-1 所示轨道轮零件的数控车加工工艺方案。

**1. 图样分析**

轨道轮零件需要加工左右两个端面、$\phi$48mm 的外圆柱面、$\phi$32mm×50mm 凹槽,$\phi$14mm 通孔、两处 $\phi$26mm 内孔、总长 58mm 等,其外圆柱表面粗糙度为 $Ra6.4\mu m$ 及 $Ra3.2\mu m$。轨道轮零件结构比较简单,但对槽的精度和表面粗糙度要求较高。因此,该零件可采用三爪自定心卡盘和工装夹具配合完成装夹。

**2. 确定工件毛坯**

工件毛坯为 45 钢,规格为 $\phi$50mm 长圆棒料。

## 二、工艺方案

根据轨道轮零件图样要求,确定工艺方案如下。

(1) 用三爪自定心卡盘夹持 $\phi$50mm 毛坯外圆,使工件伸出卡盘长度 70mm。

(2) 一次装夹完成右端面、$\phi$48mm 外圆、$\phi$32mm×50mm 凹槽、$\phi$14mm 通孔、右端 $\phi$26mm 内孔加工。

(3) 切断工件。

(4) 调头二次装夹,用三爪自定心卡盘夹持 $\phi$48mm(准备好的工装套嵌入凹槽中),加工左端面、左端 $\phi$26mm 内孔,并保证总长(58±0.12)mm。

# 【练】综合训练

一、填空题

1. 在轴类零件中,槽分成________和________。

2. 切槽刀可分为________和________两种。

二、判断题

1. 槽的宽度与所用刀具无关。 ( )

2. 切断刀不仅可以切断,也可以切槽。 ( )

三、简答题

1. 槽的主要作用是什么?

2. 槽的分类及特点。

# 任务2 轨道轮的加工程序编制

(1) 学会 G00/G01/G94/G72 指令的编程格式。

(2) 能确定槽类零件的切削参数。

(3) 能制定轨道轮零件加工工艺。

(4) 能编写轨道轮零件的加工程序。

对轨道轮进行加工工艺卡片的制定及程序的编写,零件图样如图 7-1 所示。

## 【学】槽类零件加工程序编制的基础知识

### 一、槽类零件切削用量的选择

铝合金是工业中的主要原材料,由于材质的特殊性,选用何种加工方法才能达到理想效果是制造过程中要重点考虑的问题。为了保证较好的加工质量,应对零件的技术特点进行分析,确定切削用量,从而获得良好的表面质量。

**1. 硬质合金刀具的切削用量**

可采用干切削或湿切削,如属精密或超精加工时,可加煤油冷却润滑,有助于保证加工质量。加工时切削用量选择如下。

(1) 切削速度 $v_c$: $v_c$ = 70~800m/min。小型钎焊刀具取较小值,一般为 $v_c$ = 70~230m/min;其余类型刀具可选择 $v_c$ 在 300m/min 以上。

(2) 进给量 $f$: 车削时,$f$ = 0.05~0.3mm/r。

(3) 背吃刀量 $a_p$: 车削时,$a_p$ = 0.2~3mm。

**2. PCD 刀具的切削用量**

应根据具体加工条件确定 PCD 刀具的合理切削参数。PCD 刀具加工铝合金时的推荐切削用量见表 7-1。

表 7-1 PCD 刀具加工铝合金时的推荐切削用量

| 加工材料 | 加工方式 | 切削用量 | | |
|---|---|---|---|---|
| | | $v_c$/(m/min) | $f$/(mm/r) | $a_p$/mm |
| 硅铝合金($w_{Si}$<13%) | 粗车 | 300～1500 | 0.1～0.4 | 0.1～3 |
| | 精车 | 500～2000 | 0.05～0.2 | 0.1～1 |
| 硅铝合金($w_{Si}$>13%) | 粗车 | 150～800 | 0.05～0.4 | 0.1～3 |
| | 精车 | 200～1000 | 0.02～0.2 | 0.1～1 |

### 3. 天然金刚石刀具的切削用量

超精加工铝合金材料时，天然金刚石刀具的推荐切削用量见表 7-2。

表 7-2 天然金刚石刀具的推荐切削用量

| 刀具材料种类 | 加工方式 | 推荐切削用量 | | |
|---|---|---|---|---|
| | | $v_c$/(m/min) | $f$/(mm/r) | $a_p$/mm |
| 天然金刚石刀具 | 车削 | 150～4000 | 0.01～0.04 | 0.001～0.005 |

## 二、常用指令介绍

### 1. 端面切削循环指令 G94

G94 指令能实现端面切削循环和带锥度的端面切削循环。刀具从循环起点出发，按走刀路线切削，最后返回循环起点。

1）指令格式

```
G94 X(U)__ Z(W)__ F__;
G94 X(U)__ Z(W)__ R__ F__;
```

格式中，X、Z 为端面切削终点坐标值；U、W 为端面切削终点相对循环起点的坐标增量；R 为端面切削始点至终点位移在 Z 轴方向的坐标增量；F 为进给切削速度，系统默认每转进给，单位为 mm/r。

2）指令说明

(1) G94 指令用于一些短、面大的零件的垂直端面或锥形端面的加工，直接从毛坯余量较大或棒料车削零件时进行的粗加工，以去除大部分毛坯余量。

(2) G94 是模态代码，可以被同组的其他代码(如 G00、G01 等)取代。

(3) 端面切削循环的执行过程如图 7-5 所示。刀具从循环起点开始以 G00 方式径向移动至指令中的切削终点 $X$ 坐标处，再以 G01 的方式沿轴向切削进给至切削坐标点 $Z$ 坐标处，最后以 G00 方式返回循环起点处，准备下一个动作。

(4) 锥型端面切削循环执行过程如图 7-6 所示。刀具从循环起点开始以 G00 方式径向移动至指令中的切削终点 $X$ 坐标处，再以 G01 的方式沿轴向切削进给至切削坐标点 $Z$ 坐标处，最后以 G00 方式返回循环起点处，准备下一个动作。

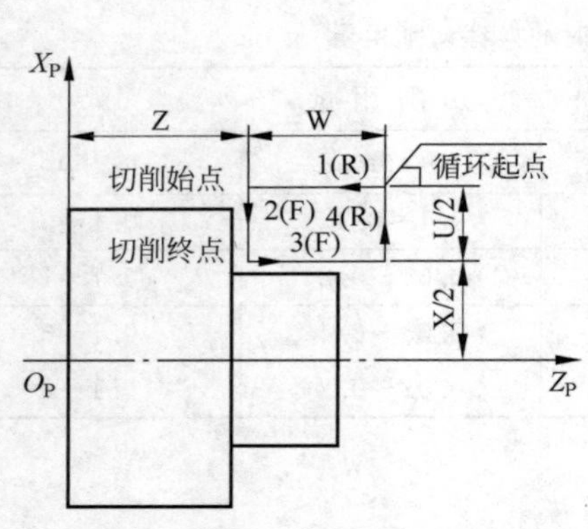


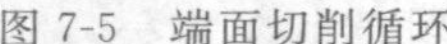
图 7-5 端面切削循环

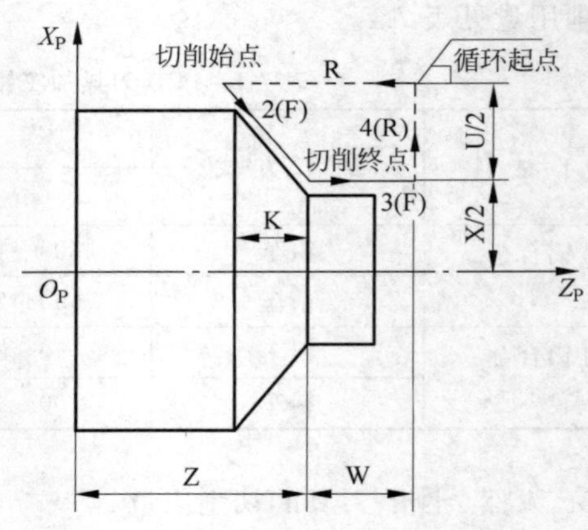

图 7-6 带锥度的端面切削循环

3）编程实例

如图 7-7 所示，对端面切削循环过程编程。

```
G94 X20 Z16 F0.1      A→B→C→D→A
        Z13           A→E→F→D→A
        Z10           A→G→H→D→A
```

如图 7-8 所示，运用带锥度端面切削循环指令编程。

```
G94 X20 Z34 R-4 F0.1  A→B→C→D→A
        Z32           A→E→F→D→A
        Z29           A→G→H→D→A
```

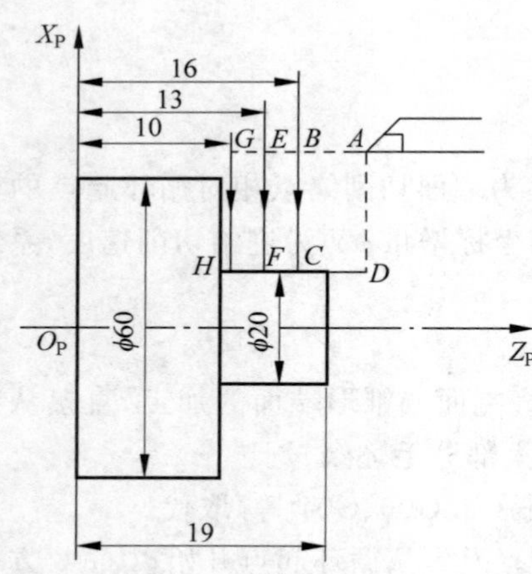

图 7-7 端面切削循环

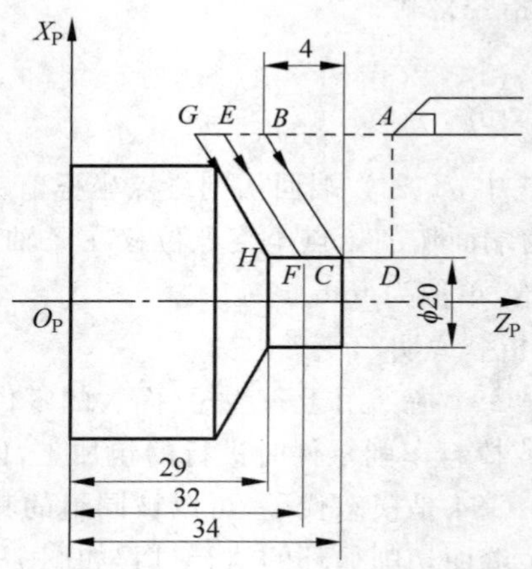

图 7-8 带锥度的端面切削循环

**2. 端面粗车切削复合循环 G72**

G72 端面粗车复合循环指令的含义与 G71 类似，不同之处是刀具平行于 $X$ 轴方向切削，它是从外径方向向轴心方向切削端面的粗车循环，该循环方式适用于长径比值较小的盘类工件端面粗车。

1）指令格式

```
G72 W(Δd)__ R(e)__;
G72 P(ns)__ Q(nf)__ U(Δu)__ W(Δw)__ F(f)__ S(s)__ T(t)__;
```

格式中，Δd：为每次循环的背吃刀量，模态值直到下个指定之前均有效，也可以用参数指定。根据程序指令，参数中的值也变化，单位为 mm。

e：为每次切削的退刀量。模态值在下次指定之前均有效，也可以用参数定。根据程序指令，参数中的值也变化。

ns：为精加工路径第一程序段的顺序号(行号)。

nf：为精加工路径最后程序段的顺序号(行号)。

Δu：为 $X$ 方向精加工余量。

Δw：为 $Z$ 方向精加工余量。

f：为进给速度。

s：为主轴转速。

t：为刀具功能。

注意，f、s、t 在 G72 程序段中指定的是在顺序号为 ns 到顺序号为 nf 的程序段中粗车时使用的 F、S、T 功能。在顺序号 ns 指定的 f、s、t 为精车时使用的 F、S、T 功能。

2）指令说明

(1) 如图 7-9 所示，$A \to A'$间的刀具轨迹在顺序号 ns 的程序段中指定，可以用 G00 或 G01 指令，但不能指定 $X$ 轴的运动。当用 G00 指定时，$A \to A'$为快速移动；当用 G01 指定时，$A \to A'$为切削进给移动。

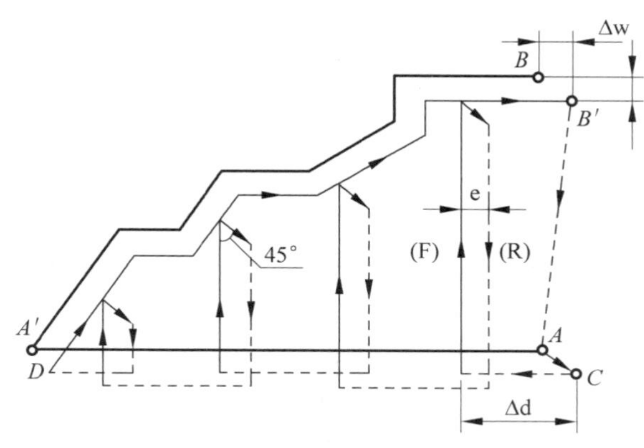


图 7-9　刀具运动轨迹

(2) 在 $A' \to B$ 间的零件形状，$X$ 轴和 $Z$ 轴都必须是单调增大或单调减小的轮廓，这是Ⅰ型端面粗车循环的关键。有的系统还提供了Ⅱ型端面粗车循环功能。

(3) G72 指令必须带有 P、Q 地址 ns、nf，且与精加工路径起、止顺序号对应，否则不能进行该循环加工。

(4) 在顺序号为 ns 到顺序号为 nf 的程序段中不能调用子程序。

(5) 在程序指令时，$A$ 点在 G72 程序段之前指令。在循环开始时，刀具首先由 $A$ 点退回到 $C$ 点，移动 $\Delta u/2$ 和 $\Delta w$ 的距离。刀具从 $C$ 点平行于 $AA'$ 移动 $\Delta d$，开始第一刀的端面粗车循环。第一步的移动是用 G00 还是用 G01 由顺序号 ns 中的代码决定，当 ns 中用 G00 时，这个移动就用 G00；当 ns 中用 G01 时，这个移动就用 G01。第二步切削运动用 G01，当到达本程序段终点时，以与 $X$ 轴成 45°夹角的方向退出。第四步以离开切削表面 e 的距离快速返回到 $X$ 轴的出发点。再以切深为 $\Delta d$ 进行第二刀切削，当达到精车余量时，沿精加工余量轮廓 $DE$ 加工一刀，使精车余量均匀。最后从 $E$ 点快速返回到 $A$ 点，完成一个粗车循环。

(6) 当顺序号 ns 程序段用 G00 移动时，在指令 $A$ 点时，必须保证刀具在 $X$ 方向上位于零件之外。顺序号 ns 的程序段不仅用于粗车，还要用于精车时进刀，一定要保证进刀的安全。

3）编程实例

如图 7-10 所示，用 G72 指令编程加工图中的外轮廓，程序见表 7-3。

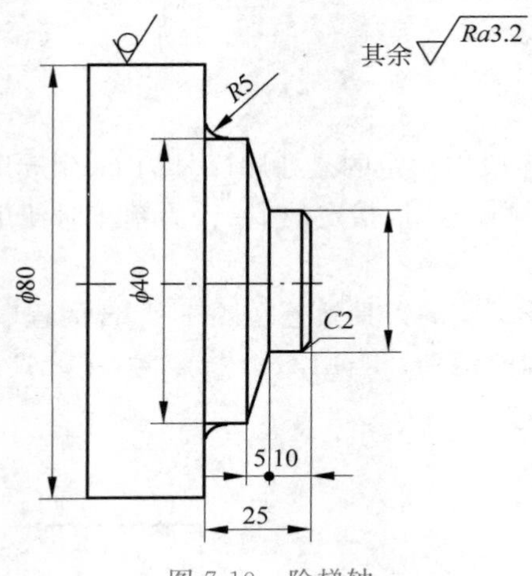


图 7-10 阶梯轴

表 7-3 阶梯轴的加工程序

| 序 号 | 程 序 | 说 明 |
|---|---|---|
| | O7001 | 程序名 |
| N10 | M03 S600； | 主轴正转，转速 600r/min |
| N20 | G50 X100 Z100； | 建立工件坐标系 |
| N30 | T0101； | 调用 1 号刀具 1 号刀补 |
| N40 | G00 X122 Z1； | 快速到达循环起点 |
| N50 | G72 W2 R1； | 端面粗加工循环 |
| N60 | G72 P70 Q130 U0.4 W0.1 F0.3； | 加工路线为 N70～N130，$X$ 向精车余量 0.4mm，$Z$ 向精车余量 0.1mm，粗加工进给量 0.3mm/r |
| N70 | G00 Z－25 F0.1 S800； | 加工起点，精加工进给速度 0.1mm/r，主轴转速 800r/min |
| N80 | G01 X90； | 加工台阶端面 |
| N90 | G03 X80 Z－20 R5； | 加工 $R5$ 凸弧 |

续表

| 序 号 | 程 序 | 说 明 |
|---|---|---|
| N100 | G01 Z−15； | 加工 $\phi$80mm 外圆 |
| N110 | X40 Z−10； | 加工锥面 |
| N120 | Z−2； | 加工 $\phi$40mm 外圆 |
| N130 | X34 Z1； | 加工 C2 倒角 |
| N140 | G70 P70 Q130； | 精加工外轮廓 |
| N150 | G00 X100 Z100； | 刀具快速返回换刀点 |
| N160 | M30； | 主程序结束并返回程序起点 |

注意，端面粗车循环指令 G72 适合于 $Z$ 向余量小、$X$ 向余量大的回转体零件。所加工的零件同样要符合 $X$ 轴、$Z$ 轴方向同时单调增大或单调减小的特点。

## 【教】轨道轮的加工程序编制

### 一、任务分析

编制图 7-1 所示轨道轮零件的数控车加工程序。

#### 1. 设备选用

根据零件图要求结合学校设备情况，可选用 CAK6140Di(FANUC Series 0*i* Mate-TC)、CAK4085Di(FANUC Series 0*i* Mate-TD)型卧式经济型数控车床。

#### 2. 确定切削参数

(1) 车削端面时，$n$=800r/min，用手轮控制进给速度。

(2) 粗车外圆时，$a_p$=1mm(单边)，$n$=800r/min，$v_f$=0.2mm/r。

(3) 精车外圆时，$a_p$=0.5mm，$n$=1500r/min，$v_f$=0.1mm/r。

(4) 粗车外凹槽，$a_p$=4mm，$n$=500r/min，$v_f$=0.1mm/r。

(5) 精车外凹槽，$a_p$=4mm，$n$=1000r/min，$v_f$=0.05mm/r。

(6) 切断，$a_p$=4mm，$n$=500r/min，$v_f$=0.05mm/r。

(7) 钻孔，$n$=400r/min，用手控制钻孔速度。

(8) 粗镗内孔，$a_p$=1mm(单边)，$n$=600r/min，$v_f$=0.2mm/r。

(9) 精镗内孔，$a_p$=1mm(单边)，$n$=1200r/min，$v_f$=0.1mm/r。

### 二、程序编制

#### 1. 填写工艺卡片

综合前面分析的各项内容填写表 7-4 所示的数控加工工艺卡。

#### 2. 轨道轮零件的程序编制

以沈阳数控车床 CAK4085Di(FANUC Series 0*i* Mate-TC 系统)为例，编写加工程序。轨道轮零件加工程序见表 7-5。

表 7-4 数控加工工艺卡

| 单位名称 | | | | 产品型号 | | | | |
|---|---|---|---|---|---|---|---|---|
| | | | | 产品名称 | 轨道轮 | | | |
| 零件号 | SC-6 | 材料型号 | 45 钢 | 毛坯规格 | 圆棒料 | | 设备型号 | |
| 数量 | 1 件 | | | | $\phi$50mm 长棒料 | | | |
| 工序号 | 工序名称 | 工步号 | 工序工步内容 | 切削参数 | | | 刀具准备 | |
| | | | | $n$/(r/min) | $a_p$/mm | $f$/(mm/r) | 刀具类型 | 刀位号 |
| 1 | 备料 | | $\phi$50mm 长圆棒料 | | | | | |
| 2 | 车 | 1 | 夹持毛坯，车右端面 | 800 | 0.3 | 手轮控制 | 93°外圆车刀 | T01 |
| | | 2 | 粗车 $\phi$48mm 外圆柱面 | 800 | 1 | 0.2 | 93°外圆车刀 | T01 |
| | | 3 | 精车 $\phi$48mm 外圆柱面 | 1500 | 0.4 | 0.1 | 93°外圆车刀 | T01 |
| | | 4 | 粗车 $\phi$32mm × 50mm 凹槽 | 500 | 4 | 0.1 | 4mm 切断刀 | T02 |
| | | 5 | 精车 $\phi$32mm × 50mm 凹槽 | 1000 | 4 | 0.05 | 4mm 切断刀 | T02 |
| | | 6 | 钻中心孔 | 350 | 1.5 | 手动控制 | A3 中心钻 | |
| | | 7 | 钻 $\phi$13mm 内孔，深度约 60mm | 350 | 6.5 | 手动控制 | $\phi$13mm 麻花钻 | |
| | | 8 | 粗镗右端 $\phi$26mm、$\phi$14mm 内圆柱面 | 600 | 0.8 | 0.2 | $\phi$10mm 镗孔刀 | T03 |
| | | 9 | 精镗右端 $\phi$26mm、$\phi$14mm 内圆柱面 | 1200 | 0.2 | 0.1 | $\phi$10mm 镗孔刀 | T03 |
| | | 10 | 切断工件 | 300 | 4 | 0.05 | 4mm 切断刀 | T04 |
| 3 | | 1 | 装夹凹槽工装(套)部位，车左端面保证长度尺寸(58±0.012)mm | 800 | 0.3 | 手轮控制 | 93°外圆车刀 | T01 |
| | | 2 | 粗镗左端 $\phi$26mm 内圆柱面 | 600 | 0.8 | 0.2 | $\phi$10mm 镗孔刀 | T03 |
| | | 3 | 精镗左端 $\phi$26mm 内圆柱面 | 1200 | 0.3 | 0.1 | $\phi$10mm 镗孔刀 | T03 |

表 7-5 轨道轮零件程序卡

| 序号 | 程序 | 说明 |
|---|---|---|
| | O7002 | 第一次装夹的程序 |
| N10 | G00 X100 Z100 T0101; | 调用 1 号车刀及 1 号刀补 |
| N20 | M03 S800; | 主轴正转启动 |
| N30 | G99 G00 X52 Z3; | 快速接近循环点 |
| N40 | G94 X0 Z0.5 F0.1; | 加工端面 |
| N50 | Z0; | |
| N60 | G00 X52 Z3; | 退回到循环起点 |

续表

| 序号 | 程　　序 | 说　　明 |
|---|---|---|
| N70 | G71 U1 R0.5; | 采用复合循环粗加工外圆，长度为 60mm，留 0.4mm 精车余量 |
| N80 | G71 P90 Q100 U0.4 W0 F0.2; | |
| N90 | G01 X48 F0.1 S1500; | |
| N100 | Z－60; | |
| N110 | G70 P90 Q100; | 精加工外轮廓 |
| N120 | G00 X100 Z100; | 返回换刀点 |
| N130 | T0303; | 换 3 号车刀及 3 号刀补 |
| N140 | M03 S500; | 主轴正转，转速为 500r/min |
| N150 | G00 X50 Z－5; | 快速接近循环点 |
| N160 | G72 W3 R0; | 采用端面复合循环粗加工凹槽 |
| N170 | G72 P180 Q210 U0.4 W0 F0.1; | |
| N180 | G01 Z－54 F0.05 S1000; | |
| N190 | X32; | |
| N200 | Z－8; | |
| N210 | X49; | |
| N220 | G70 P180 Q210; | 精加工凹槽 |
| N230 | G00 X100 Z100; | 返回换刀点 |
| N240 | T0404; | 调用 4 号刀具及 4 号刀补 |
| N250 | M03 S600; | 主轴正转，转速为 600r/min |
| N260 | G00 X13 Z2; | 快速接近循环点 |
| N270 | G71 U0.8 R0.5; | 采用端面复合循环粗加工内孔，分别为 $\phi$26mm×8mm 与 $\phi$14mm×59mm 内孔 |
| N280 | G71 P290 Q320 U－0.6 W0 F0.2; | |
| N290 | G01 X26 F0.1 S1200; | |
| N300 | Z－8; | |
| N310 | X14 C0.3; | |
| N320 | Z－59; | |
| N330 | G70 P290 Q320; | 精加工内孔 |
| N340 | G00 Z100; | 快速退至安全点 |
| N350 | X100; | |
| N360 | M05; | 主轴停止 |
| N370 | M30; | 程序结束 |
| | O7003 | 调头后第二次装夹的加工程序 |
| N10 | G00 X100 Z100 T0101; | 调用 1 号车刀及 1 号刀补，快速定位至安全点 |
| N20 | M03 S800; | 主轴正转启动 |
| N30 | G99 G00 X52 Z3; | 快速接近循环点 |
| N40 | G94 X0 Z0.5 F0.1; | 加工端面，保证总长尺寸 58mm |
| N50 | Z0; | |
| N60 | G00 X100 Z100; | 退回到循环起点 |
| N70 | T0404; | 调用 4 号刀具 4 号刀补 |

续表

| 序号 | 程　　序 | 说　　明 |
|---|---|---|
| N80 | M03 S600； | 主轴正转，转速为600r/min |
| N90 | G00 X13 Z2； | |
| N100 | G71 U0.8 R0.5； | 采用端面复合循环粗加工内孔 $\phi$26mm×8mm |
| N110 | G71 P120 Q140 U−0.6 W0 F0.2； | |
| N120 | G01 X26 F0.1 S1200； | |
| N130 | Z−8； | |
| N140 | X13.5； | |
| N150 | G70 P120 Q140； | 精加工内孔 |
| N160 | G00 Z100； | 快速定位至安全点 |
| N170 | X100； | |
| N180 | M05； | 主轴停止 |
| N190 | M30； | 程序结束 |

## 【练】综合训练

一、填空题

1. 硬质合金刀具在切削时可采用干切削和________。
2. G94 指令能实现端面切削循环和________。
3. G72 指令的含义是________。

二、判断题

1. G94 中的 R 为 0 时可省略不写。　　(　　)
2. G72 只能加工单调递增的零件。　　(　　)
3. G72 是模态代码，编写时第二行 G72 可省略不写。　　(　　)

三、选择题

1. G72 指令中 R 的含义是(　　)。

A. 每次切削的退刀量　　B. 每次切削的进刀量

C. 每次切削循环开始　　D. 每次切削循环结束

2. G94 X(U)__ Z(W)__ F __；编程说明正确的是(　　)。

A. X、Z 为刀具目标点绝对坐标值

B. U、W 为刀具坐标点相对于起始点的增量坐标值

C. F 为循环切削过程中的切削速度

D. 只能车削端面

四、简答题

1. 端面切削复合循环指令格式是什么？格式中每个字母代表的含义是什么？
2. 端面切削循环指令格式是什么？格式中每个字母代表的含义是什么？

# 任务3　轨道轮的车削

(1) 知道槽类零件的车削方法。

(2) 能车削出合格的轨道轮零件。

对轨道轮进行数控车削加工工艺路线拟定并完成零件加工,零件图样如图7-1所示。

## 【学】槽类零件车削的基础知识

### 一、零件的定位安装及装夹

#### 1. 定位安装原则

(1) 力求设计、工艺与编程计算的基准统一。

(2) 尽量减少装夹次数,尽可能做到在一次定位装夹后就能加工出全部待加工表面。

(3) 避免采用占机人工调整式方案。

#### 2. 夹具的选择

数控加工对夹具主要有两大要求:一是夹具应具有足够的精度和刚度;二是夹具应有可靠的定位基准。选用夹具时,通常考虑以下几点。

(1) 尽量选用可调整夹具、组合夹具及其他通用夹具,避免采用专用夹具,以缩短生产准备时间。

(2) 在成批生产时才考虑采用专用夹具,并力求结构简单。

(3) 装卸工件要迅速方便,以减少车床的停机时间。

(4) 夹具在车床上安装要准确可靠,以保证工件在正确的位置上加工。

#### 3. 夹具的选择

采用三爪自定心卡盘进行装夹,调头后采用配套工装(套)装夹加工内孔,如图7-11所示。

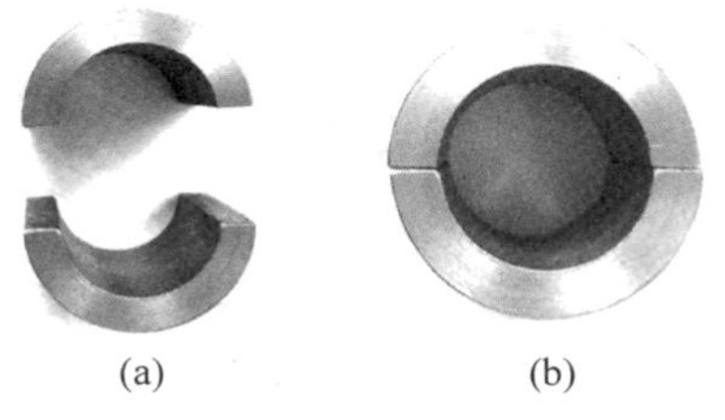

(a)　(b)

图7-11　工装(套)

### 二、槽类零件车削常用刀具的选用

现代生产的切断刀和切槽刀通用性非常强,而且生产效率高,使用可转位刀片的刀具可以完成大多数的车削工序。

**1. 刀柄的选择**

选择最小悬深的刀柄，以保证最小的振动和刀具偏斜。在不影响加工的前提下尽可能选择尺寸大的刀柄，刀具悬深不应超过8倍的刀片宽度，如图7-12和图7-13所示。

图7-12 外槽刀刀柄

图7-13 内槽刀刀柄

**2. 刀片的选择**

刀片分为中置型(N)、右手型(R)和左手型(L)。中置型刀片可承受较大的切削力，其切削力主要为径向切削力，具有较长的刀具寿命，如图7-14所示。右手型刀片和左手型刀片适用于对工件切口末端进行精加工，如图7-15所示。

图7-14 中置型刀片

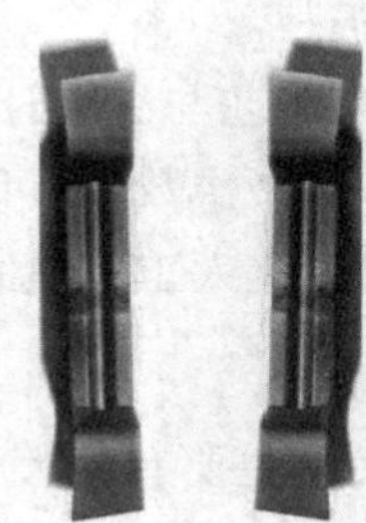

图7-15 右手型刀片和左手型刀片

**3. 刀片宽度的选择**

刀片宽度的选择需要考虑刀具的强度和稳定性，另外要考虑节省工件材料和降低切削力。

**4. 刀具的安装及加工方法**

1）外切槽刀的安装

(1) 安装时车槽刀不宜伸出过长。

(2) 车槽横向进给时，主刀刃高度相对工件控制在−0.2～0.2mm范围内，刀片与工件中心尽量等高。

(3) 刀片尽量垂直中心，两个副偏角对称，以保证主刀刃与工件轴线平行。

2）切断刀的安装

(1) 安装时，切断刀不宜伸出过长，同时切断刀的中心线必须装得与工件中心线垂直，以保证两个副偏角对称。

（2）切断实心工件时，切断刀的主切削刃必须装得与工件中心等高，否则不能车到中心，而且容易崩刀，甚至折断车刀。

（3）切断刀的底平面应平整，以保证车削质量。

3）车外直槽的加工方法

（1）切削精度要求不高和宽度较窄的槽时，可采用刀宽等于槽宽的车槽刀一次直进法车出，如图7-16所示。

（2）有精度要求的槽一般采用两次直进法车出。

（3）车削宽槽时采用多次直进法车削，如图7-17所示。

4）车内沟槽的加工方法

（1）车削精度要求不高和宽度较窄的槽时，可采用刀宽等于槽宽的车槽刀一次直进法车出，如图7-18所示。

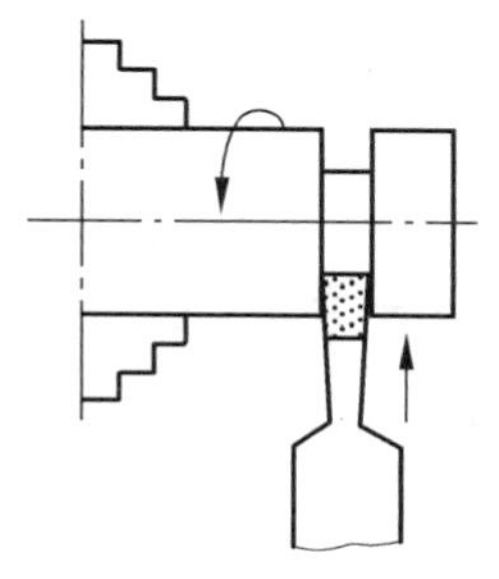

图7-16　窄沟槽的车削

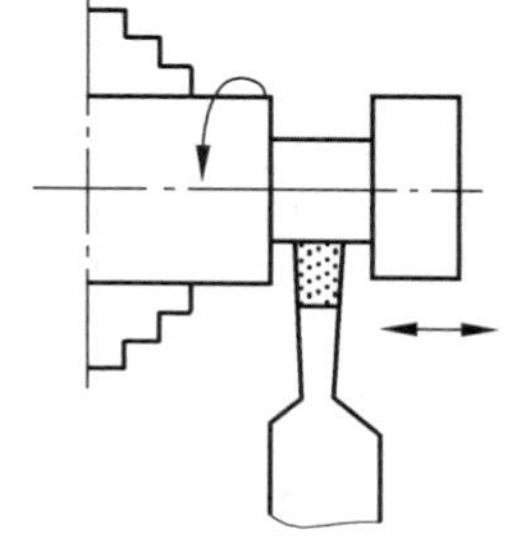

图7-17　宽沟槽的车削

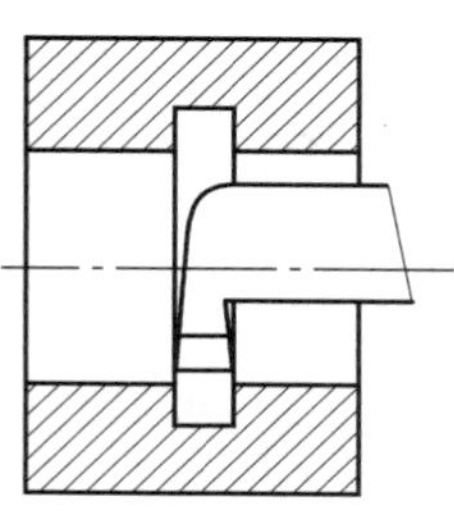

图7-18　一次直进法

（2）有精度要求的槽一般采用两次直进法车出。

（3）车削宽槽时采用多次直进法或纵向进给法车削，如图7-19和图7-20所示。

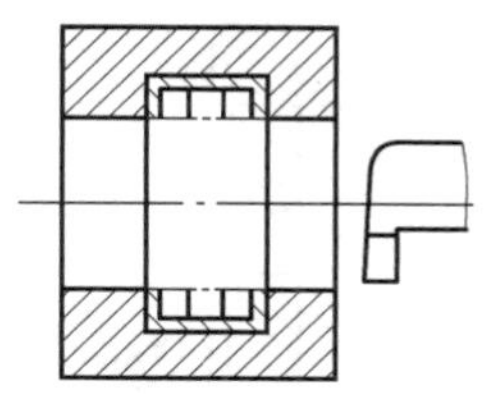

图7-19　多次直进法

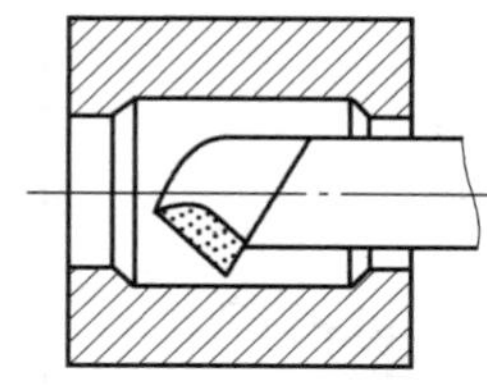

图7-20　纵向进给法

5）车端面槽的加工方法

（1）车削精度要求不高和宽度较窄的槽时，可采用刀宽等于槽宽的车槽刀一次直进法车出，如图7-21所示。

（2）有精度要求的槽一般采用两次直进法车出。

（3）车削宽槽时采用多次直进法车削。

（4）圆弧沟槽的车削与车直槽相似，只是刀具几何形状不同。

6）车T形槽和燕尾槽的加工方法

车削T形槽时，可先用端面直槽刀车出直槽，再用左、右弯刀分别车出内外侧沟槽，如图7-22所示。

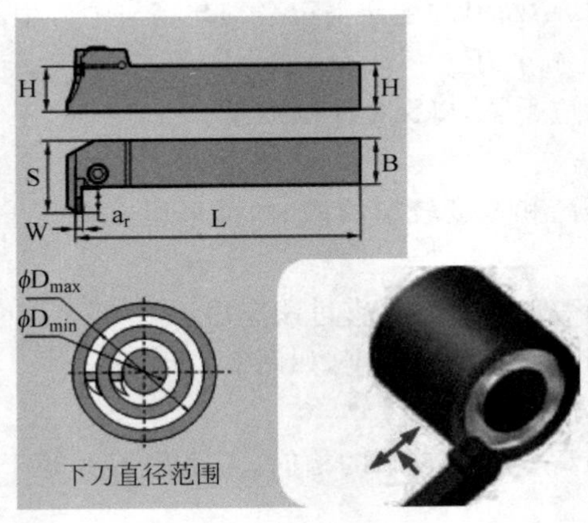


图 7-21 车削端面槽

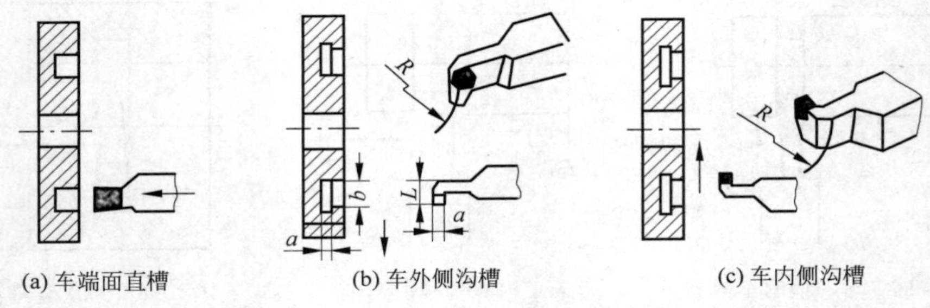


图 7-22 车削 T 形槽

车削燕尾槽的方法与车削 T 形槽类似，如图 7-23 所示。

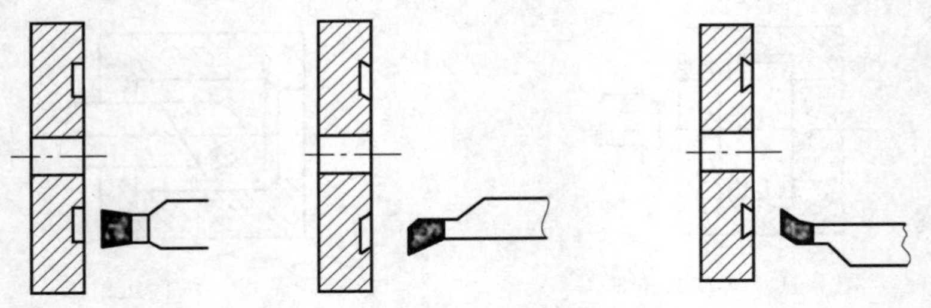

图 7-23 车削燕尾槽

7）切断方法

（1）直进法切断工件。直进法是指垂直于工件轴线方向进给切断。这种方法切断效率高，但对车床、切断刀的刃磨和安装都有较高的要求，否则容易造成刀头折断。

（2）左右借刀法切断工件。左右借刀法是指切断刀在轴线方向反复地往返移动，随着两侧径向进给，直至工件切断。在切削刚性不足的情况下，可采用左右借刀法切断。

（3）反切法切断工件。反切法是指工件反转，车刀反向装夹，这种切断方法适用于较大直径工件的切断。

# 【教】轨道轮的车削加工

## 一、任务分析

车削图 7-1 所示轨道轮零件。

**1. 确定装夹方案**

根据零件图 7-1 所示，轨道轮零件采用加工后切断，因此该零件采用三爪自定心卡盘装夹，调头后采用专用工装(套)装夹在三爪自定心卡盘上。

**2. 确定定位基准**

(1) 一次装夹，用 $\phi$50mm 毛坯外圆作为定位基准。

(2) 二次装夹(掉头)，用 $\phi$48mm 外圆作为定位基准。

**3. 确定刀具**

结合表 7-3 所示分析内容填写表 7-6 所示的刀具卡。

表 7-6　刀具卡

| 实训课题 | | | 轨道轮的车削 | 零件名称 | 轨道轮 | 零件图号 | SC-6 |
|---|---|---|---|---|---|---|---|
| 刀号 | 刀位号 | 偏置号 | 刀具名称及规格 | 材　质 | 数量 | 刀尖半径 | 假想刀尖 |
| T0404 | 04 | 04 | 45°端面车刀 | 硬质合金 | 1 | 0.8 | |
| T0101 | 01 | 01 | 93°右偏外圆车刀 | 硬质合金 | 1 | 0.4 | |
| T0202 | 02 | 02 | $\phi$10mm 镗孔刀 | 硬质合金 | 1 | 0.4 | |
| T0303 | 03 | 03 | 切断刀(宽 4mm) | 硬质合金 | 1 | 4 | |

## 二、加工路线拟定

根据零件图样要求、毛坯情况，确定轨道轮加工方案如下。

**1. 检查阶段**

(1) 检查毛坯的材料、直径和长度是否符合要求。

(2) 检查车床的开关按钮有无异常。

(3) 开启电源开关。

**2. 准备阶段**

(1) 程序输入。

(2) 程序模拟仿真。

(3) 夹持 $\phi$50mm 毛坯外圆，留在卡盘外的长度大于 65mm。

(4) 根据表 7-6 所示刀具卡的要求，分别把 45°端面车刀、93°右偏刀外圆刀、$\phi$10mm 镗孔刀、切断刀安装在对应的刀位上。

(5) 用 45°端面车刀手动车削右端面(车平即可)。

(6) 对刀。参考项目 1 任务 5 中的试切对刀法，分别进行外圆车刀、镗孔刀、切断刀的对刀操作，对刀完成后依次检验以上刀具的对刀正确性。

### 3. 加工阶段

轨道轮零件的加工流程见表 7-7。

表 7-7 轨道轮零件的加工流程

| 序号 | 步骤 | 图示 | 刀具 | 加工方式 | 说明 |
|---|---|---|---|---|---|
| 1 | 车右端面 | 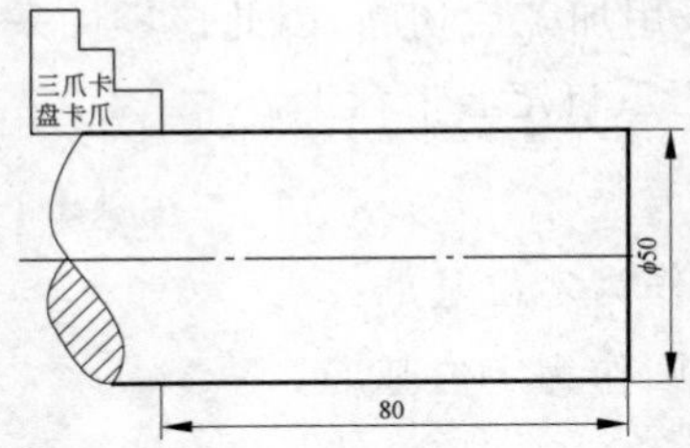 |  | 手动 | 对刀操作前完成 |
| 2 | 粗、精车外圆 $\phi$48mm 及 C1 倒角，直径留 0.5mm 精车余量 | 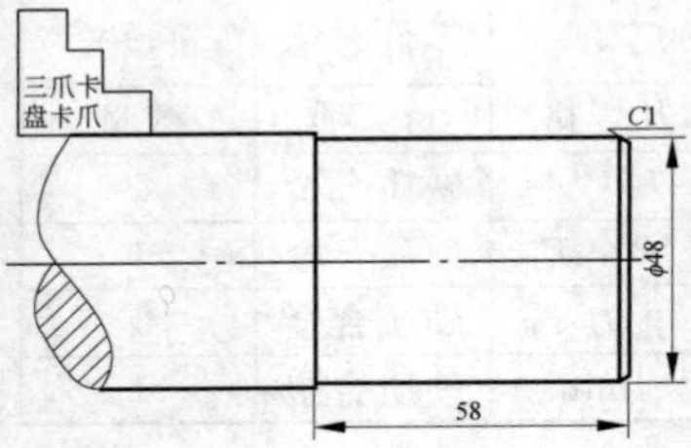 |  $r$0.8mm | 自动 | 粗加工后用游标卡尺检测外圆是否有 0.5mm 余量，精加工后千分尺检测 $\phi$48mm 外圆，如尺寸偏大，则应在刀具补偿表中把多余的直径余量减去后，再次精车直至符合尺寸要求 |
| 3 | 切断刀粗、精加工凹槽，留 0.4mm 精车余量 | 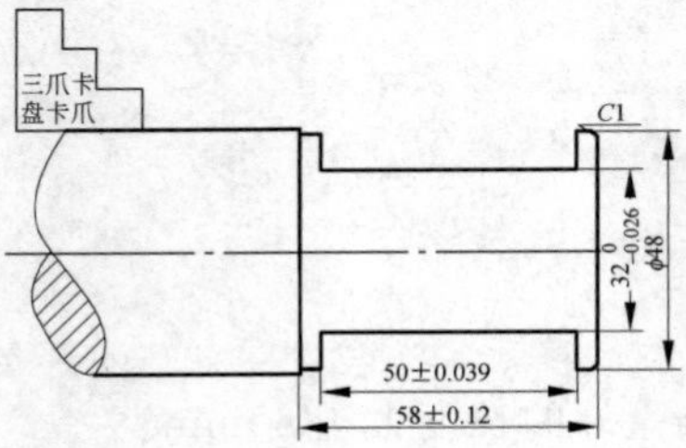 |  刀宽 4mm | 自动 | 粗加工后用游标卡尺检测凹槽是否有 0.4mm 余量，精加工后用千分尺检测凹槽尺寸，如尺寸偏大，则应在刀具补偿表中把多余的直径余量减去后，再次精车直至符合尺寸要求 |

续表

| 序号 | 步骤 | 图示 | 刀具 | 加工方式 | 说明 |
| --- | --- | --- | --- | --- | --- |
| 4 | 用 A3 中心钻钻定位孔，再用 $\phi$13mm 钻头钻孔，长度大于 58mm | 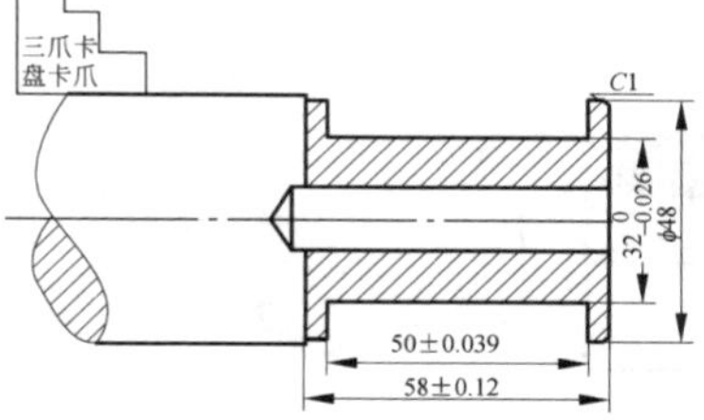 三爪卡盘卡爪 C1 $32_{-0.026}^{0}$ $\phi$48 50±0.039 58±0.12 |   | 手动 | 游标卡尺测量内孔直径及深度 |
| 5 | $\phi$10mm 镗孔刀粗、精加工 $\phi$14mm×58mm 和 $\phi$26mm×8mm 孔 | 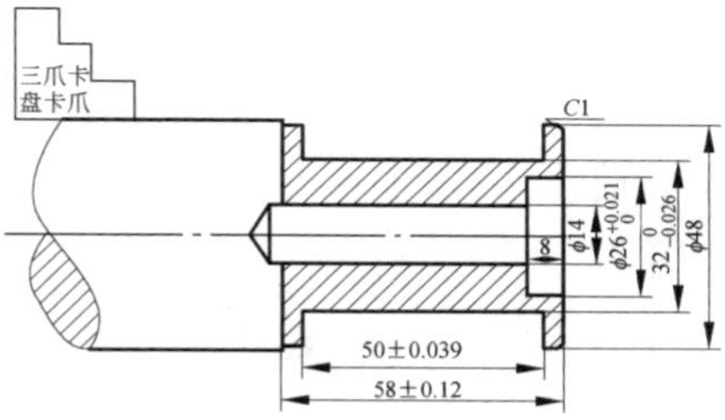 三爪卡盘卡爪 C1 8 $\phi$14 $\phi26_{0}^{+0.021}$ $32_{-0.026}^{0}$ $\phi$48 50±0.039 58±0.12 |   | 自动 | 粗加工后用游标卡尺检测 $\phi$26mm、$\phi$14mm 内孔是否有 0.4mm 余量，精加工后用内径千分尺检测尺寸，如尺寸偏大，则应在刀具补偿表中把多余的直径余量减去后再次精车直至符合尺寸要求 |
| 6 | 切断，保证工件留 0.2mm 端面余量 | 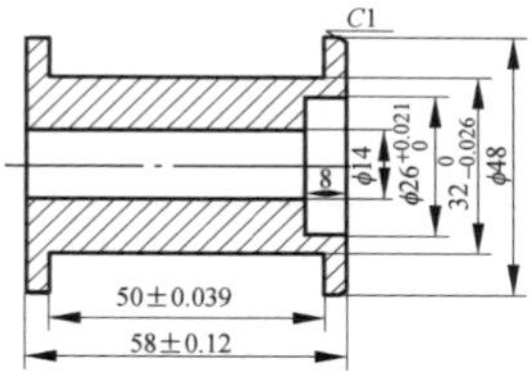 C1 8 $\phi$14 $\phi26_{0}^{+0.021}$ $32_{-0.026}^{0}$ $\phi$48 50±0.039 58±0.12 |  刀宽 4mm | 手动 | 关闭车床防护门，匀速摇动手轮切断工件 |
| 7 | 掉头，夹持工装(套) | 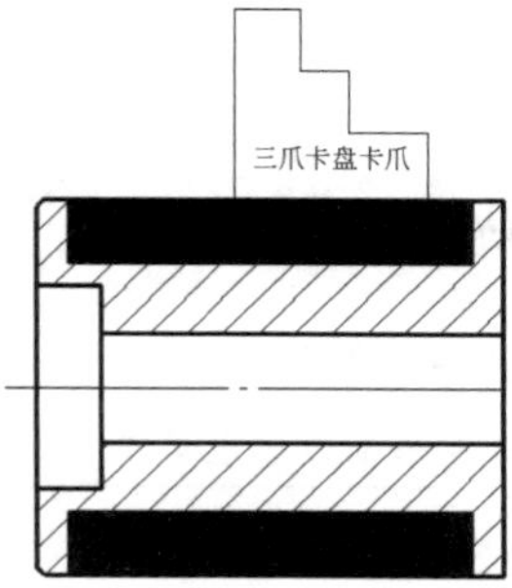 三爪卡盘卡爪 |  |  | 卡盘的三爪夹持工装处 |

续表

| 序号 | 步骤 | 图示 | 刀具 | 加工方式 | 说明 |
|---|---|---|---|---|---|
| 8 | 车削左端面,并保证工件总长(58±0.12)mm,锐边倒钝 $C1$ 倒角 | 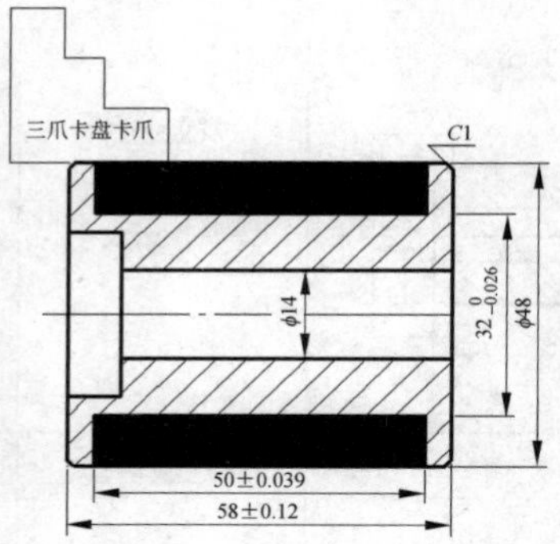 三爪卡盘卡爪 C1 $\phi14$ $32^{\ 0}_{-0.026}$ $\phi48$ 50±0.039 58±0.12 |  | 手动 | 测量 $\phi48$mm 外圆的两端面,保证总长(58±0.12)mm |
| 9 | $\phi10$mm 镗孔刀粗、精加工 8×$\phi26$mm 孔 | 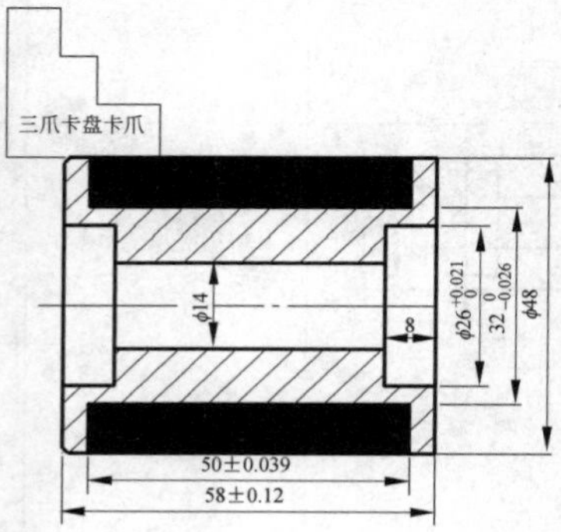 三爪卡盘卡爪 $\phi14$ 8 $\phi26^{+0.021}_{\ 0}$ $32^{\ 0}_{-0.026}$ $\phi48$ 50±0.039 58±0.12 | 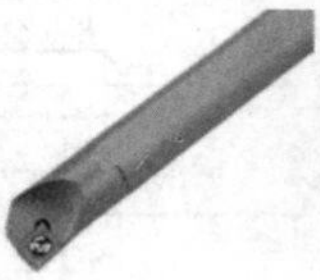 | 自动 | 粗加工后用游标卡尺检测 $\phi26$mm 内孔是否有 0.4mm 余量,精加工后用内径千分尺检测尺寸,如尺寸偏大,则应在刀具补偿表中把多余的直径余量减去后再次精车直至符合尺寸要求 |
| 10 | 停车,拆卸工件,清洁车床及车间 | | | | |

**4. 检测阶段**

(1) 按照零件图样尺寸要求,对工件进行检测。

(2) 上油。

(3) 入库。

## 【做】进行轨道轮的车削

按照表 7-8 所示的相关要求进行轨道轮零件的加工。

表 7-8 轨道轮零件车削过程记录卡

| 一、车削过程 |
|---|
| 轨道轮零件的车削过程为____________________。<br>① 检查阶段 ② 准备阶段 ③ 加工阶段 ④ 检测阶段 |

续表

| 二、所需设备、工具和卡具 | 三、加工步骤 |
|---|---|
| 四、注意事项<br>(1) 车削槽类零件时，轴的毛坯加工余量较大，且比较均匀，同时精度要求较高，应粗、精加工分开进行。<br>(2) 轨道轮零件加工时，应先车削外径和凹槽，再加工内孔，以避免先加工内孔而过早降低工件的刚性。 | |
| 五、检测过程分析 | |
| 出现的问题： | 原因与解决方案： |

轨道轮的车削(1)

轨道轮的车削(2)

轨道轮的车削(3)

## 【评】轨道轮车削方案评价

根据表7-8中记录的内容对轨道轮车削过程进行评价，轨道轮车削过程评价见表7-9。

表7-9 轨道轮车削过程评价表

| 项　目 | 内　　容 | 分值 | 评价方式 | | | 备　　注 |
|---|---|---|---|---|---|---|
| | | | 自评 | 互评 | 师评 | |
| 车削项目 | $\phi$48mm外圆，长度58mm | 10 | | | | 按照操作规程完成零件的车削 |
| | $\phi32_{-0.026}^{0}$mm凹槽，长度50mm，深度8mm | 10 | | | | |
| | $\phi$14mm内孔，长度58mm | 10 | | | | |
| | $2\times\phi26_{0}^{+0.021}$mm，深度8mm | 10 | | | | |
| | 总长(58±0.12)mm | 5 | | | | |
| 车削步骤 | 刀具选择是否正确 | 10 | | | | 是否按要求进行规范操作 |
| | 车削过程是否正确 | 15 | | | | |
| 职业素养 | 卡具维护和保养 | 10 | | | | 按照7S管理要求规范现场 |
| | 工具定置管理 | 10 | | | | |
| | 安全文明操作 | 10 | | | | |
| 合　计 | | 100 | | | | |
| 综合评价 | | | | | | |

## 【练】综合训练

一、填空题

1. 刀片的类型分为________、________和________。

2. 刀具的悬深长度不应该超过________倍的刀片。

二、判断题

1. 切槽加工时，刀片宽度要小于槽宽。 (　　)

2. 切断刀不仅可以切断，也可以切槽。 (　　)

三、选择题

1. (　　)不属于切断方法。

A. 直进法切断工件　　B. 左右借刀法切断工件

C. 反切法切断工件　　D. 斜进法切断工件

2. 数控车床加工轴类零件最常用的夹具是(　　)。

A. 三爪卡盘　　B. 四爪卡盘　　C. 花盘　　D. 拨盘

四、简答题

1. 简述工件装夹的定位原则。

2. 简述切槽刀、切断刀的安装注意事项。

# 任务4　轨道轮的质量检测与分析

(1) 知道槽类零件的检测方法。

(2) 学会轨道轮零件的检测方法。

对轨道轮零件进行质量检测与分析，零件图样如图7-1所示。

## 【学】槽类零件检测的基础知识

### 一、叶片千分尺

**1. 结构特点**

叶片千分尺也称刀口千分尺，是一种检测槽类零件的精密量具，其测量精度比游标卡尺高，应用广泛，可分为电子数显和游标读数两种，如图7-24和图7-25所示。

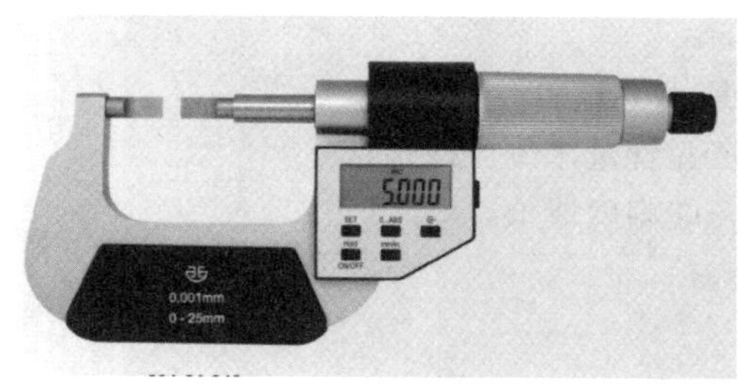

图 7-24　电子数显叶片千分尺

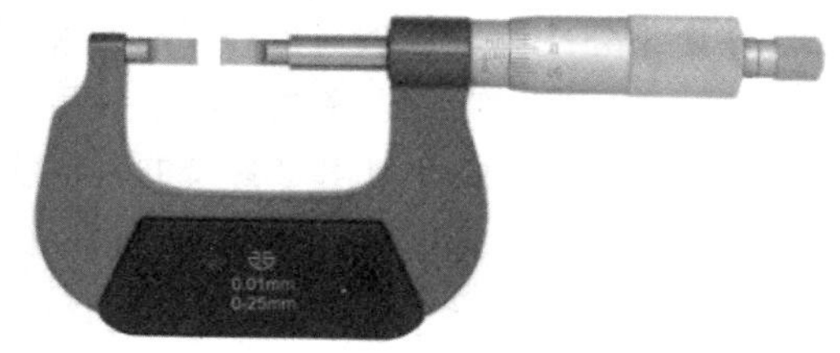


图 7-25　游标叶片千分尺

常见的叶片千分尺由尺架、测微头、测力装置等组成，如图 7-26 和图 7-27 所示。

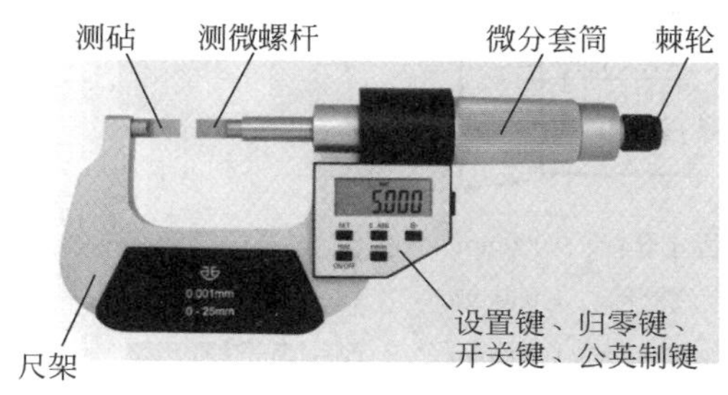

图 7-26　电子数显叶片千分尺结构

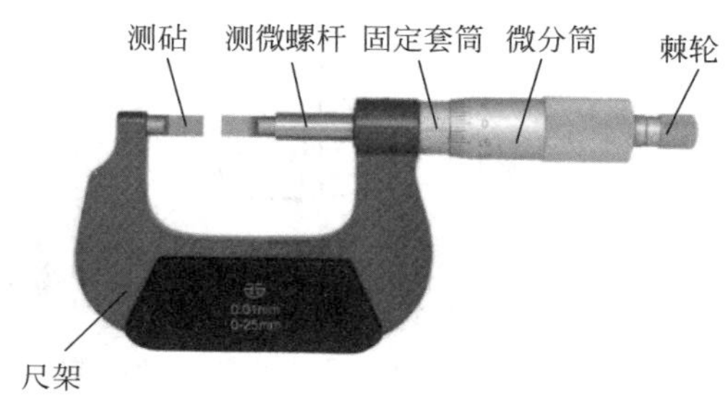


图 7-27　游标叶片千分尺结构

叶片千分尺的测砧及测微螺杆测头为硬质合金或优质淬火钢，刀口型测量面用于窄槽、深沟等特殊场合。叶片千分尺为直进式测微螺杆（非旋转型），除公制 0～25mm（英制 0～1 英寸）外都配备一件“校对量杆”。其叶片厚度的测头分为 0.75mm（A 型，如图 7-28 所示），0.4mm（B 型，如图 7-29 所示），测量量程可分为 0～25mm、25～50mm、50～75mm、75～100mm、100～125mm、125～150mm、150～175mm 等。

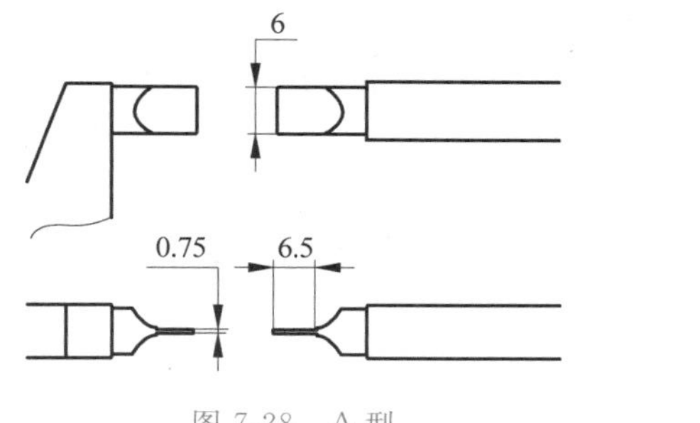


图 7-28　A 型

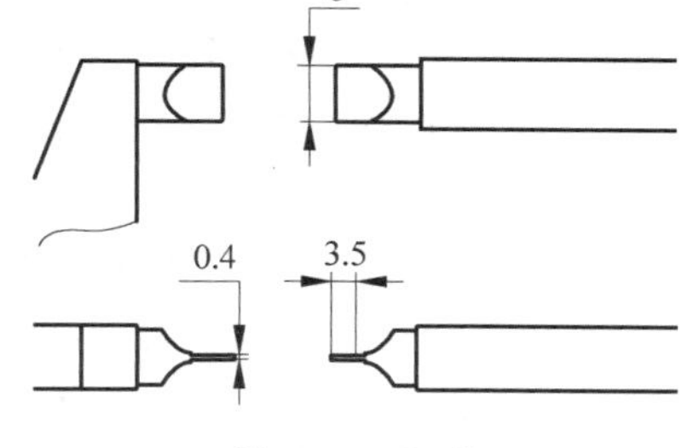


图 7-29　B 型

**2. 分度原理**

叶片千分尺分度原理与外径千分尺相同。固定套筒刻线间距为 1mm，基线上下刻线间距为 0.5mm，微分筒圆周上分布有 50 小格，微分筒旋转一周，固定套筒轴线移动 0.5mm，螺杆螺距为 0.5mm。因此，每格刻度值＝0.5mm÷50＝0.01mm，也就是说，微分筒上每格刻度值为 0.01mm。

### 3. 读数原理

叶片千分尺读数原理与外径千分尺相同。具体步骤如下。

(1) 读出微分筒孔边缘左侧显示的最大固定套管毫米刻度线值。

(2) 读出微分筒上与固定套筒的基准线对齐的刻度线值。

(3) 把两个尺寸相加,即最后读数值。

叶片千分尺读数原理如图 7-30 所示。

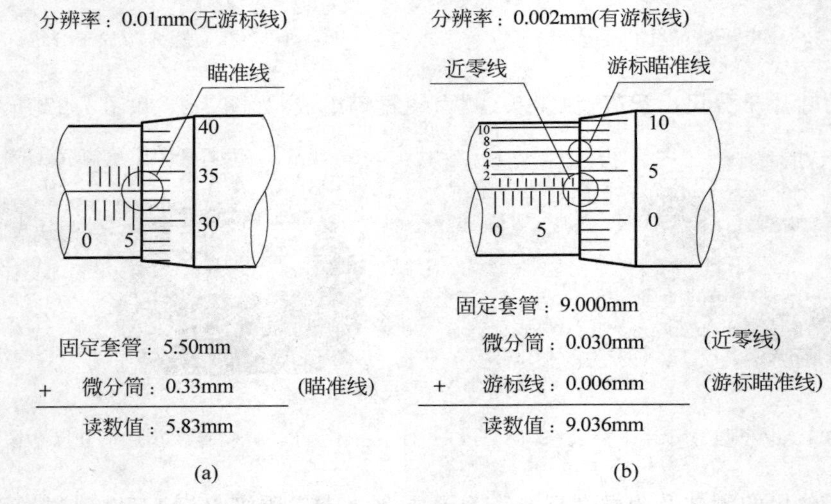


图 7-30 叶片千分尺读数

### 4. 叶片千分尺的使用

1) 使用前的检查确认

(1) 在测量面(固定测砧、测微螺杆)上不能有缺口或异物附着现象。

(2) 旋转棘轮,检查确认,测微螺杆移动顺利。

(3) 用棘轮旋转移动测微螺杆,使固定测砧和测微螺杆缓慢地接触,然后再空转棘轮 2～3 次。在此时检查确认基点(零点)正确。

(4) 数显叶片千分尺:进行复位,使显示为 00.000。

(5) 游标读数千分尺:确认固定刻度套筒基准线和微分筒零刻度线重合,如果不重合则需要调整校准。

(6) 在被测件的测量处不许有粘污、油等异物。

2) 使用方法

一般按照图 7-31 所示双手水平测量。但实际操作中,为了测量方便允许用一只手垂直放置进行测量,如图 7-32 所示。测量时对被测件施加的压力由棘轮来控制,旋转微分筒进行加压。

(1) 用一只手轻轻拿起被测件。

(2) 旋转微分筒,扩大固定测砧和测微螺杆的间距,然后把被测件夹进去。

(3) 旋转微分筒使固定测砧和被测件轻轻接触,然后再旋转棘轮,当棘轮旋转 2～3

次时所显示的数据就是测量值(金属硬物适用)。反向缓慢旋转固定套筒,当被测面间可移动时所显示的数据就是测量值(塑料件等测量适用)。槽的测量如图 7-33 所示。

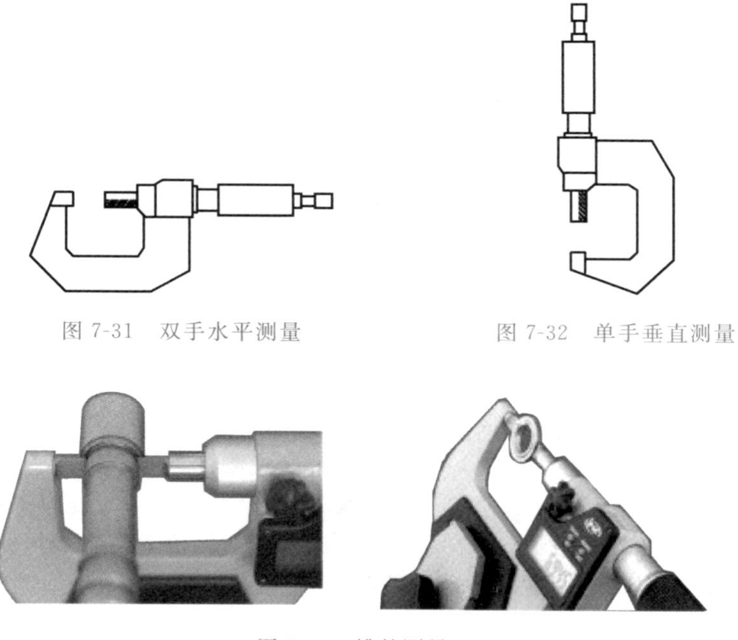

图 7-31 双手水平测量

图 7-32 单手垂直测量

图 7-33 槽的测量

5. 注意事项

(1) 严格按照叶片千分尺的测量步骤操作,被测件一定夹在测砧和测微螺杆内,如图 7-34 所示。

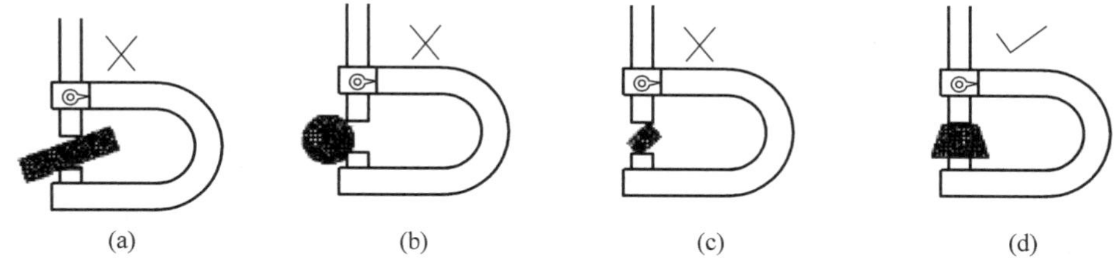


图 7-34 测件的夹紧

(2) 要轻拿轻放叶片千分尺,防止摔坏。

(3) 不允许用除锈剂给叶片千分尺除锈。

(4) 不允许用丙酮清洗或擦拭数显叶片千分尺。

(5) 当叶片千分尺出现故障,不许私自拆卸。

(6) 要严格按照叶片千分尺校准标签所注明的有效期限送检。

(7) 在叶片千分尺用完后,必须擦拭干净再放回其包装盒中保存。

(8) 不允许有机溶剂或其他液体溅入数显叶片千分尺的显示屏中。

## 二、槽类零件的质量分析

### 1. 槽的尺寸精度不合格的原因与解决的措施

(1) 看错图样。应认真看清图样中尺寸要求,正确编制数控加工程序。

(2) 对刀时输错磨损值。应在对刀时及时输入磨损值,从而修正尺寸数值。

(3) 由于切削热的影响,使工件尺寸发生变化。不能在工件温度较高时测量,如测量应掌握工件的收缩情况,或浇注切削液,降低工件温度。

(4) 测量不正确或量具有误差。使用量具前,必须检查和调整零位。

(5) 加工前未测量刀具宽度,刀宽宽度大于槽宽。

### 2. 表面粗糙度不合格的原因与解决的措施

(1) 车床刚性不足,如传动零件不平衡或主轴太松引起振动。应消除或防止由于车床刚性不足而引起的振动。

(2) 车刀刚性不足或伸出太长而引起振动。应增加车刀刚性和正确装夹车刀。

(3) 工件刚性不足引起振动。应增加工件的装夹刚性。

(4) 切削用量选用不当。进给量不宜太大,精车余量和切削速度应选择恰当。

(5) 如果槽太宽,先按径向分多次粗切削(底部和两侧留适当余量),然后再按槽的轮廓精车。车槽刀在粗车时切不可沿轴向横切,一定得按径向切,然后适当提高转速,从而提高槽底的表面光洁度。

# 【教】轨道轮的检测过程

## 一、检测原理

### 1. 确定方法

根据零件图 7-1 所示,对轨道轮零件上每一项尺寸进行三次检测,然后求取平均值,将最终检测结果填入表 7-10 中。

### 2. 确定量具

0～150mm 游标卡尺 1 把,25～50mm 千分尺 1 把,5～30mm 内径千分尺 1 把,25～50mm 叶片千分尺 1 把,0～300mm 钢直尺 1 把。

## 二、检测流程

量取尺寸→记录数值→求平均值→结果填表。

表 7-10 轨道轮的检测结果

| 尺寸代号 | 实际检测值 | | | 平均值 | 是否合格 |
|---|---|---|---|---|---|
| | 1 | 2 | 3 | | |
| $\phi48$mm | | | | | |
| $\phi32_{-0.026}^{\ 0}$ mm | | | | | |

续表

| 尺寸代号 | 实际检测值 | | | 平均值 | 是否合格 |
|---|---|---|---|---|---|
| | 1 | 2 | 3 | | |
| $\phi26^{+0.021}_{0}$mm | | | | | |
| $\phi$14mm | | | | | |
| 未注倒角两处 | | | | | |
| (58±0.12)mm | | | | | |
| (50±0.039)mm | | | | | |
| 8mm 两处 | | | | | |
| $Ra$1.6μm | | | | | |
| $Ra$3.2μm | | | | | |
| $Ra$6.3μm | | | | | |
| 不合格的原因及解决措施 | | | | | |

轨道轮的质量检测与分析(1)

轨道轮的质量检测与分析(2)

轨道轮的质量检测与分析(3)

## 【做】进行轨道轮的检测

按照表 7-11 所示的相关要求进行轨道轮零件的检测。

表 7-11 轨道轮零件检测过程记录卡

| 一、车削过程<br>(1) 轨道轮零件的检测过程为________________________________。<br>① 结果填表 ② 记录数值 ③ 求平均值 ④ 量取尺寸<br>(2) 轨道轮零件检测所需量具有________。(外径千分尺、内径千分尺、百分表、游标卡尺、钢直尺、叶片千分尺) | |
|---|---|
| 二、所需设备、量具和卡具 | 三、检测步骤 |

续表

| 四、注意事项 | |
|---|---|
| (1) 不能在千尺尺身处做记号或打钢印。<br>(2) 使用千分尺时，要慢慢地转动微分筒，不要握住微分筒摇。<br>(3) 不允许测量运动的工件。 | |
| 五、检测过程分析 | |
| 出现的问题： | 原因与解决方案： |

## 【评】轨道轮检测方案评价

根据表 7-11 中记录的内容对轨道轮检测过程进行评价，轨道轮检测过程评价见表 7-12。

表 7-12　轨道轮检测过程评价表

| 项　目 | 内　　容 | | 分值 | 评价方式 | | | 备　　注 |
|---|---|---|---|---|---|---|---|
| | | | | 自评 | 互评 | 师评 | |
| 检测方法 | 外圆尺寸 | $\phi48$mm | 4 | | | | 严格按照所需量具的操作规程完成导柱的检测 |
| | | $\phi32_{-0.026}^{0}$ mm | 8 | | | | |
| | 内径尺寸 | $\phi26_{0}^{+0.021}$ mm | 8 | | | | |
| | | $\phi14$mm | 4 | | | | |
| | 长度尺寸 | (58±0.12)mm | 8 | | | | |
| | | (50±0.039)mm | 8 | | | | |
| | | 8mm 两处 | 8 | | | | |
| | 倒角 | 未注倒角两处 | 2 | | | | |
| | 粗糙度 | $Ra1.6\mu m$ | 4 | | | | |
| | | $Ra3.2\mu m$ | 2 | | | | |
| | | $Ra6.3\mu m$ | 4 | | | | |
| 检测步骤 | 量具选择是否正确 | | 10 | | | | 是否按要求进行规范操作 |
| | 检测过程是否正确 | | 10 | | | | |
| 职业素养 | 量具维护和保养 | | 5 | | | | 按照 7S 管理要求规范现场 |
| | 工具定置管理 | | 5 | | | | |
| | 安全文明操作 | | 10 | | | | |
| 合　计 | | | 100 | | | | |
| 综合评价 | | | | | | | |

# 【练】综合训练

## 一、填空题

1. 叶片千分尺测头包括________和________。
2. 叶片千分尺也称________，是检测________类零件的专用精密量具。
3. 常用叶片千分尺分为________和________两种类型。

## 二、判断题

1. 检测前，不需要擦拭工件的接触表面。（ ）
2. 在千分尺用完之后，必须放回包装盒中保存。（ ）
3. 千分尺出现故障，要立即拆卸维修。（ ）

## 三、选择题

1. 叶片千分尺微分筒上每格刻度值为（ ）mm。

   A. 0.01 B. 0.02 C. 0.05 D. 1

2. 叶片千分尺主要用于测量（ ）的尺寸精度。

   A. 外径 B. 端面 C. 窄槽 D. 圆弧

## 四、简答题

1. 简述叶片千分尺使用前的准备工作。
2. 简述叶片千分尺的使用注意事项。

# 项目8

# 综合训练

(1) 能编写出合理的加工工艺。

(2) 能正确选择加工刀具。

(3) 会编写正确的加工程序。

(4) 能加工出合格的零件产品。

(5) 能正确选用检测量具,并利用量具对零件产品进行检测。

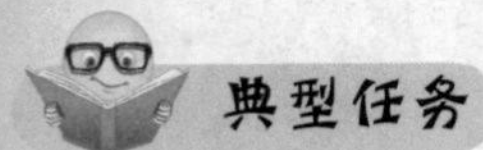



对国家职业技能鉴定数控车工初级工样题、中级工样题进行实操考核加工。零件图样如图 8-1 和图 8-2 所示。

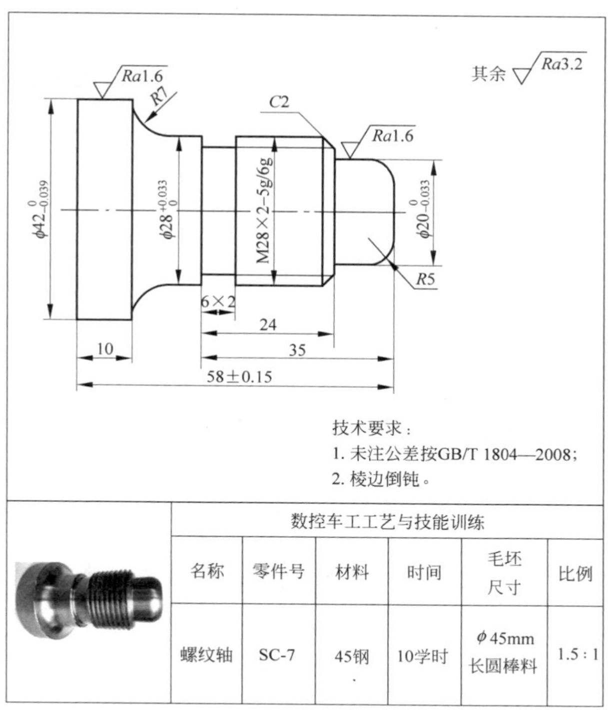


| 数控车工工艺与技能训练 | | | | | |
|---|---|---|---|---|---|
| 名称 | 零件号 | 材料 | 时间 | 毛坯尺寸 | 比例 |
| 螺纹轴 | SC-7 | 45钢 | 10学时 | φ45mm长圆棒料 | 1.5∶1 |

图 8-1 初级工样题

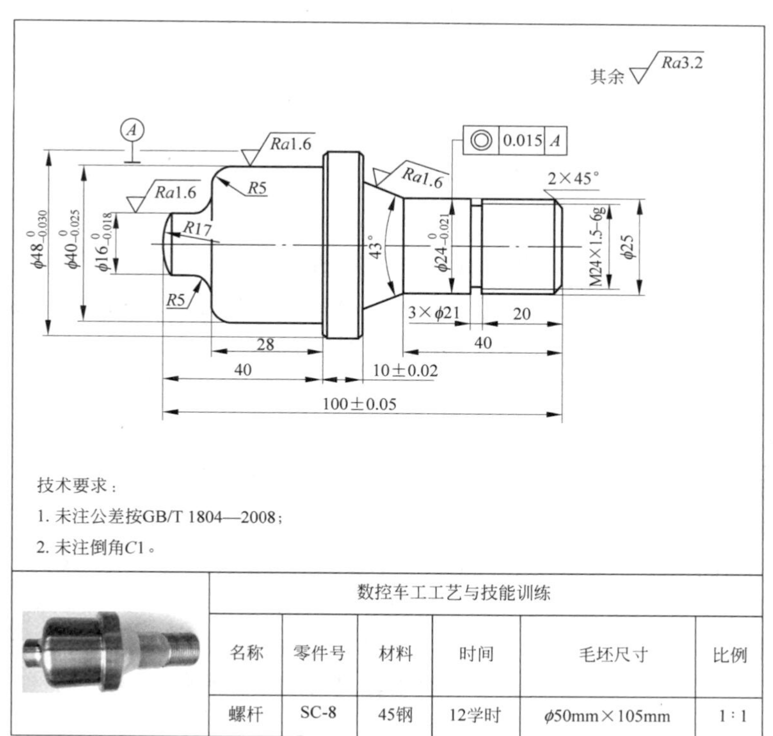


| 数控车工工艺与技能训练 | | | | | |
|---|---|---|---|---|---|
| 名称 | 零件号 | 材料 | 时间 | 毛坯尺寸 | 比例 |
| 螺杆 | SC-8 | 45钢 | 12学时 | φ50mm×105mm | 1∶1 |

图 8-2 中级工样题

# 任务1 初级数控车工技能训练

(1) 能编写出合理的螺纹轴加工工艺。

(2) 能正确选择加工螺纹轴的刀具。

(3) 会编写正确的螺纹轴加工程序。

(4) 能加工出合格的螺纹轴零件产品。

(5) 能正确选用检测量具,并利用量具对螺纹轴零件产品进行检测。

任务描述

请在考核额定时间(120min)内完成螺纹轴零件的数控车削加工。零件图样如图 8-1 所示。

## 【学】螺纹轴的加工工艺与编程

### 一、螺纹轴的加工工艺

1. 图样分析

1) 结构要素

如图 8-1 所示,螺纹轴零件由 $\phi20$mm、$\phi28$mm、$\phi42$mm 三段外圆柱面、M28×2－5g/6g 外螺纹、6mm×2mm 退刀槽、$R7$ 圆弧面、$R5$ 圆角、$C2$ 直角等结构要素组成。

2) 精度要求

$\phi20$mm、$\phi28$mm、$\phi42$mm 三处外圆尺寸分别有极限公差 $\phi20_{-0.033}^{\ 0}$ mm、$\phi28_{\ 0}^{+0.033}$ mm、$\phi42_{-0.039}^{\ 0}$ mm 要求,编程时需要取公差中值 $\phi19.983$mm、$\phi28.017$mm、$\phi41.98$mm。

总长 58mm 尺寸有对称公差要求,公差值为±0.15mm。

$\phi20$mm 与 $\phi42$mm 两处外圆表面粗糙度要求为 $Ra1.6\mu$m,其余 $Ra3.2\mu$m。

3) 毛坯

毛坯信息如图 8-1 所示标题栏,材质为 45 钢,尺寸为 $\phi45$mm 长圆棒料。

2. 选择加工刀具

根据螺纹轴的结构要素,车削外圆需要外圆车刀,车削螺纹需要外螺纹车刀,车削退刀槽及切断需要切断车刀,填写刀具卡,见表 8-1。

1) 刀具材质

由于加工材料为 45 钢,且表面精度要求较高,故选用硬质合金刀片。

2) 刀具类型

根据螺纹轴的结构要素,车削外圆需要外圆车刀,车削螺纹需要外螺纹车刀,车削退刀槽及切断需要切断车刀。具体刀具信息如表 8-1 所示刀具卡。

表 8-1 螺纹轴刀具卡

| 实训课题 | | | 项目 8 任务 1 | 零件名称 | 螺纹轴 | 零件图号 | SC-7 |
|---|---|---|---|---|---|---|---|
| 刀 号 | 刀位号 | 偏置号 | 刀具名称及规格 | 材 质 | 数量 | 刀尖半径 | 假想刀尖 |
| T0101 | 01 | 01 | 93°右偏外圆车刀 | 硬质合金 | 1 | 0.4 | 03 |
| T0202 | 02 | 02 | 93°右偏外圆车刀 | 硬质合金 | 1 | 0.8 | 03 |
| T0303 | 03 | 03 | 60°外螺纹车刀 | 硬质合金 | 1 | | |
| T0404 | 04 | 04 | 切槽车刀 | 硬质合金 | 1 | | |

### 3. 制定加工工艺

1）加工方案

(1) 利用三爪自定心卡盘夹持毛坯表面，毛坯伸出卡盘长度约为 80mm，手动车削右端面。

(2) 粗车 $R5$ 圆角、$\phi$20mm 外圆柱面、$\phi$27.8mm 外螺纹顶径、$\phi$28mm 外圆柱面、$R17$ 圆弧面、$\phi$42mm 外圆柱面等外形轮廓，径向留 0.8mm 余量，轴向留 0.2mm 余量。

(3) 精车 $R5$ 圆角、$\phi$20mm 外圆柱面、$\phi$27.8mm 外螺纹顶径、$\phi$28mm 外圆柱面、$R17$ 圆弧面、$\phi$42mm 外圆柱面等外形轮廓至尺寸要求。

(4) 车削 6mm×2mm 退刀槽。

(5) 车削 M28×2−5g/6g 外螺纹。

(6) 切断工件，保证总长尺寸(58±0.15)mm。

2）填写工艺卡

螺纹轴工艺卡见表 8-2。

表 8-2 螺纹轴工艺卡

| 单位名称 | | | | 产品型号 | | | | |
|---|---|---|---|---|---|---|---|---|
| | | | | 产品名称 | 螺纹轴 | | | |
| 零件号 | SC-7 | 材料型号 | 45 钢 | 毛坯规格 | 圆棒料 | | 设备型号 | |
| 加工数量 | 1 件 | | | | $\phi$45mm | | | |
| 工序号 | 工序名称 | 工步号 | 工序工步内容 | 切削参数 | | | 刀具准备 | |
| | | | | $n$/(r/min) | $a_p$/mm | $f$/(mm/r) | 刀具类型 | 刀位号 |
| 1 | 备料 | | $\phi$45mm 长圆棒料 | | | | | |
| 2 | 车 | 1 | 夹持毛坯，车右端面 | 800 | 0.3 | 手轮控制 | 93°外圆粗车刀 | T02 |
| | | 2 | 粗车外形轮廓 | 800 | 1 | 0.25 | 93°外圆粗车刀 | T02 |
| | | 3 | 精车外形轮廓 | 1200 | 0.4 | 0.1 | 93°外圆精车刀 | T01 |
| | | 4 | 车削 6mm × 2mm 退刀槽 | 500 | 4 | 0.05 | 4mm 切断车刀 | T04 |
| | | 5 | 车削 M28×2−5g/6g 外螺纹 | 500 | | 2 | 60°外螺纹车刀 | T03 |
| | | 6 | 切断工件 | 500 | 4 | 0.05 | 4mm 切断车刀 | T04 |

## 二、螺纹轴的加工编程

编写螺纹轴的加工程序见表 8-3。

表 8-3 螺纹轴的加工程序

| 序号 | 程 序 | 程序功能说明 |
| --- | --- | --- |
| | O0811 | 程序名 |
| N10 | G00 X100 Z100 T0202; | 调用 2 号粗车外圆车刀及 2 号刀补,快速定位至安全位置点(100,100) |
| N20 | M03 S800; | 主轴正转,粗车转速 800r/min |
| N30 | G00 X46 Z3; | 粗车定位至(46,3) |
| N40 | G71 U1.5 R0.5; | 粗车复合循环指令 |
| N50 | G71 P60 Q160 X0.8 Z0.2 F0.25; | |
| N60 | G00 X9.983; | 精加工程序段 |
| N70 | G01 Z0 F0.1; | |
| N80 | G03 X19.983 Z−2 R5; | |
| N90 | G01 Z−11; | |
| N100 | X23.8; | |
| N110 | X27.8 Z−13; | |
| N120 | Z−35; | |
| N130 | X28.017; | |
| N140 | Z−41; | |
| N150 | G02 X41.98 Z−48 R7; | |
| N160 | G01 Z−63; | |
| N170 | G00 X100 Z100 M05; | 快速退刀至安全位置(100,100),主轴停止 |
| N180 | M00; | 程序暂停 |
| N190 | T0101; | 调用 1 号精车外圆车刀及 1 号刀补 |
| N200 | M03 S1200; | 主轴正转,精车转速 1200r/min |
| N210 | G00 X46 Z3 G42; | 精车定位至(46,3),刀尖半径右补偿 |
| N220 | G70 P60 Q160; | 精车循环 |
| N230 | G40 G00 X100 Z100 M05; | 快速退刀至安全位置(100,100),取消刀尖半径补偿功能,主轴停止 |
| N240 | M00; | 程序暂停 |
| N250 | T0404; | 调用 4 号切断车刀及 4 号刀补 |
| N260 | M03 S500; | 主轴正转,切槽转速 500r/min |
| N270 | G00 X32 Z−35; | 切槽定位至(32,−35) |
| N280 | G01 X24 F0.05; | 切槽加工第一刀 |
| N290 | X30; | 退刀至 X30 |
| N300 | G00 W2; | *Z* 轴正方向移动 2mm |
| N310 | G01 X24; | 切槽加工第二刀 |
| N320 | X30; | 退刀至 X30 |
| N330 | G00 X100 Z100 M05; | 快速退刀至安全位置(100,100),主轴停止 |
| N340 | M00; | 程序暂停 |

续表

| 序号 | 程　　序 | 程序功能说明 |
|---|---|---|
| N350 | T0303; | 调用3号外螺纹车刀及3号刀补 |
| N360 | M03 S500; | 主轴正转,车螺纹转速500r/min |
| N370 | G00 X30 Z−8; | 车螺纹定位至(30,−8) |
| N380 | G76 P010060 Q100 R200; | 车螺纹复合循环 |
| N390 | G76 X25.4 Z−33 P1300 Q400 F2; | |
| N400 | G00 X100 Z100 M05; | 快速退刀至安全位置(100,100),主轴停止 |
| N410 | M00; | 程序暂停 |
| N420 | T0404; | 调用4号切断车刀及4号刀补 |
| N430 | M03 S500; | 主轴正转,切槽转速500r/min |
| N440 | G00 X45 Z−62; | 切断定位至(45,−62) |
| N450 | G01 X0 F0.05; | 切断至X0轴心处 |
| N460 | G00 X100; | 先$X$轴正方向退刀至安全位置X100 |
| N470 | Z100 M05; | 然后$Z$轴正方向退刀至安全位置Z100 |
| N480 | T0100; | 调回01号车刀,取消刀补 |
| N490 | M30; | 程序结束 |

## 【教】螺纹轴的加工过程

根据零件图样要求、毛坯情况,确定导柱加工路线方案如下。

### 1. 检查阶段

(1) 检查毛坯的材料、直径和长度是否符合要求。

(2) 检查车床的开关按钮有无异常。

(3) 开启电源开关。

### 2. 准备阶段

(1) 程序录入。

(2) 程序模拟。

(3) 夹持$\phi$45mm毛坯外圆,留在卡盘外的长度大于65mm。

(4) 根据表8-1所示刀具卡的要求,分别把93°右偏刀外圆车刀(粗精各一把)、60°外螺纹车刀、切断刀安装在对应的刀位上。

(5) 用93°右偏外圆车刀手动车削右端面(车平即可)。

(6) 对刀。参考项目1任务5中的试切对刀法,分别进行外圆精车刀、外圆粗车刀、切断刀的对刀操作,对刀完成后请依次检验以上刀具的对刀正确性。

### 3. 加工阶段

螺纹轴的加工流程见表8-4。

表 8-4 螺纹轴的加工流程

| 序号 | 加工步骤 | 加工图示 | 加工刀具 | 加工方式 | 操作要点 |
|---|---|---|---|---|---|
| 1 | 车右端面 | 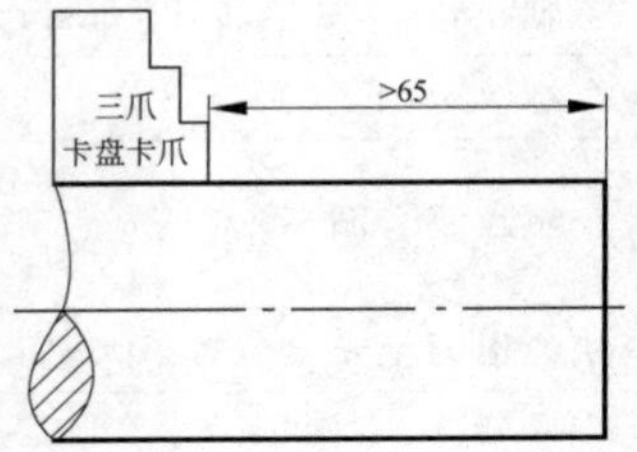 三爪卡盘卡爪 >65 |  r0.8mm | 手动 | 对刀操作时完成 |
| 2 | 粗车 $\phi$20mm、$\phi$28mm、$\phi$42mm 外圆柱面，外螺纹顶径 $\phi$27.8mm 外圆柱面，R5 与 R7 圆弧面，C2 倒角等外形轮廓 | 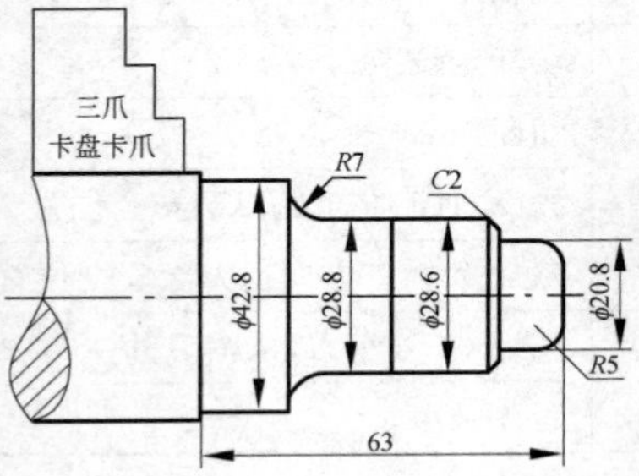 三爪卡盘卡爪 R7 C2 $\phi$42.8 $\phi$28.8 $\phi$28.6 $\phi$20.8 R5 63 |  r0.8mm | 自动 | 观察外形轮廓加工是否与图纸相符 |
| 3 | 精车 $\phi$20mm、$\phi$28mm、$\phi$42mm 外圆柱面，外螺纹顶径 $\phi$27.8mm 外圆柱面，R5 与 R7 圆弧面，C2 倒角等外形轮廓 | 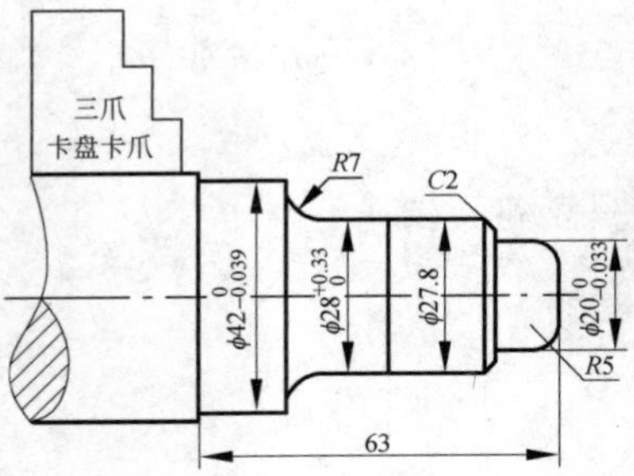 三爪卡盘卡爪 R7 C2 $\phi42_{-0.039}^{0}$ $\phi28_{0}^{+0.33}$ $\phi$27.8 $\phi20_{-0.033}^{0}$ R5 63 |  r0.4mm | 自动 | 千分尺检测 $\phi$20mm、$\phi$28mm、$\phi$42mm 外圆的实际尺寸，并计算各外圆的余量值，然后"磨损"界面对应的"W 001"处减去余量值，再次精车直至符合尺寸要求 |
| 4 | 车削 6mm × 2mm 退刀槽 | 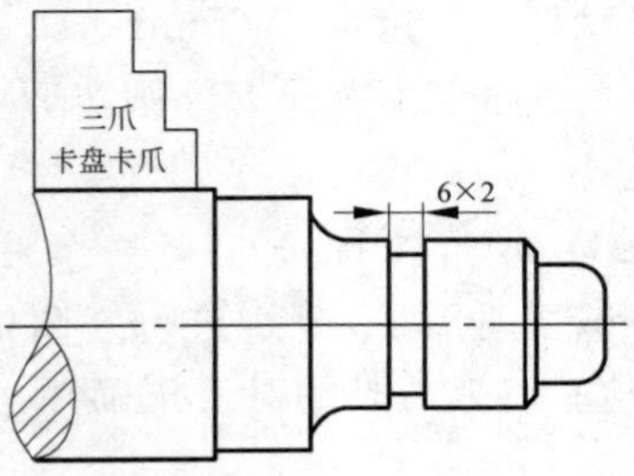 三爪卡盘卡爪 6×2 | 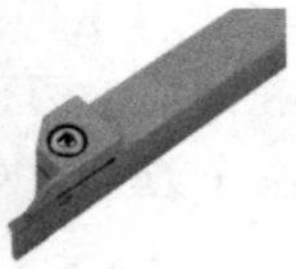 刀宽 4mm | 自动 | 游标卡尺检测槽宽 6mm、槽深 2mm 是否符合要求 |

续表

| 序号 | 加工步骤 | 加工图示 | 加工刀具 | 加工方式 | 操作要点 |
|---|---|---|---|---|---|
| 5 | 车削 M28×2—5g/6g 外螺纹 | 三爪卡盘卡爪<br>M28×2−5g/6g | | 自动 | 利用环规检测螺纹精度，如通规全程顺畅旋入，止规不能旋入，则判断螺纹合格，其余情况均不合格。如通规未能全程进入，则使用螺纹中径千分尺检测螺纹的实际中径值后，参照螺纹中径表计算中径余量，并在“磨损”界面螺纹刀对应的“W 003”处减去余量值，再次车削螺纹，环规检测螺纹直至合格 |
| 6 | 切断工件，保证总长（58±0.15)mm | 三爪卡盘卡爪<br>58±0.15 | 刀宽 4mm | 自动 | 保证总长（58±0.15)mm 尺寸 |
| 7 | 停车，拆卸毛坯料与刀具，清洁车床及车间 | | | | |

## 【做】螺纹轴的车削

按照表 8-5 所示的相关要求进行螺纹轴的加工。

表 8-5 螺纹轴车削过程记录卡

| 一、车削过程 |
|---|
| 螺纹轴的车削过程为________________________。<br>① 检查阶段 ② 准备阶段 ③ 加工阶段 ④ 检测阶段 |

续表

| 二、所需设备、工具和卡具 | 三、加工步骤 |
|---|---|
| | |

四、注意事项

(1) 装夹毛坯时，毛坯伸出卡盘的长度约65mm。

(2) 应该同时完成所有刀具的对刀操作及正确性验证。

(3) 运行程序自动加工前，应该在“磨损”界面“W 002”外为外圆粗车刀、“W 001”外圆精车刀预留第二次精车的余量0.8mm。

(4) 程序运行精车完毕后，应该停车检测尺寸精度，并修正余量后再次精车，以确保各外圆尺寸精度合格。

(5) 螺纹车削后，先使用螺纹中径千分尺测量螺纹中径以确定加工余量，然后再次精车螺纹后，使用M28×2−5g/6g螺纹环规进行螺纹检测。

五、检测过程分析

| 出现的问题： | 原因与解决方案： |
|---|---|
| | |

初级数控车工技能训练(1)

初级数控车工技能训练(2)

初级数控车工技能训练(3)

## 【评】螺纹轴的质量检测

根据表8-6中记录的内容对螺纹轴的质量进行检测。

表8-6 螺纹轴质量检测评价

| 序号 | 项目 | 配分 | 评分标准<br>(各项配分扣完为止) | 自检结果 | 得分 | 互检结果 | 得分 | 师检结果 | 得分 |
|---|---|---|---|---|---|---|---|---|---|
| 1 | 现场操作规范 | 2 | 不正确使用车床，酌情扣分 | | | | | | |
| 2 | | 2 | 不正确使用量具，酌情扣分 | | | | | | |
| 3 | | 2 | 不合理使用刃具，酌情扣分 | | | | | | |
| 4 | | 4 | 不正确进行设备维护保养，酌情扣分 | | | | | | |
| 5 | 总长(58±0.15)mm | 8 | 每超差0.01扣2分 | | | | | | |
| 6 | 外径 $\phi 20_{-0.033}^{0}$ mm | 12 | 每超差0.01扣2分 | | | | | | |

续表

| 序号 | 项　目 | 配分 | 评分标准<br>(各项配分扣完为止) | 自检结果 | 得分 | 互检结果 | 得分 | 师检结果 | 得分 |
|---|---|---|---|---|---|---|---|---|---|
| 7 | 外径 $\phi 28^{+0.033}_{0}$ mm | 12 | 每超差 0.01 扣 2 分 | | | | | | |
| 8 | 外径 $\phi 42^{0}_{-0.039}$ mm | 12 | 每超差 0.01 扣 2 分 | | | | | | |
| 9 | M28×1.5 螺纹 | 15 | 螺纹环规检验,不合格全扣 | | | | | | |
| 10 | 6mm×2mm 退刀槽 | 4 | 宽度超差 0.05 扣 1 分,直径每超差 0.1 扣 1 分 | | | | | | |
| 11 | 长 35mm | 3 | 每超差 0.02 扣 1 分 | | | | | | |
| 12 | 长 24mm | 3 | 每超差 0.02 扣 1 分 | | | | | | |
| 13 | 长 10mm | 3 | 每超差 0.02 扣 1 分 | | | | | | |
| 14 | *R*7 圆弧 | 4 | 半径规检测,透光率达 30% 得 2 分,透光率 60%以上全扣 | | | | | | |
| 15 | *R*5 圆角 | 4 | 半径规检测,透光率 30%得 1.5 分,透光率 60%以上全扣 | | | | | | |
| 16 | *C*2 倒角 | 3 | 合格得分 | | | | | | |
| 17 | 粗糙度 | 7 | 每处表面降低一个等级扣 1 分 | | | | | | |
| 18 | 考核时间 | | 在 180min 内完成,不得超时 | | | | | | |
| 合计 | | 100 | | | | | | | |

初级数控车工工件质量检测与分析(1)

初级数控车工工件质量检测与分析(2)

初级数控车工工件质量检测与分析(3)

## 【练】综合训练

1. 请编写图 8-3 所示轴承心轴的加工工艺,并填写在表 8-7 中。

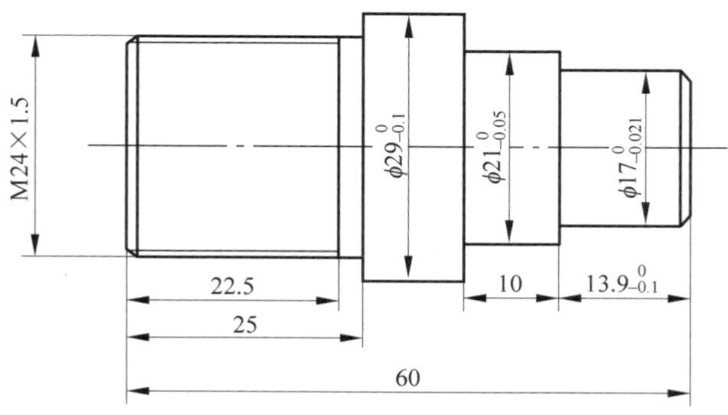


图 8-3　轴承心轴

表 8-7 轴承心轴的工艺卡

| 单位名称 | | | | 产品型号 | | | | |
|---|---|---|---|---|---|---|---|---|
| | | | | 产品名称 | | | | |
| 零件号 | | 材料 | 45 钢 | 毛坯规格 | 圆棒料 | | 设备型号 | |
| 加工数量 | 1 件 | | | | $\phi$32mm×65mm | | | |
| 工序号 | 工序名称 | 工步号 | 工序工步内容 | 切削参数 | | | 刀具准备 | |
| | | | | $n$/(r/min) | $a_p$/mm | $f$/(mm/r) | 刀具类型 | 刀位号 |
| 1 | 备料 | | | | | | | |
| | | | | | | | | |
| | | | | | | | | |
| | | | | | | | | |
| | | | | | | | | |
| | | | | | | | | |
| | | | | | | | | |

2. 请选择加工图 8-3 所示零件的刀具，并填写在表 8-8 中。

表 8-8 轴承心轴的刀具卡

| 实训课题 | | | | 零件名称 | | 零件图号 | |
|---|---|---|---|---|---|---|---|
| 刀号 | 刀位号 | 偏置号 | 刀具名称及规格 | 材质 | 数量 | 刀尖半径 | 假想刀尖 |
| | | | | | | | |
| | | | | | | | |
| | | | | | | | |
| | | | | | | | |

3. 请编写图 8-3 所示零件的加工程序，并填写在表 8-9 中。

表 8-9 轴承心轴的加工程序

| 序号 | 程序内容 | 序号 | 程序内容 |
|---|---|---|---|
| | | | |
| | | | |
| | | | |
| | | | |
| | | | |
| | | | |
| | | | |
| | | | |
| | | | |
| | | | |
| | | | |
| | | | |
| | | | |
| | | | |
| | | | |
| | | | |
| | | | |

# 任务2　中级数控车工技能训练

## 学习目标

（1）能正确编写螺杆的加工工艺。

（2）能正确选择加工螺杆的刀具。

（3）会正确编写螺杆的加工程序。

（4）能加工出合格的螺杆零件产品。

（5）能正确选用检测量具，并利用量具对螺杆零件产品进行检测。

## 任务描述

请在考核额定时间（180min）内，完成螺杆零件的数控车削加工。零件图样如图8-2所示。

## 【学】螺杆的加工工艺与编程

### 一、螺杆的加工工艺

#### 1．图样分析

1）结构要素

如图8-2所示，螺杆零件由$\phi$16mm、$\phi$40mm、$\phi$48mm、$\phi$24mm四段外圆柱面、M24×1.5－6g外螺纹、$\phi$21mm×3mm退刀槽、$R$17圆弧面、两处$R$5圆角、43°圆锥面、$C$2倒角、两处未注倒角等结构要素组成。

2）精度要求

$\phi$16mm、$\phi$40mm、$\phi$48mm、$\phi$24mm四处外圆尺寸分别有极限公差$\phi 16_{-0.018}^{\ 0}$mm、$\phi 40_{-0.025}^{\ 0}$mm、$\phi 48_{-0.03}^{\ 0}$mm、$\phi 24_{-0.021}^{\ 0}$mm要求，编程时需要取公差中值$\phi$15.991mm、$\phi$39.987mm、$\phi$47.985mm、23.99mm。

总长100mm尺寸有对称公差要求，公差值为±0.05mm，台阶10mm有对称公差要求，公差值为±0.02mm。

$\phi$24mm外圆柱面相对$\phi$40mm外圆柱面有同轴度要求，公差值为0.015mm。

$\phi$16mm与$\phi$40mm两处外圆柱面和43°圆锥面有表面粗糙度要求，为$Ra$1.6$\mu$m，其余$Ra$3.2$\mu$m。

3）毛坯

毛坯信息如图8-2所示标题栏，材质为45钢，尺寸为$\phi$45mm长圆棒料。

### 2. 选择加工刀具

根据螺杆的结构要素，车削外圆需要外圆车刀，车削螺纹需要外螺纹车刀，车削退刀槽需要切槽车刀，填写刀具卡，见表 8-10。

1）刀具材质

由于加工材料为 45 钢，且表面精度要求较高，故选用硬质合金刀片。

2）刀具类型

根据螺杆的结构要素，车削外圆需要外圆车刀，车削螺纹需要外螺纹车刀，车削退刀槽及切断需要切断车刀。具体刀具信息如表 8-10 所示刀具卡。

**表 8-10　螺杆刀具卡**

| 实训课题 | | | 项目 8 任务 2 | 零件名称 | 螺杆 | 零件图号 | SC-1 |
|---|---|---|---|---|---|---|---|
| 刀　号 | 刀位号 | 偏置号 | 刀具名称及规格 | 材　质 | 数量 | 刀尖半径 | 假想刀尖 |
| T0101 | 01 | 01 | 93°右偏外圆车刀 | 硬质合金 | 1 | 0.4 | 03 |
| T0202 | 02 | 02 | 93°右偏外圆车刀 | 硬质合金 | 1 | 0.8 | 03 |
| T0303 | 03 | 03 | 60°外螺纹车刀 | 硬质合金 | 1 | | |
| T0404 | 04 | 04 | 切槽车刀 | 硬质合金 | 1 | | |

### 3. 制定加工工艺

1）加工方案

（1）利用三爪自定心卡盘夹持毛坯表面，毛坯伸出卡盘长度约为 55mm，手动车削零件左端面。

（2）粗车 $R17$ 圆角、$\phi16$mm 外圆柱面、两处 $R5$ 圆角、$\phi40$mm 外圆柱面、左边未注倒角、$\phi48$mm 外圆柱面等外形轮廓，径向留 0.8mm 余量，轴向留 0.2mm 余量。

（3）精车 $R17$ 圆角、$\phi16$mm 外圆柱面、两处 $R5$ 圆角、$\phi40$mm 外圆柱面、左边未注倒角、$\phi48$mm 外圆柱面等外形轮廓至尺寸要求。

（4）调头装夹，夹持 $\phi40$mm 外圆柱面。

（5）粗车右端面、$C2$ 倒角、$\phi23.85$mm 外螺纹顶径、$\phi24$mm 外圆柱面、$R17$ 圆弧面、43°圆锥面、右边未注倒角等外形轮廓，径向留 0.8mm 余量，轴向留 0.2mm 余量。

（6）精车右端面、$C2$ 倒角、$\phi23.85$mm 外螺纹顶径、$\phi24$mm 外圆柱面、$R17$ 圆弧面、43°圆锥面、右边未注倒角等外形轮廓至尺寸要求，保证长度尺寸(10±0.02)mm 及总长尺寸(100±0.05)mm。

（7）车削 $\phi21$mm×3mm 退刀槽。

（8）车削 M24×1.5－6g 外螺纹。

2）填写工艺卡

螺杆加工工艺卡见表 8-11。

表 8-11　螺杆加工工艺卡

| 单位名称 | | | | 产品型号 | | | | |
|---|---|---|---|---|---|---|---|---|
| | | | | 产品名称 | 螺杆 | | | |
| 零件号 | SC-8 | 材料型号 | 45 钢 | 毛坯规格 | 圆棒料 | | 设备型号 | |
| 加工数量 | 1 件 | | | | $\phi$50mm×105mm | | | |
| 工序号 | 工序名称 | 工步号 | 工序工步内容 | 切削参数 | | | 刀具准备 | |
| | | | | $n$/(r/min) | $a_p$/mm | $f$/(mm/r) | 刀具类型 | 刀位号 |
| 1 | 备料 | | $\phi$50mm × 105mm 圆棒料 | | | | | |
| 2 | 车 | 1 | 夹持毛坯，粗车左端面 | 600 | 0.3 | 手轮控制 | 93°外圆粗车刀 | T02 |
| | | 2 | 粗车左端外形轮廓 | 600 | 1 | 0.25 | 93°外圆粗车刀 | T02 |
| | | 3 | 精车左端轮廓 | 1200 | 0.4 | 0.1 | 93°外圆精车刀 | T01 |
| 3 | | 1 | 调头装夹，夹持 $\phi$40mm 外圆柱面 | | | | | |
| | | 2 | 粗车右端外形轮廓 | 600 | 1 | 0.2 | 93°外圆粗车刀 | T02 |
| | | 3 | 精车右端轮廓 | 1200 | 0.4 | 0.1 | 93°外圆精车刀 | T01 |
| | | 4 | 车削 21mm×3mm 退刀槽 | 500 | 3 | 0.05 | 3mm 切槽车刀 | T03 |
| | | 5 | 车削 M24×1.5－6g 外螺纹 | 500 | | 1.5 | 60°外螺纹车刀 | T04 |

## 二、螺杆的加工编程

编写螺杆的加工程序，见表 8-12 和表 8-13。

表 8-12　螺杆的加工程序 1

| 序号 | 程　　序 | 程序功能说明 |
|---|---|---|
| | O0821 | 调头前加工程序名 |
| N10 | G00 X100 Z100 T0202; | 调用 2 号粗车外圆车刀及 2 号刀补，快速定位至安全位置点(100,100) |
| N20 | M03 S800; | 主轴正转，粗车转速 800r/min |
| N30 | G00 X51 Z3; | 粗车定位至(51,3) |
| N40 | G71 U1 R0.5; | 粗车复合循环指令 |
| N50 | G71 P60 Q130 X0.8 Z0.2 F0.2; | |
| N60 | G00 X0; | 精加工程序段 |
| N70 | G01 Z0 F0.1; | |
| N80 | G03 X16 Z－2 R17; | |
| N90 | G01 Z－12 R5; | |
| N100 | X40 R5; | |
| N110 | Z－40; | |
| N120 | X48 C1; | |
| N130 | G01 Z－51; | |

续表

| 序号 | 程　　序 | 程序功能说明 |
| --- | --- | --- |
| N140 | G00 X100 Z100 M05； | 快速退刀至安全位置(100,100)，主轴停止 |
| N150 | M00； | 程序暂停 |
| N160 | T0101； | 调用 1 号精车外圆车刀及 1 号刀补 |
| N170 | M03 S1200； | 主轴正转，精车转速 1200r/min |
| N180 | G00 X51 Z3 G42； | 精车定位至(51,3)，刀尖半径右补偿 |
| N190 | G70 P60 Q130； | 精车循环 |
| N200 | G40 G00 X100 Z100 M05； | 快速退刀至安全位置(100,100)，取消刀尖半径补偿功能，主轴停止 |
| N210 | M05； | 程序暂停 |
| N220 | M30； | 程序结束 |

表 8-13　螺杆的加工程序 2

| 序号 | 程　　序 | 程序功能说明 |
| --- | --- | --- |
|  | O0822 | 程序名 |
| N10 | G00 X100 Z100 T0202； | 调用 2 号粗车外圆车刀及 2 号刀补，快速定位至安全位置点(100,100) |
| N20 | M03 S800； | 主轴正转，粗车转速 800r/min |
| N30 | G00 X51 Z8； | 粗车定位至(51,8) |
| N40 | G71 U1 R0.5； | 粗车复合循环指令 |
| N50 | G71 P60 Q150 X0.8 Z0.2 F0.2； |  |
| N60 | G00 X0； | 精加工程序段 |
| N70 | G01 Z0 F0.1； |  |
| N80 | X23.85 C2； |  |
| N90 | Z－21； |  |
| N100 | X24； |  |
| N110 | Z－40； |  |
| N120 | X25； |  |
| N130 | X32.878 Z－50； |  |
| N140 | X46； |  |
| N150 | X50 Z－52； |  |
| N160 | G00 X100 Z100 M05； | 快速退刀至安全位置(100,100)，主轴停止 |
| N170 | M00； | 程序暂停 |
| N180 | T0101； | 调用 1 号精车外圆车刀及 1 号刀补 |
| N190 | M03 S1200； | 主轴正转，精车转速 1200r/min |
| N200 | G00 X51 Z8 G42； | 精车定位至(51,8)，刀尖半径右补偿 |
| N210 | G70 P60 Q150； | 精车循环 |
| N220 | G40 G00 X100 Z100 M05； | 快速退刀至安全位置(100,100)，取消刀尖半径补偿功能，主轴停止 |

续表

| 序号 | 程　　序 | 程序功能说明 |
|---|---|---|
| N230 | M00； | 程序暂停 |
| N240 | T0404； | 调用 4 号切断车刀及 4 号刀补 |
| N250 | M03 S500； | 主轴正转，切槽转速 500r/min |
| N260 | G00 X26 Z−23； | 切槽定位至(32，−35) |
| N270 | G01 X21 F0.05； | 切槽加工 |
| N280 | X25； | 退刀至 X30 |
| N290 | G00 X100 Z100 M05； | 快速退刀至安全位置(100，100)，主轴停止 |
| N300 | M00； | 程序暂停 |
| N310 | T0303； | 调用 3 号外螺纹车刀及 3 号刀补 |
| N320 | M03 S500； | 主轴正转，车螺纹转速 500r/min |
| N330 | G00 X26 Z3； | 车螺纹定位至(30，−8) |
| N340 | G76 P010060 Q100 R200； | 车螺纹复合循环 |
| N350 | G76 X22.05 Z−21.5 P975 Q400 F1.5； | |
| N360 | G00 X100 Z100 M05； | 快速退刀至安全位置(100，100)，主轴停止 |
| N370 | M00； | 程序暂停 |
| N380 | M30； | 程序结束 |

## 【教】螺杆的加工过程

根据零件图样要求、毛坯情况，确定导柱加工路线方案如下。

### 1. 检查阶段

(1) 检查毛坯的材料、直径和长度是否符合要求。

(2) 检查车床的开关按钮有无异常。

(3) 开启电源开关。

### 2. 准备阶段

(1) 程序录入。

(2) 程序模拟。

(3) 夹持 $\phi$50mm 毛坯外圆，留在卡盘外的长度大于 55mm。

(4) 根据表 8-10 所示刀具卡的要求，分别把 93°右偏刀外圆车刀(粗、精各一把)、60°外螺纹车刀、切断刀安装在对应的刀位上。

(5) 用 93°右偏外圆车刀手动车削零件左端面(车平即可)。

(6) 对刀。参考项目 1 任务 5 中的试切对刀法，分别进行外圆精车刀、外圆粗车刀、外螺纹车刀、切断刀的对刀操作，对刀完成后请依次检验以上刀具的对刀正确性。

### 3. 加工阶段

螺杆零件的加工流程见表 8-14。

表 8-14 螺杆零件的加工流程

| 序号 | 加工步骤 | 加工图示 | 加工刀具 | 加工方式 | 操作要点 |
|---|---|---|---|---|---|
| 1 | 夹持毛坯，车零件左端面 | 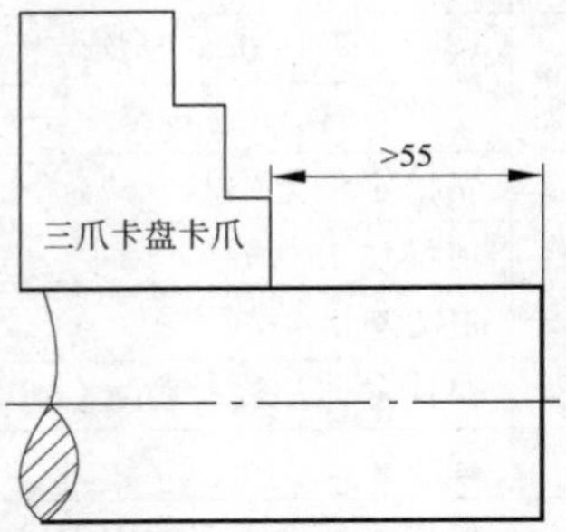 三爪卡盘卡爪 >55 |  r0.8mm | 手动 | 对刀操作时完成 |
| 2 | 粗车 ϕ16mm、ϕ40mm、ϕ48mm 外圆柱面，R17、R5 圆弧面，C1 倒角等外形轮廓 | 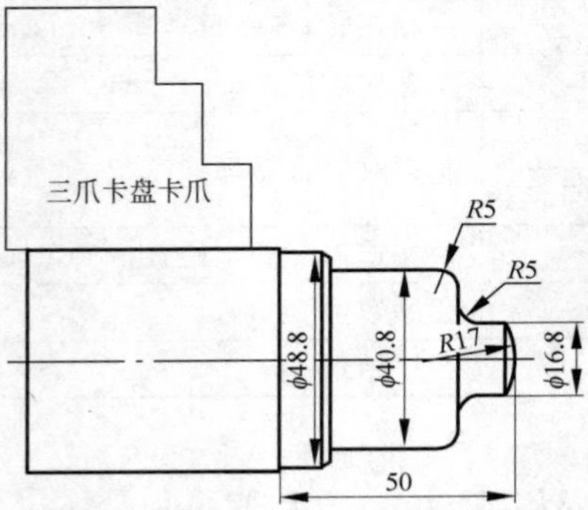 三爪卡盘卡爪 R5 R5 R17 ϕ48.8 ϕ40.8 ϕ16.8 50 |  r0.8mm | 自动 | 观察外形轮廓加工是否与图纸相符 |
| 3 | 精车 ϕ16mm、ϕ40mm、ϕ48mm 外圆柱面，R17、R5 圆弧面，C1 倒角等外形轮廓 | 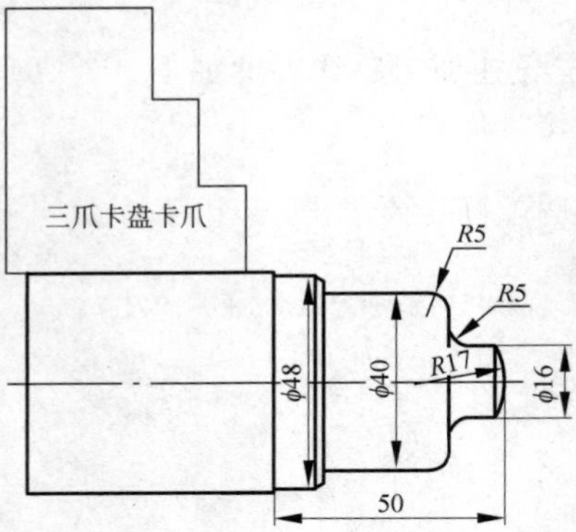 三爪卡盘卡爪 R5 R5 R17 ϕ48 ϕ40 ϕ16 50 |  r0.4mm | 自动 | 1. 千分尺检测 ϕ16mm、ϕ40mm、ϕ48mm 外圆的实际尺寸，并计算各外圆的余量值，然后在“磨损”界面对应的“W001”处减去余量值，再次精车直至符合尺寸要求。<br>2. 圆弧样板检测 R17、R5 圆弧面 |
| 4 | 调头夹持 ϕ40mm 外圆柱面，粗车零件右端面、ϕ24mm 及螺纹顶径的外圆柱面、43°圆锥面、C1 倒角等外形轮廓 | 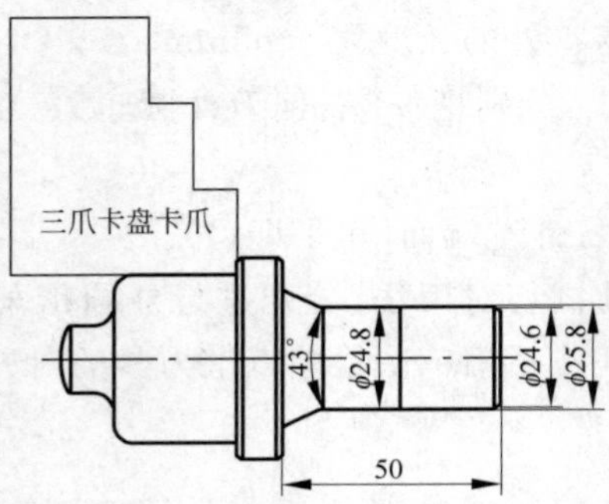 三爪卡盘卡爪 43° ϕ24.8 ϕ24.6 ϕ25.8 50 |  r0.8mm | 自动 | 观察外形轮廓加工是否与图纸相符 |

续表

| 序号 | 加工步骤 | 加工图示 | 加工刀具 | 加工方式 | 操作要点 |
| --- | --- | --- | --- | --- | --- |
| 5 | 精车零件右端面、$\phi$24mm及螺纹顶径的外圆柱面、43°圆锥面、$C1$倒角等外形轮廓 | 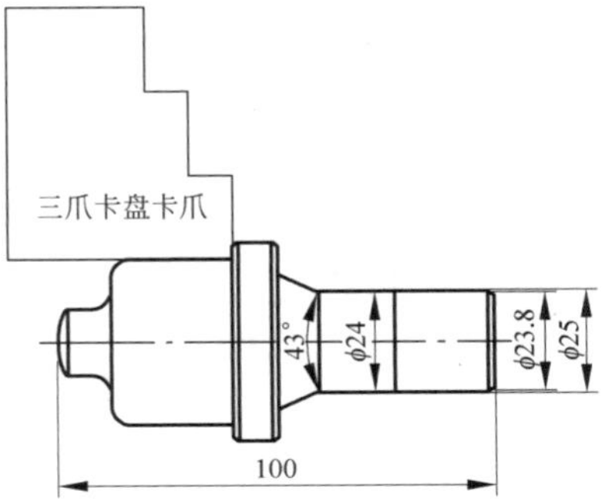 三爪卡盘卡爪<br>43°　$\phi$24　$\phi$23.8　$\phi$25<br>100 |  $r$0.4mm | 自动 | 1. 千分尺检测$\phi$24外圆的实际尺寸，并计算各外圆的余量值，然后在“磨损”界面对应的“W 001”处减去余量值，再次精车直至符合尺寸要求。<br>2. 万能角度尺检测43°圆锥 |
| 6 | 车削$\phi$21mm×3mm退刀槽 | 三爪卡盘卡爪<br>3×$\phi$21　20 | 刀宽3mm | 自动 | 游标卡尺检测槽宽3mm、槽底直径$\phi$21mm是否符合要求 |
| 7 | 车削M24×1.5－6g外螺纹 | 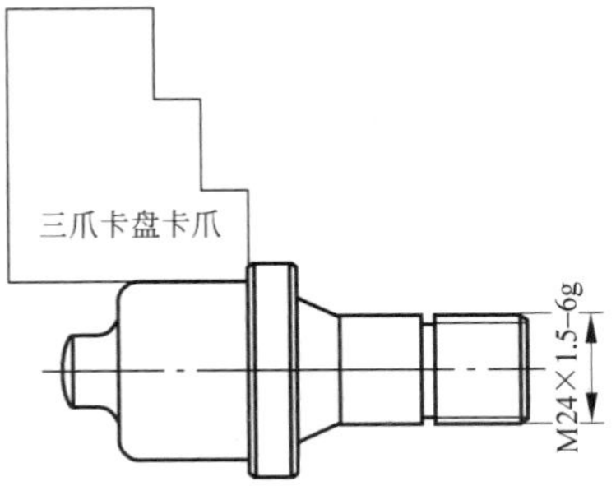 三爪卡盘卡爪<br>M24×1.5–6g |   | 自动 | 利用环规检测螺纹精度。如通规未能全程进入，则使用螺纹中径千分尺检测螺纹的实际中径值后，参照螺纹中径表计算中径余量，并在“磨损”界面螺纹刀对应的“W 003”处减去余量值，再次车削螺纹，环规检测螺纹直至合格 |
| 8 | 停车，拆卸毛坯料与刀具，清洁车床及车间 |  |  |  |  |

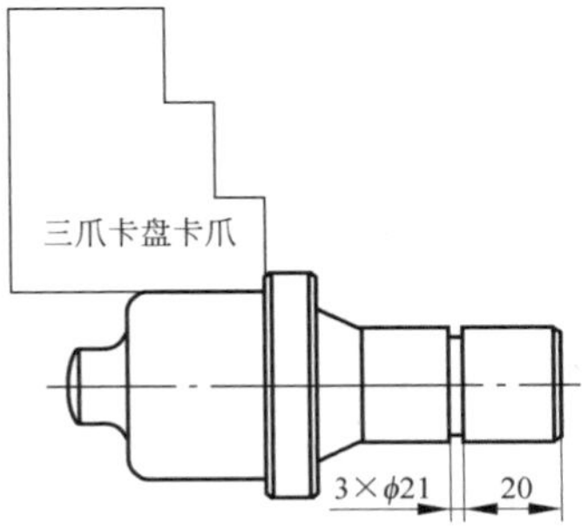

## 【做】螺杆的车削

按照表 8-15 所示的相关要求进行螺杆的加工。

表 8-15 螺杆车削过程记录卡

<table>
<tr><td colspan="2">一、车削过程<br>螺杆的车削过程为____________________<br>① 检查阶段　② 准备阶段　③ 加工阶段　④ 检测阶段</td></tr>
<tr><td>二、所需设备、工具和卡具</td><td>三、加工步骤</td></tr>
<tr><td colspan="2">四、注意事项<br>(1) 第一次装夹毛坯时，毛坯伸出卡盘的长度约 55mm。<br>(2) 应该同时完成所有刀具的对刀操作及正确性验证。<br>(3) 运行程序自动加工前，应该在“磨损”界面“W 002”外为外圆粗车刀、“W 001”外圆精车刀预留第二次精车的余量 0.8mm。<br>(4) 程序运行精车完毕后，应该停车检测尺寸精度，并修正余量后再次精车，以确保各外圆尺寸精度合格。<br>(5) 零件调头第二次装夹后，应该保证零件的总长尺寸(100±0.05)mm，所有刀具 Z 向对刀长度应该为长度的余量值。<br>(6) 螺纹车削后，先使用螺纹中径千分尺测量螺纹中径以确定加工余量，然后再次精车螺纹后，使用 M24×1.5 螺纹环规进行螺纹检测。</td></tr>
<tr><td colspan="2">五、检测过程分析</td></tr>
<tr><td>出现的问题：</td><td>原因与解决方案：</td></tr>
</table>

中级数控车工技能训练(1)

中级数控车工技能训练(2)

中级数控车工技能训练(3)

## 【评】螺杆的质量检测

根据表 8-16 中记录的内容对螺杆的质量进行检测。

表 8-16 螺杆质量检测评价表

| 序号 | 项　　目 | 配分 | 评分标准（各项配分扣完为止） | 自检结果 | 得分 | 互检结果 | 得分 | 师检结果 | 得分 |
|---|---|---|---|---|---|---|---|---|---|
| 1 | 现场操作规范 | 2 | 不正确使用车床，酌情扣分 | | | | | | |
| 2 | | 2 | 不正确使用量具，酌情扣分 | | | | | | |
| 3 | | 2 | 不合理使用刃具，酌情扣分 | | | | | | |
| 4 | | 4 | 不正确进行设备维护保养，酌情扣分 | | | | | | |
| 5 | 总长(100±0.05)mm | 6 | 每超差 0.01 扣 1 分 | | | | | | |
| 6 | 外径 $\phi 16_{-0.018}^{0}$mm | 8 | 每超差 0.01 扣 2 分 | | | | | | |
| 7 | 外径 $\phi 40_{-0.025}^{0}$mm | 8 | 每超差 0.01 扣 2 分 | | | | | | |
| 8 | 外径 $\phi 24_{-0.021}^{0}$mm | 8 | 每超差 0.01 扣 2 分 | | | | | | |
| 9 | M24×1.5 螺纹 | 10 | 螺纹环规检验，不合格全扣 | | | | | | |
| 10 | 螺纹长度 20mm | 2 | 长度超差扣 1 分 | | | | | | |
| 11 | $SR17$ | 4 | 半径每超差 0.05 扣 1 分 | | | | | | |
| 12 | 外径 $\phi 48_{-0.03}^{0}$mm | 8 | 超差 0.01 扣 2 分 | | | | | | |
| 13 | $\phi$21mm×3mm 退刀槽 | 4 | 宽度超差 0.05 扣 1 分，直径每超差 0.1 扣 1 分 | | | | | | |
| 14 | 长(10±0.02)mm | 6 | 每超差 0.01 扣 1 分 | | | | | | |
| 15 | 长度 40mm 两处 | 6 | 每超差 0.02 扣 1 分 | | | | | | |
| 16 | 锥面 43° | 4 | 角度每超差 0.1 扣 1 分，小径超差 0.2 扣 2 分 | | | | | | |
| 17 | 倒角及 $R5$ 圆角 | 5 | 每处不合格扣 1 分 | | | | | | |
| 18 | 同轴度 | 4 | 每超差 0.01 扣 1 分 | | | | | | |
| 19 | 粗糙度 | 7 | $Ra1.6\mu m$ 处每低一个等级扣 2 分，其余加工部位 30%不达要求扣 2 分，50%不达要求扣 3 分，75%不达要求扣 6 分 | | | | | | |
| 20 | 考核时间 | | 在 180min 内完成，不得超时 | | | | | | |
| 合计 | | 100 | | | | | | | |

中级数控车工工件质量检测与分析(1)

中级数控车工工件质量检测与分析(2)

中级数控车工工件质量检测与分析(3)

## 【练】综合训练

1. 请编写图 8-4 所示零件的加工工艺，并填写在表 8-17 中。

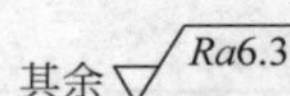


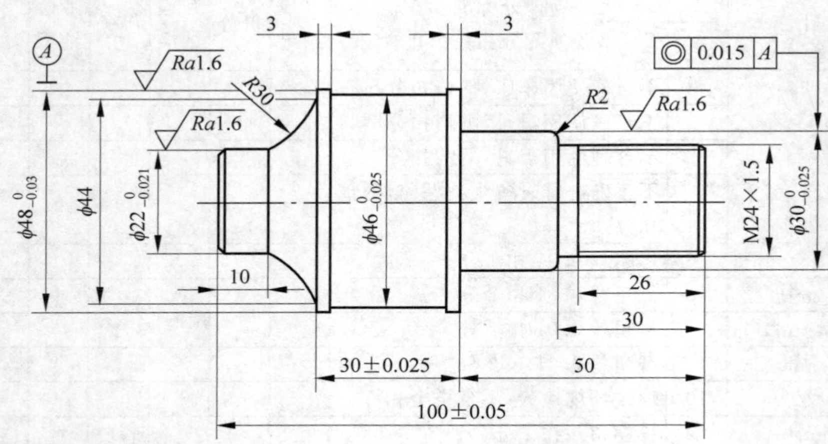


技术要求：
1. 棱边倒钝；
2. 未注倒角 $C1$；
3. 未注尺寸公差按IT12。

图 8-4 宽槽螺杆

表 8-17 宽槽螺杆的工艺卡

| 单位名称 | | | | 产品型号 | | | | |
|---|---|---|---|---|---|---|---|---|
| | | | | 产品名称 | | | | |
| 零件号 | | 材料型号 | 45 钢 | 毛坯规格 | 圆棒料 | | 设备型号 | |
| 加工数量 | 1 件 | | | | $\phi$50mm×105mm | | | |
| 工序号 | 工序名称 | 工步号 | 工序工步内容 | 切削参数 | | | 刀具准备 | |
| | | | | $n$/(r/min) | $a_p$/mm | $f$/(mm/r) | 刀具类型 | 刀位号 |
| 1 | 备料 | | | | | | | |
| | | | | | | | | |
| | | | | | | | | |
| | | | | | | | | |
| | | | | | | | | |
| | | | | | | | | |
| | | | | | | | | |
| | | | | | | | | |
| | | | | | | | | |
| | | | | | | | | |
| | | | | | | | | |

2. 请选择加工图 8-4 所示零件的刀具，并填写在表 8-18 中。

表 8-18 宽槽螺杆的刀具卡

| 实训课题 | | | | 零件名称 | | 零件图号 | |
|---|---|---|---|---|---|---|---|
| 刀号 | 刀位号 | 偏置号 | 刀具名称及规格 | 材质 | 数量 | 刀尖半径 | 假想刀尖 |
| | | | | | | | |
| | | | | | | | |
| | | | | | | | |
| | | | | | | | |

3. 请编写图 8-4 所示零件的加工编程，并填写在表 8-19 中。

表 8-19 宽槽螺杆的加工程序

| 序号 | 程　　序 | 序号 | 程　　序 |
|---|---|---|---|
| | | | |
| | | | |
| | | | |
| | | | |
| | | | |
| | | | |
| | | | |
| | | | |
| | | | |
| | | | |
| | | | |
| | | | |
| | | | |
| | | | |
| | | | |
| | | | |
| | | | |
| | | | |
| | | | |
| | | | |

# 参考文献


[1] 陈移新. GSK 系统数控车加工工艺与技能训练[M]. 北京：人民邮电出版社，2008.

[2] 杜强. 数控车床加工技术[M]. 北京：中国劳动社会保障出版社，2010.

[3] 邓集华. 数控车床编程与竞技[M]. 武汉：华中科技大学出版社，2010.

[4] 刘志. 车工工艺与技能训练[M]. 北京：清华大学出版社，2016.

[5] 李晓滨. 公制、美制和英制螺纹标准手册[M]. 北京：中国标准出版社，2004.

[6] 周晓宏. FANUC 系统数控车加工工艺与技能训练[M]. 北京：人民邮电出版社，2009.

[7] 李国举. 数控车床编程与操作基本功[M]. 北京：人民邮电出版社，2011.

[8] 谢晓红. 数控车削编程与加工技术[M]. 北京：电子工业出版社，2015.

# 附　　录

## 附录 1　各数控系统 G 功能指令表

附表 1　FANUC 0*i* 车床数控系统 G 代码指令表

| G 代码 | 组别 | 功　　能 | G 代码 | 组别 | 功　　能 |
|---|---|---|---|---|---|
| G00 | 01 | 定位（快速移动） | G50 | 14 | 坐标系设定或主轴最大速度设定 |
| G01 | | 直线插补（切削进给） | G52 | | 局部坐标系设定 |
| G02 | | 圆弧插补 CW（顺时针） | G53 | | 车床坐标系设定 |
| G03 | | 圆弧插补 CCW（逆时针） | G54 | | 选择工件坐标系 1 |
| G04 | 00 | 暂停、准停 | G55 | | 选择工件坐标系 2 |
| G07.1 | | 圆柱插补 | G56 | | 选择工件坐标系 3 |
| G10 | | 可编程数控输入 | G57 | | 选择工件坐标系 4 |
| G11 | | 可编程数据输入方式取消 | G58 | | 选择工件坐标系 5 |
| G12 | 21 | 极坐标方式插补 | G59 | | 选择工件坐标系 6 |
| G13 | | 极坐标方式插补取消 | G65 | 00 | 宏程序调用 |
| G20 | 06 | 英制输入 | G70 | 00 | 精加工循环 |
| G21 | | 米制输入 | G71 | | 外圆粗车复合循环 |
| G22 | 09 | 存储行程检查接通 | G72 | | 端面粗车复合循环 |
| G23 | | 存储行程检查断开 | G73 | | 封闭切削复合循环 |
| G25 | 08 | 主轴速度波动断开 | G74 | | 端面深孔切削复合循环 |
| G26 | | 主轴速度波动接通 | G75 | | 外圆、内圆车槽复合循环 |
| G27 | 00 | 返回参考点检查 | G76 | | 螺纹切削复合循环 |
| G28 | | 返回参考点（机械原点） | G90 | 01 | 外圆、内圆车槽循环 |
| G30 | | 返回第二、第三、第四参考点 | G92 | | 螺纹切削循环 |
| G31 | | 跳转功能 | G94 | | 端面切削循环 |
| G32 | 01 | 螺纹切削 | G96 | 02 | 恒线速度开 |
| G34 | | 变螺距切削 | G97 | | 恒线速度关 |
| G36 | 00 | *X* 向自动刀具补偿 | G98 | 05 | 每分钟进给 |
| G37 | | *Z* 向自动刀具补偿 | G99 | | 每转进给 |
| G40 | 07 | 刀尖半径补偿取消 | | | |
| G41 | | 刀尖半径左补偿 | | | |
| G42 | | 刀尖半径右补偿 | | | |

附表 2 HNC-21T 数控系统 G 功能表

| G代码 | 组别 | 功能 | 参数(后续地址字) |
|---|---|---|---|
| G00 | 01 | 快速定位 | X,Z |
| * G01 | | 直线插补 | X,Z |
| G02 | | 顺圆插补 | X,Z,I,K,R |
| G03 | | 逆圆插补 | X,Z,I,K,R |
| G04 | 00 | 暂停 | P |
| G20 | 08 | 英寸输入 | X,Z |
| * G21 | | 毫米输入 | X,Z |
| G28 | 00 | 返回参考点 | |
| G29 | | 由参考点返回 | |
| G32 | 01 | 螺纹切削 | X,Z,R,E,P,F |
| * G36 | 17 | 直径编程 | |
| G37 | | 半径编程 | |
| * G40 | 09 | 刀尖半径补偿取消 | |
| G41 | | 左刀补 | T |
| G42 | | 右刀补 | T |
| * G54 | 11 | 坐标系选择 | |
| G55 | | | |
| G56 | | | |
| G57 | | | |
| G58 | | | |
| G59 | | | |
| G65 | | 宏指令简单调用 | P,A～Z |
| G71 | 06 | 外径/内径车削复合循环 | X,Z,U,W,C,P,Q,R,E |
| G72 | | 端面车削复合循环 | |
| G73 | | 闭环车削复合循环 | |
| G76 | | 螺纹切削复合循环 | |
| G80 | | 外径/内径车削固定循环 | X,Z,I,K,C,P,R,E |
| G81 | | 端面车削固定循环 | |
| G82 | | 螺纹切削固定循环 | |
| * G90 | 13 | 绝对编程 | |
| G91 | | 相对编程 | |
| G92 | 00 | 工件坐标系设定 | X,Z |
| * G94 | 14 | 每分钟进给 | |
| G95 | | 每转进给 | |
| G96 | 16 | 恒线速度切削 | S |
| * G97 | | 恒线速度功能取消 | |

注：00 组中的 G 代码是非模态的，其他组的 G 代码是模态的；带有 * 记号的 G 代码为初态指令，当系统接通时，系统处于这个 G 代码状态。

附表 3　GSK980TA 数控系统 G 功能表

| 代　码 | 组别 | 功　能 |
| --- | --- | --- |
| G00 | 01 | 快速定位 |
| * G01 | | 直线插补 |
| G02 | | 顺时针圆弧插补 |
| G03 | | 逆时针圆弧插补 |
| G04 | 00 | 暂停、准停 |
| G28 | | 返回参考点(机械原点) |
| G32 | 01 | 等螺距螺纹切削 |
| G50 | 00 | 坐标系设定 |
| G65 | | 宏程序命令 |
| G70 | 00 | 精加工循环 |
| G71 | | 轴向粗车循环 |
| G72 | | 径向粗车循环 |
| G73 | | 封闭切削循环 |
| G74 | | 轴向切槽循环 |
| G75 | | 径向切槽循环 |
| G76 | | 多重螺纹切削循环 |
| G90 | 01 | 轴向切削循环 |
| G92 | | 螺纹切削循环 |
| G94 | | 径向切削循环 |
| G96 | 02 | 恒线速度控制 |
| G97 | | 取消恒线速度控制 |
| * G98 | 03 | 每分钟进给 |
| G99 | | 每转进给 |

注：00 组的 G 代码是一次性 G 代码，即非模态功能指令；带有 * 记号的 G 代码为初态指令，当系统接通时，系统处于这个 G 代码状态。

附表 4　GSK980TDa 数控系统编程指令一览表

| 代码 | 功　能 | 代码 | 功　能 |
| --- | --- | --- | --- |
| G00 | 快速定位 | G21 | 公制单位选择 |
| G01 | 直线插补 | G28 | 自动返回机械零点 |
| G02 | 顺时针圆弧插补 | G30 | 回车床第 2、3、4 参考点 |
| G03 | 逆时针圆弧插补 | G31 | 跳转插补 |
| G04 | 暂停、准停 | G32 | 等螺距螺纹切削 |
| G05 | 三点圆弧插补 | G33 | $Z$ 轴攻螺纹循环 |
| G6.2 | 顺时针椭圆插补 | G34 | 变螺距螺纹切削 |
| G6.3 | 逆时针椭圆插补 | G36 | 自动刀具补偿测量 $X$ |
| G7.2 | 顺时针抛物线插补 | G37 | 自动刀具补偿测量 $Z$ |
| G7.3 | 逆时针抛物线插补 | G40 | 取消刀尖半径补偿 |
| G10 | 数据输入方式有效 | G41 | 刀尖半径左补偿 |
| G11 | 取消数据输入方式 | G42 | 刀尖半径右补偿 |
| G20 | 英制单位选择 | G50 | 设置工件坐标系 |

续表

| 代码 | 功　　能 | 代码 | 功　　能 |
|---|---|---|---|
| G65 | 宏代码 | G76 | 多重螺纹切削循环 |
| G66 | 宏程序模态调用 | G90 | 轴向切削循环 |
| G67 | 取消宏程序模态调用 | G92 | 螺纹切削循环 |
| G70 | 精加工循环 | G94 | 径向切削循环 |
| G71 | 轴向粗车循环 | G96 | 恒线速度控制 |
| G72 | 径向粗车循环 | G97 | 取消恒线速度控制 |
| G73 | 封闭切削循环 | G98 | 每分钟进给 |
| G74 | 轴向切槽循环 | G99 | 每转进给 |
| G75 | 径向切槽循环 | | |

# 附录2　数控车工国家职业技能标准(中级)(节选)

| 职业功能 | 工作内容 | 技能要求 | 相关知识 |
|---|---|---|---|
| 一、加工准备 | (一) 读图与绘图 | 1. 能读懂中等复杂度(如:曲轴)的零件图。<br>2. 能绘制简单的轴、盘类零件图。<br>3. 能读懂进给机构、主轴系统的装配图 | 1. 复杂零件的表达方法。<br>2. 简单零件图的画法。<br>3. 零件三视图、局部视图和剖视图的画法。<br>4. 装配图的画法 |
| | (二) 制定加工工艺 | 1. 能读懂复杂零件的数控车床加工工艺文件。<br>2. 能编制简单(轴、盘)零件的数控车床加工工艺文件 | 数控车床加工工艺文件的制定 |
| | (三) 零件定位与装夹 | 能使用通用夹具(如三爪自定心卡盘、四爪单动卡盘)进行零件装夹与定位 | 1. 数控车床常用夹具的使用方法。<br>2. 零件定位、装夹的原理和方法 |
| | (四) 刀具准备 | 1. 能根据数控车床加工工艺文件选择、安装和调整数控车床常用刀具。<br>2. 能刃磨常用车削刀具 | 1. 金属切削与刀具磨损知识。<br>2. 数控车床常用刀具的种类、结构和特点。<br>3. 数控车床、零件材料、加工精度和工作效率对刀具的要求 |
| 二、数控编程 | (一) 手工编程 | 1. 能编制由直线、圆弧组成的二维轮廓数控加工程序。<br>2. 能编制螺纹加工程序。<br>3. 能运用固定循环、子程序进行零件的加工程序编制 | 1. 数控编程知识。<br>2. 直线插补和圆弧插补的原理。<br>3. 坐标点的计算方法 |
| | (二) 计算机辅助编程 | 1. 能使用计算机绘图设计软件绘制简单(轴、盘、套)零件图。<br>2. 能利用计算机绘图软件计算节点 | 计算机绘图软件(二维)的使用方法 |

续表

| 职业功能 | 工作内容 | 技能要求 | 相关知识 |
|---|---|---|---|
| 三、数控车床操作 | （一）操作面板 | 1. 能按照操作规程启动及停止车床。<br>2. 能使用操作面板上的常用功能键（如回零、手动、MDI、修调等） | 1. 熟悉数控车床操作说明书。<br>2. 数控车床操作面板的使用方法 |
| | （二）程序输入与编辑 | 1. 能通过各种途径（如DNC、网络等）输入加工程序。<br>2. 能通过操作面板编辑加工程序 | 1. 数控加工程序的输入方法。<br>2. 数控加工程序的编辑方法。<br>3. 网络知识 |
| | （三）对刀 | 1. 能进行对刀并确定相关坐标系。<br>2. 能设置刀具参数 | 1. 对刀的方法。<br>2. 坐标系的知识。<br>3. 刀具偏置补偿、半径补偿与刀具参数的输入方法 |
| | （四）程序调试与运行 | 能够对程序进行校验、单步执行、空运行并完成零件试刀 | 程序调试的方法 |
| 四、零件加工 | （一）轮廓加工 | 1. 能进行轴、套类零件加工，并达到以下要求。<br>(1) 尺寸公差等级：IT6。<br>(2) 形位公差等级：IT8。<br>(3) 表面粗糙度：$Ra1.6\mu m$。<br>2. 能进行盘类、支架类零件加工，并达到以下要求。<br>(1) 轴径公差等级：IT6。<br>(2) 孔径公差等级：IT7。<br>(3) 形位公差等级：IT8。<br>(4) 表面粗糙度：$Ra1.6\mu m$ | 1. 内外径的车削加工方法、测量方法。<br>2. 形位公差的测量方法。<br>3. 表面粗糙度的测量方法 |
| | （二）螺纹加工 | 能进行单线等节距的普通三角螺纹、锥螺纹的加工，并达到以下要求。<br>(1) 尺寸公差等级：IT6～IT7。<br>(2) 形位公差等级：IT8。<br>(3) 表面粗糙度：$Ra1.6\mu m$ | 1. 常用螺纹的车削加工方法。<br>2. 螺纹加工中的参数计算 |
| | （三）槽类加工 | 能进行内径槽、外径槽和端面槽的加工，并达到以下要求。<br>(1) 尺寸公差等级：IT8。<br>(2) 形位公差等级：IT8。<br>(3) 表面粗糙度：$Ra3.2\mu m$ | 内径槽、外径槽和端槽的加工方法 |
| | （四）孔加工 | 能进行孔加工，并达到以下要求。<br>(1) 尺寸公差等级：IT7。<br>(2) 形位公差等级：IT8。<br>(3) 表面粗糙度：$Ra3.2\mu m$ | 孔的加工方法 |
| | （五）零件精度检验 | 能进行零件的长度、内径、外径、螺纹、角度精度检验 | 1. 通用量具的使用方法。<br>2. 零件精度检验及测量方法 |

续表

| 职业功能 | 工作内容 | 技能要求 | 相关知识 |
| --- | --- | --- | --- |
| 五、数控车床维护和故障诊断 | (一) 数控车床日常维护 | 能根据说明书完成数控车床的定期及不定期维护保养，包括：机械、电、气、液压、冷却数控系统检查和日常保养等 | 1. 数控车床说明书。<br>2. 数控车床日常保养方法。<br>3. 数控车床操作规程。<br>4. 数控系统(进口与国产数控系统)使用说明书 |
| | (二) 数控车床故障诊断 | 1. 能读懂数控系统的报警信息。<br>2. 能发现并排除由数控程序引起的数控车床的一般故障 | 1. 使用数控系统报警信息表的方法。<br>2. 数控车床的编程和操作故障诊断方法 |
| | (三) 数控车床精度检查 | 能进行数控车床水平的检查 | 1. 水平仪的使用方法。<br>2. 车床垫铁的调整方法 |